Die
Tierwelt der Alpen

Eine erste Einführung

von

Kurt Walde
Innsbruck

Mit 33 Abbildungen

Wien
Verlag von Julius Springer
1936

ISBN-13: 978-3-7091-9610-6   e-ISBN-13: 978-3-7091-9857-5
DOI: 10.1007/978-3-7091-9857-5

Alle Rechte, insbesondere das der Übersetzung
in fremde Sprachen, vorbehalten

Copyright 1936 by Julius Springer in Vienna

Softcover reprint of the hardcover 1st edition 1936

Vorwort.

Während es längst eine ganze Reihe von Büchern über die Pflanzenwelt der Alpen gibt, liegt nur ein einziges über das Tierleben der Alpenwelt vor, jenes von Tschudi, das erstmals schon 1854 erschienen ist. Wohl gibt es verschiedene Arbeiten über dieses Wissensgebiet, doch sind diese zumeist in umfangreichen Sammelwerken enthalten. Ein neues, selbständiges und zusammenfassendes Buch über diesen anziehenden Stoff scheint mir daher einem gewissen Bedürfnis entgegenzukommen. Mit dem vorliegenden Buch soll versucht werden, diese Lücke auszufüllen. Das Buch ist nicht für den Arbeitstisch des Fachzoologen, dem die Spezialliteratur zur Verfügung steht, gedacht, sondern für den naturfreudigen Alpenwanderer, der in seinem Rucksack einen Behelf haben möchte, um gegebenenfalls im Gelände Auskunft zu erhalten. Auch an verregneten Hüttentagen möchte es helfen, die leicht sich einstellende Langeweile zu bannen.

Zahlreich sind die Helfer, denen ich den einen oder andern Hinweis und Rat verdanke, die ich irgendwie in meinem Büchlein verwertet habe. Ihnen allen ist mein Dank gewiß, wenn ich auch nicht in der Lage bin, sie alle hier mit Namen zu nennen. Besonderen Dank aber schulde ich Herrn Univ.-Prof. Dr. Otto Steinböck, der mir in weitestgehender Weise die Benützung seiner Institutsbücherei ermöglichte. Den Herren Prof. Schumacher und

Prof. Brohmer, sowie Herrn Reg.-Rat Margreiter sei gedankt für die Bereitwilligkeit, mit der sie die Übernahme einiger Bilder aus ihren Schriften gestattet haben; dem Herrn Verleger für sein freundliches Eingehen auf meine Wünsche in bezug auf die Ausstattung meines Buches.

Wenn sich Benützer des Büchleins finden, die mich auf Mängel meiner Arbeit aufmerksam machen und mir ihre Meinung darüber sagen, soll mir das recht sein. Vielleicht bietet sich einmal Gelegenheit, solche Anregungen auszuwerten zu Nutz und Frommen jener Wanderer, die gleich mir in den geliebten Bergen ein besonders herrliches Stück von Gottes Schöpfung sehen, in dem man, je mehr man sich darein vertieft, nur immer mehr Neues zu schauen vermag.

Innsbruck, im Dezember 1935.

Dr. Walde.

Inhaltsverzeichnis.

Seite

I. Allgemeiner Teil 1
  Die Höhenstufen 1
  Das Klima der Alpen 12
    a) Druck 15
    b) Wärme 16
    c) Strahlung 21
    d) Wind 25
    e) Niederschläge 26
  Die ökologische Bedeutung der Klimafaktoren .. 29
  Die Geschichte der alpinen Tierwelt 51

II. Besonderer Teil 69
  1. Die Fische des Alpengebietes 69
  2. Die Lurche des Alpengebietes 81
  3. Die Kriechtiere des Alpengebietes 88
  4. Die Vögel des Alpengebietes 97
    a) Allgemeines, ausgestorbene Arten 97
    b) Die Arten nach ihren äußeren Merkmalen .. 106
    c) Lebensbilder der Hochgebirgsvögel 1—9 149
  5. Die Säugetiere des Alpengebietes 181
    a) Allgemeines, ausgestorbene Arten 181
    b) Die Arten nach ihren äußeren Merkmalen ... 193
    c) Lebensbilder der Hochgebirgssäuger 1—4 ... 214

Systematisches Verzeichnis der Arten 240
Sachverzeichnis 247
Verzeichnis der Tiernamen
  (alphabetisch geordnet) 249

I. Allgemeiner Teil.

Die Höhenstufen der Alpen.

Schon beim Durchblättern jedes beliebigen Bilderwerkes über die Alpen fällt uns der gewaltige Unterschied auf, den die Pflanzendecke des Gebietes je nach der Höhenlage zeigt. Um wieviel eindringlicher kommt dieser Unterschied dem aufmerksamen Beobachter zum Bewußtsein, der offenen Auges die Alpen selbst durchwandert. Auf Strecken von oft nur einigen Dutzend Kilometern können wir Gegenden durchstreifen mit so verschiedenartiger Pflanzendecke, wie wir sie sonst höchstens noch auf weiten Reisen anzutreffen vermögen, die sich über mindestens ebensoviel Breitegrade erstrecken. Bei einer Bergfahrt etwa aus dem Sarcatal nördlich des Gardasees zu einem der vergletscherten Hochgipfel des Adamello überwinden wir bei einer ebenen Entfernung von ungefähr 30 km fast 3000 m Höhe und durchwandern dabei die verschiedenen Stufen des Pflanzenlebens, wie sie in Gürteln vom Äquator zum Pol ausgebreitet sind etwa vom 40. bis zum 80. Grad nördl. Breite, also über eine Strecke von fast 9000 km. Im Sarcatal führt die Straße an Feigen und Oliven, immergrünen Eichen und Zypressen vorbei, so daß wir uns manchmal fast ans Mittelmeer versetzt fühlen können, höher oben zeigen sich neben dem Fahrweg — soweit die Waldverwüstung, insbesondere der Kriegszeit das nicht verhindert hat — die Buchen mit ihrem mitteleuropäischen Gepräge. An der Waldgrenze dann führt uns der Steig auf nordisch anmutende Lärchenwiesen und durch schüttere Fichtenwälder, entlang den Bachrinnsalen können wir Grünerlen- und Birkengebüsche beobachten. Über der Waldgrenze treten wir heraus auf die mit farbenfrohen Blumen bunt betupften Alpenwiesen, wo das kundige Auge manche Blütengestalt anzutreffen vermag, die auch in den hochnordischen Ländern der Arktis blüht. Endlich wird unseren Beobachtungen ein Ziel gesetzt, wenn wir, am Rand des ewigen Eises der Gletscher angelangt, uns fast in die Nähe des Nordpols versetzt denken können. Man könnte fürwahr ein solches Gebirge für einen kleinen Nordpol halten, für eine Kälteinsel inmitten der immerhin verhältnismäßig warmen Niederungen.

Die auffälligste Veränderung zeigt sich dabei dort, wo die oberste Waldstufe abgelöst wird von den baumlosen, höchstens mit niedrigem Gestrüpp von Alpenrosen oder Wachholder bewachsenen Alpenmatten. Diese Grenzlinie ist es denn auch, der zahlreiche Forscher, Biologen sowohl, als auch Geographen sorgfältig nachgegangen sind, so daß sie heute nahezu für das ganze Alpengebiet im Kartenbild festgehalten erscheint. Einigermaßen gut Bescheid wissen wir auch über die Schneegrenze, die lange Zeit zugleich als die Obergrenze tierischen Lebens überhaupt angesehen wurde. Heute kennen wir allerdings zirka 30 Tiere, die überhaupt nur oberhalb dieser Grenze vorkommen. Für diese Grenzlinie haben aus naheliegenden Gründen nicht nur die Biologen und Geographen, sondern auch die Geologen und Klimaforscher großes Interesse gezeigt.

Anders aber ist es, wenn wir die Stufen im Waldgebiet abgrenzen wollen. Hier sind wir wohl fast ausschließlich auf Vorarbeiten der Botaniker angewiesen, die auf die Frage der Höhenstufen ja viel Fleiß und

Scharfsinn aufgewendet haben, aber dennoch, wie leicht verständlich, noch zu keinem abschließenden und eindeutigen Ergebnis gekommen sind. Daß die Höhenverbreitung der Tiere in einem gewissen Zusammenhang mit jener der Pflanzen stehen dürfte, ist wohl von vornherein einleuchtend. Daher ist es aber jedenfalls angebracht, sich die betreffenden Ergebnisse der Pflanzenforscher etwas näher anzusehen.

Eine rein künstliche Einteilung versuchte Oswald Heer 1836 in seinem Buch über die Vegetationsverhältnisse des südöstlichen Teiles des Kantons Glarus zu geben, in dem er seine Regionen in Abständen von ungefähr 500 m aufeinanderfolgen ließ. Nach Möglichkeit ließ allerdings auch er seine Grenzlinien mit Pflanzen- oder Klimagrenzen zusammenfallen. Er unterschied fünf Regionen, und zwar über der oberen Grenze des Nußbaumes die montane, über der oberen Grenze der Buche die subalpine, über der oberen Grenze des Baumwuchses überhaupt die alpine Region, dann über der unteren Grenze vereinzelter ausdauernder Schneeflecken die subnivale und endlich über der Schneegrenze die nivale Region.

Schon fast 70 Jahre vor ihm hat der übrigens auch aus der Literaturgeschichte bekannte Albrecht von Haller in seiner 1768 erschienenen Historia stirpium indigenarum Helvetiae eine Einteilung in Höhenstufen versucht. Haller bringt seine Regionen noch nicht in Beziehung zu ziffernmäßig bestimmten Höhenangaben, er unterscheidet einfach übereinanderfolgend eine Region des Weinstocks; der Äcker, Wiesen und Mischwälder; der Fichtenwälder; der Alpenweiden; der mageren steinigen Weiden; und endlich eine Fels- und Gletscherregion.

In mehr oder weniger ähnlicher Weise teilen noch zahlreiche andere Forscher die Höhenstufen ein nach den Grenzen auffälliger Einzelpflanzen oder von

Pflanzengesellschaften. Davon ist wohl am meisten beachtenswert jene, die Werner Lüdi 1921 in seiner Vegetationsmonographie des Lauterbrunnentales aufgestellt hat. Er unterscheidet eine montane Stufe, gekennzeichnet durch den Buchenwald; dann eine subalpine Stufe zwischen 1200 m und 2100 m, die er unterteilt in die Stufe des Fichtenwaldes, die der Alpenrosengebüsche und die Übergangsstufe der alpinen Zwergstrauchheide. Von hier bis 2900 m reicht seine alpine Stufe, die er wiederum in eine untere Borstgras- und eine obere Krummseggenstufe, sowie eine Übergangsstufe unterteilt, welch letztere dann überleitet zur Nivalstufe.

Nach mehr praktisch wirtschaftlichen Gesichtspunkten geht Kasthofer in seiner schon 1818 erschienenen Arbeit über die Wälder und Alpen des Bernischen Hochgebirges vor. Er unterscheidet, soweit Getreide und Obstbäume gedeihen bis ungefähr zur oberen Grenze des Nußbaumes die Talregion; darüber bis zur Obergrenze des Kirschbaumes die Region der Bergvorsassen; von hier bis zur Baumgrenze reicht die Region der Kühalpen, über der sich dann bis zur Schneelinie die Region der Schafalpen anschließt.

Nach rein klimatischen Gesichtspunkten geht Mühry vor, der die Höhenstufen in seiner Bearbeitung des Klimas der Schweiz 1871 folgendermaßen einteilt: in der collinen Region (Hügelland) herrscht 4 Monate Winter, in der montanen Region (Bergland) 5 Monate, in der subalpinen 6 Monate, in der oberen oder eigentlichen Alpenregion 9 Monate, in der subnivalen Region $10^1/_2$ Monate. Über der Schneegrenze bis zu der die subnivale Region reicht, folgt der Firngürtel, in dem noch manchmal Regen fällt. In der folgenden Region des Rieselschnees gibt es keine Regenfälle mehr. Endlich folgt noch in manchen Gebieten der Alpen eine Stufe, in der das Tagesmittel während des ganzen Jahres nie null Grad überschreitet: die athermische (wärmelose) Region.

In mancher Hinsicht ähnlich ist der eigenartige Versuch Cockaynes, die Höhenstufen Neuseelands rein nach der Dauer der Schneebedeckung zu gliedern. In der untersten Stufe kommen Schneefälle nahezu nie vor; in der montanen Stufe bleibt der Schnee meist nur einige Tage liegen; in der subalpinen höchstens 2 Monate lang; in der alpinen Stufe endlich ungefähr 6 Monate lang.

Nach den allgemeinsten Wirkungen des Klimas auf die Pflanzen gelangte Schimper 1898 in seiner „Pflanzengeographie auf physiologischer Grundlage" zu einer Einteilung, die viel Anklang gefunden hat, aber auch sehr verallgemeinert. Er kennt nur drei Regionen: eine basale, die bis ungefähr 1500 m reicht. Ihre Pflanzendecke ist mehr feuchtigkeitsliebend, aber ebenso wärmebedürftig als im benachbarten Tiefland; sie ist derjenigen feuchterer Standorte des letzteren ähnlich. Die zweite Stufe nennt Schimper die montane Region. Ihre Pflanzendecke ist mehr feuchtigkeitsliebend und weniger wärmeliebend als im benachbarten Tiefland; sie ist derjenigen der Tiefländer nördlicherer Zonen vergleichbar. Die oberste Stufe ist die alpine Region. Ihre Pflanzendecke ist durch das gesamte Höhenklima beeinflußt und besitzt keinerlei Analogie in den Tiefländern.

Endlich sei noch kurz des Versuches gedacht, den Raunkiaer anstellte, um die Grenzen der Höhenstufen festzulegen. Er geht von der Art und Weise aus, wie die Pflanzen an das Verbringen des Winters angepaßt sind. Darnach teilt er seine „Lebensformen" ein. Pflanzen, die den Winter als Samen überdauern, nennt er Sommerpflanzen; solche die einziehen und nur als unterirdische Dauerorgane (wie z. B. Zwiebeln und Knollen es sind) überwintern, heißen Erdpflanzen; Zwergpflanzen sind solche, deren Knospen im Winter höchstens 2—3 cm über dem Boden liegen. Nach dem Hundertsatz, den diese Lebensformen nun zur gesamten Pflanzenwelt einer bestimmten Örtlichkeit beitragen, stellt Raunkiaer das „biologische Spektrum" dieses Ortes auf. Auf diese Weise berechnete er, daß z. B. die Waldgrenze auf der 10%-Zwergpflanzenlinie liegt. Das heißt, über dieser Linie stellen die Zwergpflanzen mehr, unter ihr weniger als 10% zur gesamten Artenzahl bei.

Man kann aus diesen verschiedenen Versuchen entnehmen, daß die Frage der Höhenstufen und ihrer Begrenzung noch keineswegs geklärt ist. Sind sie doch ein Ergebnis zahlreicher verschiedenartiger Umstände, die noch dazu auf die verwickeltste Art ineinandergreifen. Klimacharakter, Massenerhebung, Himmelslage, Wind- und Niederschlagsverhältnisse, Boden usw., ja selbst menschliche Einflüsse sind bei der Erklärung dieser Grenzen mit zu berücksichtigen. Daher kommt es auch, daß diese Grenzen nahezu niemals Linien, sondern immer mehr oder weniger breite Gürtel sind; daher kommt es aber auch, daß diese Grenzen kaum jemals horizontalen Streifen entsprechen. Auch ist naturgemäß die ziffernmäßige Höhenlage der Grenze sehr verschieden; sie kann in benachbarten Gegenden um mehrere hundert Meter auseinander liegen. Daß die absoluten Höhenzahlen pflanzengeographisch von sehr verschiedenem Wert sein können, betont besonders Schröter in seinem Pflanzenleben der Alpen, wenn er sagt, daß eine Pflanzenart, welche die Stufe von 1600 m bis 2100 m bewohnt, im Kanton Uri jedenfalls eine Alpenpflanze ist, im Wallis dagegen auch ein Ackerunkraut sein kann.

Außerdem sind alle diese Grenzen nicht starre Linien oder Streifen. Sie sind durchaus veränderlich und nur der Ausdruck des gegenwärtigen Zustandes, eines bloß scheinbaren Stillstandes. Ja, sie sind nicht einmal bloß, wie der Geograph Richter sagte, ein klimatischer Anzeiger, der feine Ablesungen gestattet, sondern vielmehr bis zu einem gewissen Grade selbst eine Lebenserscheinung. In erster Linie sind diese Grenzen bedingt durch die Pflanzenart, auf deren Verbreitung sie beruhen. Wenn die untere Montanstufe in manchen Gegenden der Alpen begrenzt wird durch die Obergrenze des Vorkommens von Walnuß und Edelkastanie, so darf man daraus natürlich noch nicht schließen, daß nun überall die Obergrenze dieser beiden Bäume in eine Linie zusammenfallen muß. Auf die Gesamtheit aller Faktoren, die diese Grenze bestimmen, antworten hier beide Bäume in gleicher Weise. Es braucht aber nur einer dieser Faktoren sich zu ändern und schon kann es sein, daß beide Bäume sich in ganz verschiedener Weise zu dieser Änderung verhalten.

Im einzelnen lassen sich insbesondere für die Waldgrenze folgende Gesetzmäßigkeiten erkennen: allgemein, d. h. außer für die Waldgrenze noch für rein klimatische Grenzen, wie Isothermen und Schneegrenze, oder für wirtschaftliche, wie die Siedlungsgrenzen, gilt das Gesetz, daß sie in den äußeren Ketten des Gebirges tiefer liegen als in den zentralen Teilen und daß sie am höchsten steigen in den Gebieten der Massenerhebungen, also des Wallis und des Engadin und Inntales, von den Ötztalern bis zur Bernina. Diese Gesetzmäßigkeit, die schon vor mehr als 100 Jahren von Kasthofer erkannt wurde, ist in der Folge auch in außeralpinen Gebirgszügen bestätigt worden. Der Höhenunterschied beträgt dabei in den Alpen 700 bis 800 m.

Beträchtliche Unterschiede in der Höhenlage bewirkt auch die Himmelslage (Exposition). So ist die

Waldgrenze in den Stubaier Alpen im Durchschnitt bei 1900 m gelegen, sie sinkt aber bei ausgesprochener Nordlage auf 1800 m und steigt bei Nordwestlage auf 2080 m. Der Unterschied beträgt hier 280 m! Geringer ist er in der Adamellogruppe, für welchen die entsprechenden Zahlen (ebenfalls nach Reishauer) folgende sind. Bei einer Durchschnittshöhe von 1870 m sinkt die Waldgrenze bei Westlage auf 1807 m und steigt sie bei Südlage auf 1912 m; der Unterschied beträgt hier also nur 105 m. Einen solchen Unterschied von ungefähr 100 m bewirkt die Himmelslage fast überall. Dabei ist aber, wie schon das Beispiel aus den Stubaiern und dem Adamello zeigte, nicht immer ein und dieselbe Lage in gleichem Maße günstig oder ungünstig. Dieser Einfluß wird je nach den örtlichen Verhältnissen stark abgeändert. Im allgemeinen kann man höchstens sagen, daß Lagen zwischen Süd und West günstiger zu sein pflegen, als solche zwischen Nord und Ost.

Diese Angaben gelten nur für das Talgehänge. Denn in der Sohle, insonderheit am Talschluß liegen besondere Verhältnisse vor, an beiden Talhängen sinkt nämlich die Baumgrenze allmählich gegen den Talhintergrund zu. Dieses „Talphänomen", wie es Thore Fries genannt hat, ist eine ganz allgemeine Erscheinung, die oft einen Höhenunterschied von 200 bis 300 m verursacht, wie das Reishauer aus dem Stubai und Adamello berichtet. Hier tritt die Erscheinung vielleicht in gesteigertem Maße auf, weil diese Täler meist in ihrem innersten Grunde vergletschert sind und die Nähe dieser lebensfeindlichen Eismassen wieder besondere Verhältnisse bedingen.

Übrigens steigen einzelne Bäume besonders an vorragenden Kanten und Felsrippen beträchtlich höher als der Wald im allgemeinen zu folgen vermag und als es die Bäume in den zwischenliegenden Rinnen und Reisen vermögen. Der Pflanzengeograph muß überhaupt scharf unterscheiden zwischen wirklicher und klimatischer Waldgrenze, sowie zwischen dieser und der Baumgrenze. Da es aber durchaus noch nicht klargestellt ist, inwieweit sich diese Grenzen auf die Tierwelt verschieden auswirken, und da eine derartige scharfe Unterscheidung für eine erste allgemeine Übersicht durchaus nicht nötig erscheint, wird dieselbe hier vernachlässigt.

Festzuhalten ist nur, daß die obere Waldgrenze ganz allgemein als Untergrenze der alpinen Stufe gilt. Wenn einzelne Forscher davon abweichen, so tun sie das nur innerhalb des Rahmens, in dem man das Wort Waldgrenze auszudeuten vermag. Lüdi z. B. gliedert seine Höhenstufen nach den Schlußvereinen seiner Sukzessionsreihen. Daher muß seine alpine Stufe erst an der Obergrenze der Zwergstrauchheiden beginnen.

Wenn wir als alpine Stufe die baumlose Region der Gebirge bezeichnen, so haben wir folgerichtig unter „Alpiner Tierwelt" die Gesamtheit aller jener Tierformen zu verstehen, die ihre Lebensbedingungen vorzugsweise oder ausschließlich in der baumlosen Höhenstufe der Gebirge finden. Es gehören dazu also nur jene Formen, die dort oben gewissermaßen zu Hause sind, die diesen besonderen Lebensverhältnissen eigens angepaßt sind. Zahlreiche Tierformen kann man dort oben antreffen, bald mehr, bald weniger häufig, die eigentlich dort nicht recht hingehören. Formen der Waldstufe, ja selbst solche der Niederungen. Man erinnere sich nur der zahlreichen Insekten des Tales, die ein frostiges Ende auf dem Eis der Gletscher gefunden haben. Auf Schritt und Tritt kann man bei Gletscherwanderungen solche armselige Leichen herumliegen sehen. Diese Tiere gehören ebensowenig zur alpinen Fauna, wie jene weitverbreiteten Arten, die keine besonderen Ansprüche an das Leben stellen und daher auch in dieser Höhenstufe recht wohl ihr Auslangen zu finden vermögen.

Über der eigentlichen alpinen Stufe findet sich nun noch eine Stufe mit einer eigenartigen, wenn auch zahlenmäßig geringen Tierwelt, die Nivalstufe oder das Ewigschneegebiet. Wie schon der Name sagt, fällt die Untergrenze dieser Stufe zusammen mit der Schneegrenze. Ähnlich wie die Waldgrenze ist auch diese kein einheitlicher Begriff. Schon Ratzel unterschied (1886) eine klimatische und eine orographische Schneegrenze. Die erste ist eine rein theoretische Linie, die noch nie jemand gesehen hat. Sie verbindet alle jene Punkte, da auf ebener Fläche der Schnee den ganzen Sommer über gerade nicht mehr zum Schmelzen kommt. Die andere Schneegrenze hängt in ihrem Verlauf stark von den örtlichen Verhältnissen ab. Sie entsteht durch Verbindung der jeweils am tiefsten liegenden ausdauernden Schneeflecken und Firnfelder. Der Höhenunterschied zwischen diesen beiden Grenzen ist meist ganz beträchtlich; er beträgt z. B. im Ortlergebiet mehr als 300 m. Doch wollen wir hier ebenso wie bei der Waldgrenze auf diese Unterschiede nicht weiter eingehen und einfach jenen Gürtel zwischen der klimatischen und orographischen Schneegrenze, den man am besten als Schneestufe bezeichnet, als untere Begrenzung des Ewigschneegebietes ansehen; als Grenzzone, die sich zwischen die alpine Stufe und die Nivalstufe einschiebt.

Dieses Ewigschneegebiet findet seine Obergrenze in den höchsten Gipfeln, es ist nach oben sozusagen nur durch die Tatsache begrenzt, daß die Berge nicht bis in den Himmel reichen. Während es keine Pflanzen gibt, die ausschließlich der Nivalstufe angehören, obwohl fast ein Vierteltausend Blütenpflanzen bekannt sind, die auch in dieser Stufe ihr Fortkommen finden, so gibt es unter dem halben Tausend von Tierarten, die im Ewigschneegebiet regelmäßig vorkommen, fast 30 Arten, die ausschließlich nur hier leben.

Tiere, die so auf eine bestimmte Zone oder Stufe beschränkt sind, nennt man stenozón (von griech. stenos = eng). Stenozone Alpentiere sind z. B. Gemse und Steinbock, Lämmergeier und Schneefink, Alpensalamander, der Gletschermohrenfalter und der Gletscherfloh. Sind die Tiere dagegen über mehrere Regionen (oder Unterteilungen davon) verbreitet, so nennt man sie euryzon (griech. eury = breit). Zu diesen gehört die Wald- und Hausmaus, der Rotschwanz, die Hainschnirkelschnecke, der Fuchs (Schmetterling) und viele Regenwürmer.

Tiere, die dem Hochgebirge eigentümlich sind und in den tieferen Stufen des Gebirges gewöhnlich fehlen, wie Schneefink, Mauerläufer, Murmeltier, Gemse u. a. nennt man eualpine Tiere. Tiere dagegen, die im Hochgebirge leben und sich entwickeln können, aber nicht auf dieses beschränkt sind, sondern nur hier ihre äußerste Verbreitungsgrenze finden, wie Apollofalter, Grasfrosch, Bergeidechse, Rotschwanz und manche Wühlmäuse; solche Tiere nennt man tychoalpin. Tiere endlich, die ihren ständigen Wohnsitz nicht im Gebirge haben, sondern nur gelegentlich oder zufällig dorthin kommen, wie z. B. die Zugvögel und die große Zahl der ins Hochgebirge verirrten Insekten, heißen xenoalpin. In gleicher Weise werden für die Tierwelt der Schneestufe diese Gruppenbezeichnungen ebenfalls mit den griechischen Vorsilben eu- (= gut, echt), tycho- (Tyche = Göttin des Zufalls) und xeno- (= fremd) gebildet: eunival, tychonival und xenonival. Für diese Tiere des Ewigschneegebietes (= Chionobionten) empfiehlt übrigens Steinböck mit guten Gründen die sprachlich besseren Ausdrücke: Chionobiont statt eunival, chionophil statt tychonival und chionoxēn statt xenonival (Chion ist griechisch und bedeutet Schnee).

Endlich seien hier gleich noch zwei Ausdrücke erläutert: stenotherm sind Tiere, die an eine in engen Grenzen schwankende Temperatur, sei sie nun hoch oder niedrig, gebunden sind: der Schneefink ist beispielsweise ein ausgesprochen kalt-stenothermes Tier. Die eurythermen Tiere dagegen stellen an die Temperatur ihres Wohnplatzes keine besonderen Ansprüche. Dazu gehört z. B. der Kolkrabe.

Schrifttum.

Schriften zu diesem Abschnitt sind ausführlich in dem grundlegenden Werk von C. Schröter, Das Pflanzenleben der Alpen, 2. Aufl., Zürich, 1926 angegeben. — Über die Tierwelt der Ewigschneestufe vgl. die Arbeiten von Prof. O. Steinböck, besonders in Zeitschr. des D. u. Ö. Alpenvereins, 1931. Da diese ausgezeichnete Arbeit leicht zugänglich ist, wurde im vorliegenden Buch die Nivalfauna nicht weiter besprochen.

Das Klima.

Unter Klima können wir das Ergebnis verstehen, das aus dem Zusammenwirken der folgenden vier Umstände entsteht: Luftdruck und Luftbewegung, Luft- und Bodentemperatur, Niederschläge und endlich Strahlung. Schon infolge der großen Ausdehnung der Alpen darf man nicht erwarten, daß das Klima des ganzen Gebietes einheitlich sei. Es ist klar, daß sich auch rein klimatisch die Nachbarschaft auswirkt, mit dem gemäßigten Mitteleuropa im Norden und dem schon fast subtropischen Mittelmeergebiet im Süden; aber auch mit dem in gar mancher Beziehung eigenartigen westlichen Europa und dem östlichen Gebiet, besonders der ungarischen oder pannonischen Tiefebene. Die mäßig großen Temperaturunterschiede zwischen den einzelnen Jahreszeiten, die in einfacher

Kurve übers ganze Jahr verteilten Niederschläge und die vorherrschenden Westwinde, wie sie das Klima Mitteleuropas in groben Umrissen kennzeichnen, hat der Norden der Alpen mit jenem gemeinsam. So wie das Mittelmeerklima auffällig durch die Regenzeiten im Frühling und Herbst sich von den mitteleuropäischen Verhältnissen unterscheidet, so ist auch das Klima des Südrandes der Alpen vom nördlichen verschieden. Und je weiter man in den Alpen nach Osten vordringt, desto mehr macht sich die Abkehr vom Meer geltend, desto seltener werden die Niederschläge und desto größer die Temperaturunterschiede gegenüber dem feuchteren Westen, mit seinen mehr ausgeglichenen Temperaturen. Selbstverständlich aber, und das erschwert natürlich die Erkenntnis der klimatischen Verhältnisse in ganz besonderem Maße, selbstverständlich wirken sich in den Alpen mit ihrem unruhigen Relief und ihren oft gewaltigen Höhenunterschieden rein örtliche Umstände ganz besonders aus. Trotzdem sind für das ganze Gebirge — und für die höchsten Lagen des Hochgebirges mehr als für die Mittellagen — eine ganze Reihe von Erscheinungen gemeinsam, deren Gesamtheit wir dann eben als Höhenklima bezeichnen.

Die Kenntnisse, die wir von dem Höhenklima besitzen, verdanken wir vor allem den meteorologischen Bergstationen, wie sie erst in den letzten Jahrzehnten zahlreicher errichtet wurden. Die älteste Wetterwarte in den Alpen überhaupt war jene auf dem Kitzbühelerhorn in Tirol in fast 2000 m Seehöhe. Diese Station ist schon im 16. Jahrhundert nachweisbar, also aus einer Zeit, lange bevor Thermo- und Barometer erfunden waren. Doch ist sie, die rein praktischen Zwecken diente, besonders um herannahende Gewitter rechtzeitig zu signalisieren, in keiner Weise zu vergleichen, mit dem mit allen Hilfsmitteln der Neuzeit ausgestatteten

Observatorien, die vorerst rein wissenschaftliche Aufgaben zu erfüllen haben. Davon sind, nach ihrer Höhenlage geordnet, innerhalb des Alpengebietes die wichtigsten:

4560 m Monte Rosa
4358 m Mont Blanc, Observ. Vallot
3465 m Großglockner, Adlersruhe
3106 m Sonnblick
2962 m Zugspitze
2859 m Pic du Midi
2740 m Mont Mounier
2500 m Säntis
2475 m Großer Sankt Bernhard
2261 m Hafelekar
2140 m Hochobir, Hannwarte
1980 m Patscherkofel

Selbstverständlich besitzt von allen Hochgebirgsstationen, deren jetzt in allen Erdteilen zahlreiche bestehen, Amerika die höchste. Es ist dies jene auf dem Gipfel des Misti in den Anden von Peru, 5852 m hoch gelegene und mit Registrierinstrumenten versehene Warte. Bei fast allen alpinen Stationen dagegen handelt es sich um sogenannte Terminbeobachtungen, also solche, die regelmäßig zu bestimmten Stunden — gewöhnlich 7, 14 und 21 Uhr, angestellt werden. Der ununterbrochene Verlauf etwa der Temperaturänderungen kann bloß nach diesen Beobachtungen natürlich nicht angegeben werden. Auch reicht, wenn man sich der ungemein rasch abändernden Einflüsse der einzelnen Örtlichkeit sowohl in der Waagrechten, als auch in der Senkrechten erinnert, das vorhandene Beobachtungsnetz trotz seiner mancherorts verhältnismäßigen Dichte nicht annähernd dazu aus, um die tatsächlichen klimatischen Verhältnisse in ihren Einzelheiten zu erforschen. Von den vorhandenen Beobachtungsreihen sind neben den Temperaturbeobachtungen am zahlreichsten jene über die Niederschlagsmengen; doch sind gerade diese nicht immer ganz zuverlässig, da sie ja in hohem Grade abhängen von der Aufstellung des Apparates — und nicht selten auch von den Wünschen mancher Fremdenverkehrsinteressenten.

Langjährige lückenlose Beobachtungen über die Luft-, Feuchtigkeits-, Bewölkungs- und Windverhältnisse sind schon bedeutend seltener. Begreiflicherweise sind genaue Strahlungsmessungen und „Kleinklima-" Beobachtungen über die Veränderungen der Klimafaktoren in unmittelbarer Nähe über dem Boden bisher erst äußerst spärlich vorhanden. Aus alledem kann man erkennen, daß wir in Klimafragen sozusagen auf Stichproben und weitgehende Verallgemeinerung der daraus gezogenen Schlüsse angewiesen sind; um so mehr scheint es also gerechtfertigt, für die gegenwärtige Darstellung auf die allereinfachsten Grundtatsachen sich zu beschränken.

a) Druck.

Längst allgemein bekannt ist die Tatsache, daß der Luftdruck mit zunehmender Höhe abnimmt. Es geschieht dies nicht gleichmäßig, aber doch mit so vollkommener Gesetzmäßigkeit, daß man die jeweilige Höhe nach dem Luftdruck berechnen kann. Darauf beruhen ja auch die bekannten und viel gebrauchten Taschenhöhenmesser. Der Druck der ganzen Luftmasse, die auf einem am Meeresspiegel gelegenen Quadratzentimeter lastet — er ist um ungefähr ein Drittel Deka größer als ein Kilo — heißt „eine Atmosphäre", und entspricht einem Barometerstand von beiläufig 762 mm. Je höher wir nun steigen, desto geringer wird die Mächtigkeit der über uns lagernden Luftmengen; naturgemäß wird die der Erde aufliegende Luftmenge von den höheren Schichten selbst auch zusammengedrückt und verdichtet, und zwar je höher über dem Meere, desto weniger. Der Luftdruck wird also, je mehr wir in die Höhe steigen, desto langsamer abnehmen. Wir müssen unser Höhenmeßbarometer etwa in den Hügeln um Genua oder Nizza 10 m hoch spazieren führen, damit es ein Fallen um 1 mm anzeigt, während es diese Differenz am Großglockner erst bei einem Höherklettern um 19 m anzeigen wird. Am Sonnblick (3100 m) beträgt der mittlere Luftdruck 510 mm. Auf den Hochflächen von Tibet sinkt er schon auf fast die Hälfte von dem am Meeresspiegel gemessenen Druck. In der alpinen Stufe, von der hier die Rede sein soll, bewegt sich der mittlere Luftdruck etwa zwischen 626 und 448 mm. Dieser verminderte Druck übt auf Tier und Pflanze nicht so sehr einen besonderen direkten Einfluß aus, als das vielmehr auf dem Umweg über die Strahlung und den veränderten Wasserdampfgehalt und die Verdunstungskraft der Fall ist.

b) Wärme.

Außer dem Luftdruck nimmt gewöhnlich noch ein zweiter Klimafaktor mit der Höhe ab: die Temperatur. Es mag das manchem sonderbar erscheinen, da man doch oben der wärmenden Sonne näher ist, als in der Tiefe. Doch zeigt es sich, daß diese Sonnennähe gar keinen Einfluß auf die Temperatur hat. Bei der großen Entfernung der Sonne von unserer Erde spielen die paar hundert Meter Bergeshöhe auch wirklich keine Rolle. Die hellen Sonnenstrahlen durchdringen die Atmosphäre, ohne diese besonders zu erwärmen; erst der von der Sonne erwärmte Boden sendet die dunkeln Wärmestrahlen aus, die die Temperatur der Luft zu erhöhen vermögen. Es liegt also, wie ein angesehener Meteorologe sagte, die Heizfläche für die Luft unten am Boden. Dabei wirkt die Atmosphäre wie ein Schutzdach, das die Wärme festhält, und zwar je dichter sie ist, desto kräftiger. Da aber mit zunehmender Höhe der Luftdruck geringer wird, die Dichte der Luft also abnimmt, wird auch dieses Schutzdach immer unwirksamer und dünner; es werden sich also die höheren Lagen nachts auch stärker abkühlen. Bei Berücksichtigung des Jahresmittels nimmt die Temperatur auf je 100 m um etwas mehr als einen halben Grad ab, bzw. man muß 170 bis 180 m steigen, um eine Temperaturabnahme von einem Grad beobachten zu können. Doch ist das nicht während aller Jahreszeiten gleich. Im Sommer sind es bloß 140 m, während im Winter die gleiche Wärmeabnahme erst in 220 m erreicht wird. Auch ist, wie bei der Besprechung der Höhenstufen schon kurz erwähnt, im Gebiet der Massenerhebungen diese Wärmeabnahme bedeutend geringer; diese sind wärmer als gleich hohe, aber vereinzelt aufragende Erhebungen; ferner ist der Unterschied zwischen Tal und Höhe — was die Temperatur betrifft — um so geringer, je mehr es gegen den Winter zu geht. Die Primeln blühen (nach Schröter) auf dem Rigi bei 1800 m fast sechs Wochen später als in Zürich, die Herbstzeitlosen aber ziemlich gleichzeitig. Machatschek bringt dazu eine kleine, aber lehrreiche Tabelle:

Tabelle 1. Die Wärmeabnahme für je 100 m Erhebung beträgt in

Ort	Winter	Frühling	Sommer	Herbst	Jahr
Schweiz	0,45°	0,67°	0,73°	0,52°	0,58°
Ostalpen					
Nordseite	0,33°	0,60°	0,62°	0,47°	0,51°
Südseite	0,50°	0,66°	0,67°	0,57°	0,60°

Allerdings erfährt diese Wärmeabnahme manchmal eine völlige Umkehrung: an windstillen, klaren Tagen sind die Täler oft ganz bedeutend kälter als die umliegenden Berghänge, wenigstens bis zu einer gewissen Höhe. Der Boden verliert fast seine ganze Wärme durch Ausstrahlung und es lagert sich nun die kältere und mithin schwerere Luft in der Tiefe und sammelt sich hier zu einem richtigen See an. Der atmosphärische Wasserdampf kondensiert im Bereich des Kältesees zu Nebel und Rauhreif und läßt so den See dem kundigen Auge sogar sichtbar werden. Wenn allerdings ein kräftiger Wind diese Luftschichten durcheinanderwirbelt, ist es mit dem Kältesee zu Ende. Die Becken von Kitzbühel, Zell am See oder Klagenfurt sind bekannte Beispiele für diese Temperaturumkehrung; auf das letztgenannte Becken bezieht sich die folgende Tabelle, die erkennen läßt, daß der Kältesee bis zu einer Höhe von 1100 m bis 1400 m reicht. In dieser Höhe vermischen sich die Luftschichten wieder mit denen der weiteren Umgebung.

Tabelle 2. Das Klagenfurter Becken als Beispiel für einen Kältesee.

Ort	Höhe	Januar	Winter
Klagenfurt	440 m	— 6,2°	— 4,6°
Eberstein	570 m	— 4,2°	— 3,3°
Hüttenberg	780 m	— 3,1°	— 2,3°
Lölling Tal	840 m	— 2,5°	— 1,6°
Lölling Berghaus	1100 m	— 1,9°	— 1,3°
Stelzing	1410 m	— 3,7°	— 3,2°

In den letzten Jahren hat übrigens ein kleines Frostloch viel von sich reden gemacht, das in der Nähe von Lunz am See (Niederösterreich) entdeckt wurde: die Doline auf der Gstettner-Alm. Hier wurden bislang die tiefsten Temperaturen der ganzen Ostalpen gemessen.

Selbstverständlich schwankt die Lufttemperatur ganz beträchtlich im Verlauf von Jahr und Tag. Der Wärmeunterschied zwischen Sommer und Winter ist am Grunde der großen Talbecken in den Alpen bedeutender als in den benachbarten Niederungen. Mit zunehmender Höhe aber verschwinden diese Verschiedenheiten immer mehr. Zugleich verspätet sich die warme

Jahreszeit, je höher desto mehr, mit ihrem Einzug. Es macht also das Klima der Talsohlen einen kontinentaleren Eindruck als das des Alpenvorlandes; das der Höhen nähert sich stark dem ozeanischen.

Die Verschiedenheit der Tag- und Nachttemperaturen ist vor allem eine Folge der Bestrahlung durch die Sonne und der nächtlichen Ausstrahlung; dabei hat selbstverständlich — wie schon bei Besprechung der Waldgrenze angedeutet wurde — die Himmelslage einen bedeutenden Einfluß. Als geradezu klassisches Beispiel wird hier das Findelental im Wallis in der Literatur immer herangezogen; dieses Tal, an dessen Ausgang Zermatt liegt, verläuft in genau ostwestlicher Richtung. An der sonnigen Südseite steigt der Roggen bis 2100 m und gedeihen mit ihm eine ganze Reihe südlicher Ackerunkräuter. Auf der gegenüberliegenden Nordhalde beschattet düsterer sibirischer Arvenwald den Boden und die Lichtungen sind bedeckt mit einer arktisch-alpinen Zwergstrauchtundra. Also ein Gegensatz in der Pflanzendecke, der 30—40 Breitegraden gleichkommt, bei einer Entfernung von bloß einem Kilometer! Dieser gewaltige Gegensatz wird verständlich, wenn man bedenkt, daß z. B. ein Ort in der mittleren Breite Tirols auf einem sonnseitigen Gehänge von 20° Neigung im Sommer fast senkrecht von der Sonne beschienen wird, im Winter aber unter einem Winkel von vielleicht 40 Graden. Das ist aber der Winkel, unter dem eine gleich geneigte, aber nach Norden gelegene Böschung im Sommer besonnt wird, während die Sonnenstrahlen diesen Ort im Winter — wenn dieser Hang überhaupt noch von der Sonne erreicht wird — unter einem Winkel gerade noch streifen, der näher bei null als bei zehn Grad liegt.

Dabei kommt für die Pflanzendecke nicht so sehr die Lufttemperatur, als vielmehr die des Bodens in Betracht. Diese ist nach Messungen, die A. u. F. von

Tabelle 3. Monats-Mittel-Temperaturen in verschiedenen Höhenlagen.

Ort	Höhe	I	II	III	IV	V	VI	VII	VIII	IX	X	XI	XII
Innsbruck	570	2⁴	0²	5⁰	8⁷	13⁹	16⁸	17⁶	17⁰	13³	9²	3¹	0⁸
Haller Salzberg	1483	−4⁰	−2⁹	1¹	3¹	6⁵	10²	12³	11⁷	10⁰	5⁵	0⁷	−3¹
Patscherkofel	1960	−6²	−8²	−2⁹	1⁷	5²	9⁶	9³	9⁰	6⁰	2⁵	−0²	−4⁴
Hafelekar	2260	−8⁰	−9⁹	−5⁴	−4³	1⁹	6⁹	7⁵	6⁷	3⁵	0⁴	−2⁶	−6³
Schneeberg, Tirol	2366	−9¹	−8⁸	−7⁷	−3⁸	0⁴	4⁸	7⁸	7²	4⁴	−0¹	−4⁵	−7⁴
Zugspitze	2964	−10⁵	−11⁸	−10⁴	−7²	−3⁴	−0⁷	2¹	1⁵	0⁰	−3⁶	−6⁹	−10⁰
Sonnblick	3105	−13⁰	−13⁶	−12¹	−8⁵	−4²	−1⁵	1³	0⁹	−1⁴	−5⁰	−8⁷	−12²

Kerner anstellten, noch in einer Bodentiefe von 80 cm bei Innsbruck (660 m) am Südwesthang um 4 Grad höher als am Nordhang und im Gschnitztal (1340 m) sonnseitig um mehr als 2 Grad wärmer als schattseitig. Es sei hier noch kurz bemerkt, daß überhaupt der Boden im allgemeinen wärmer ist als die Luft. Dieser Wärmeüberschuß nimmt mit der Seehöhe zu. Messungen, die in den Pyrenäen ausgeführt wurden, ergaben in einer Seehöhe von 550 m einen Wärmeüberschuß des Bodens von bloß 2,3° C, in 2880 m aber schon einen solchen von 12,2°.

Während in den tiefen Lagen Frühling und Herbst ungefähr gleich warm sind, weist in der alpinen Stufe der Herbst höhere Temperaturen auf; die höchsten Monatsmittel hat zumeist der August. Der Frühling wird wohl hauptsächlich deswegen so stark hinausgezögert, weil die ganze Wärme der Sonnenstrahlung aufgebraucht wird von der Schneeschmelze. Der klimatische Frühling beginnt oft erst im Juni; Monatsmittel über 0° C sind im Hochgebirge auf ganz wenige Monate beschränkt; die Dauer der Lebensmöglichkeit ist also sehr gering.

c) Strahlung.

Dieser ganz bedeutende Mangel wird aber ausgeglichen durch die direkte Sonnenstrahlung. Jedem Bergwanderer ist ja sicherlich, insbesondere bei Skifahrten im Frühling aufgefallen, daß man an windstillen Plätzchen ruhig in Hemdärmeln in der Sonne sitzen und braten kann, während unmittelbar daneben, aber im Schatten, das Thermometer Frost anzeigt. Auf dem Montblanc wurde schon wiederholt an der Sonne eine Temperatur gemessen, die zirka 80° C höher ist, als die zur selben Zeit im Schatten beobachtete. Die Wärmewirkung der Sonnenstrahlen beträgt an der Grenze der Atmosphäre, also 500 km über der Erde 1925 Grammkalorien pro Quadratzentimeter („Solarkonstante"). Auf den höchsten Bergesgipfeln gehen davon etwa ein Fünftel, in mittleren bewohnten Höhen ein Drittel bis ein Viertel, in der Ebene mit ihrer dichten wasserdampf- und staubreichen Luft mehr als die Hälfte verloren. Die Sonnenstrahlung ist an einem wolkenlosen Tag im Juli in der alpinen Stufe (2000 bis 3000 m) allein imstande, eine Wasserschicht von 3 mm Dicke zum Verdunsten zu bringen. Die Wärmewirkung der direkten Sonnenstrahlung wird durch die Rückstrahlung noch wesentlich verstärkt. Dunkler Erdboden strahlt etwa ein Dreißigstel, Schnee ein Sechstel bis ein Achtel der auffallenden Sonnenstrahlen zurück. Zusammenfassend kann man sagen, daß im Schatten die Temperatur mit der Höhe sinkt, in der Sonne aber ansteigt. Und diese zunehmende Strahlungswärme ist es, die insbesondere im Ewigschneegebiet ein Leben erst gestattet, die also die biologisch wirksame Wärme darstellt.

Außer der Wärmestrahlung der Sonne ist selbstverständlich noch der Helligkeitsstrahlung biologisch große Bedeutung zuzuschreiben. Aus den Monatsmitteln der drei Jahre 1908 bis 1910 der in tausend Hefnerkerzen gemessenen Helligkeit in Kiel = Meereshöhe und Davos = 1560 m, konnte Dorno folgende lehrreiche Kurve erstellen, die die mittägliche Orts-

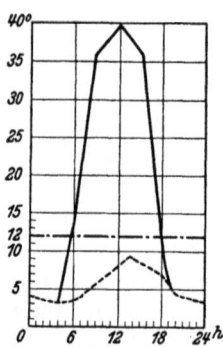

Abb. 1. Die Temperatur im Hochgebirge. Ausgezogene Linie: Wärme in der strahlenden Sonne; gestrichelte Linie: Luftwärme im Schatten. Schmetterlinge fliegen gewöhnlich nur über der 12⁰-Linie. (Nach Steinböck.)

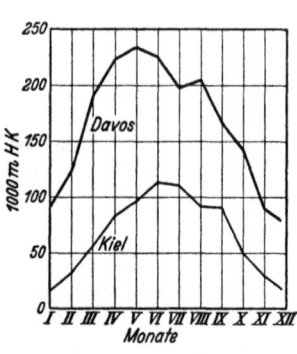

Abb. 2. Dornos Helligkeitskurve.

helligkeit angibt und deutlich Kunde gibt von der großen Lichtfülle der Höhen.

Davos hat also im Jahresdurchschnitt die 2¹/₂fache, im Sommer allein eine 1,8fache, im Winter aber die 6fache Helligkeit gegenüber Kiel. Der Himmel ist im Winter — wie jeder Skifahrer bestätigen kann — besonders um Mittag herum viel heiterer; die Berge haben durchschnittlich jeden zweiten Wintertag vollen Sonnenschein.

Allgemein bekannt ist, daß das Licht der Höhen besonders im Sommer verhältnismäßig sehr reich ist an ultravioletten, also kurzwelligen, vorwiegend chemisch wirksamen Strahlen. Das zerstreute, „diffuse" und vor allem das von der Schneedecke zurückgestrahlte Licht ist in dieser Hinsicht besonders wirksam. Die Wirkung dieser ultravioletten Strahlung in Verbindung mit der Rückstrahlung von der Schneedecke oder der Zerstreuung durch von oben beleuchtete Nebel und in Verbindung mit der Lufttrockenheit bedingt das starke Verbrennen der Haut bei Hochgebirgswanderungen. Die bahnbrechenden Strahlungsforscher, Elster und Geitel haben die Zunahme der ultravioletten Höhenstrahlung mit der Seehöhe gemessen und folgende Verhältniszahlen gefunden.

Wolfenbüttel	80 m	38
Kolm Saigurn	1600 m	72
Sonnblick	3100 m	94

So, wie von der Helligkeit schon erwähnt wurde, schwankt auch die Kurzwellenstrahlung stark mit der Jahreszeit. Ein ganzer Wintermonat weist nicht viel mehr auf, als ein mittlerer Sommertag.

Dorno faßt diese Verhältnisse folgendermaßen zusammen: „Aus allen Vergleichen der Strahlungsmessung spricht deutlich die größere Durchlässigkeit der Atmosphäre in den Höhen gegenüber der Ebene. Je klarer und transparenter die Atmosphäre, je größer der durchgelassene Strahlungsanteil, um so eher und stärker muß die direkte Sonne wirken, um so geringer wird aber auch das diffuse Licht, denn der immer geringer werdende Verlust am direkten Sonnenlicht beim Durchgang durch die Atmosphäre kommt in der diffusen Strahlung wieder zum Vorschein. Daher die geringe Helligkeit des blauen Himmels und seine größere photographische Strahlung."

Die Sonnenscheindauer ist natürlich je nach der Jahreszeit verschieden. Doch ändert sich dieses Verhältnis in auffälliger Weise mit der Zunahme der Höhe. Zählt man zusammen, wie viel Stunden während eines ganzen Monats in der Mittagszeit zwischen 11 und 13 Uhr die Sonne scheint, so ergeben sich (nach den Angaben des großen österreichischen Meteorologen Hann) für Wien und Klagenfurt im Dezember 21, im August 67 Stunden; es ist also hier in der Ebene der Sommer mehr als dreimal so sonnig wie der Winter. Anders aber in großen Höhen. Auf dem Obir (2040 m) und Sonnblick (3100 m) ist der sonnenreichste Monat der Dezember mit 47 Stunden, während der Juni bloß 27 Stunden Sonnenschein aufweist. Hier ist also zur Mittagszeit der Winter fast doppelt so sonnig als der Sommer; das hängt unter anderem damit zusammen, daß einerseits die Höhen besonders im Sommer mehr Nebel haben als die tiefen Lagen und daß andererseits oben im Sommer die sonnigste Zeit um etwa 9 Uhr vormittags ist, während die Bewölkung ab 10 Uhr gegen Mittag zu — und die vorgenannten Zahlen beziehen sich ja auf die Mittagsstunden — rasch zunimmt.

Dieselben Umstände, die die starke Bestrahlung der Höhen ermöglichen, besonders der geringere Luftdruck bewirken aber auch eine starke nächtliche Ausstrahlung; während, wie wir gesehen haben, die Stärke der Einstrahlung von zirka 300 m bis 3000 m um 20 vom Hundert zunimmt, steigert sich beim selben Höhenunterschied die Ausstrahlung ums Doppelte (40%). Es kann uns also nicht mehr verwundern, daß es mit zunehmender Höhe immer kälter wird. Der stete Wechsel von hohen Temperaturen sonniger Tage und stärkster Abkühlung während aller Nächte, eine Schwankung, die sich besonders auffällig erweist bei Gegenständen, die der Sonne unmittelbar ausgesetzt sind, ist ein wichtiges Kennzeichen des alpinen Kleinklimas.

Übrigens wird sich sicherlich auch einmal eine biologische Bedeutung der nach dem in Innsbruck wirkenden Professor Heß benannten Ultrastrahlung feststellen lassen. Vorläufig ist man allerdings über die wahre Natur dieser offenbar direkt oder indirekt auf Sonneneinflüsse zurückzuführenden Ionisationsstrahlung noch nicht ganz klar. Eine seit Herbst 1931 auf dem Hafelekar (2300 m, Karwendelgruppe) in Betrieb stehende Station dient der Erforschung dieser kosmischen Höhenstrahlung.

d) Wind.

Selbstverständlich hat insbesondere auf den ungeschützten Graten und Gipfeln der Alpen der Wind einen großen Einfluß auf alles, was da lebt. Mit der Höhe nimmt ganz allgemein die Geschwindigkeit des Windes zu; da aber die Luftdichte zugleich abnimmt, so ist die mechanische Wirkung desselben bei gleicher Windstärke auf den Höhen etwas geringer, als in der Ebene. Trotzdem können die Bergwanderer da und dort ganz erstaunliche Leistungen des Windes kennenlernen. Dazu kommt, daß infolge des äußerst unregelmäßigen Reliefs der Hochgebirgslandschaft überall Wirbel und Zyklonen entstehen können, die oft die mannigfaltigsten Wirkungen nach sich ziehen. Die in allen Gebirgstälern mit großer Regelmäßigkeit auftretenden Tag- und Nachtwinde stehen naturgemäß in innigem Zusammenhang mit dem täglichen Gang von Temperatur, Bewölkung und Niederschlag.

Auf bestimmte, meist genau nordsüdlich gerichtete Talgebiete ist der Föhn beschränkt; ein warmer, trockener Fallwind, der meist mit unheimlicher Heftigkeit einherbraust. Seine Wirkung ist es, daß z. B. das Jahresmittel der Innsbrucker Gegend um $0,6^0$ C höher ist, als zu erwarten wäre. Durch den Föhn — wer war je in Innsbruck und kennt ihn nicht! — erhält diese Stadt ein Klima, das einer Südwärtsverschiebung um einen ganzen Breitegrad entspricht.

Seine ungeheure austrocknende Kraft beschleunigt zwar die Schneeschmelze im Frühjahr, schädigt aber auch stark die Pflanzenwelt und drückt z. B. die Baumgrenze ganz erheblich herab. Man weiß übrigens längst, daß der Föhn nicht ein Wind ist, der seine Wärme aus Nordafrika oder der Sahara mitbringt; ist doch südlich des Alpenkammes in derselben Zeit, während der nördlich davon der Föhn stürmt, ruhiges und windstilles, feuchtes Wetter. Wenige Stunden nachher fallen auf der Südseite heftige Niederschläge. Auf dem Alpenkamm ist während des Föhns die Temperatur nicht besonders erhöht. Der Föhn erhält seine Wärme erst beim Herabfallen in die Täler; sie ist eine Folge der plötzlichen Verdichtung der Luft bei ihrem Herabstürzen. Diese rein mechanische Erwärmung beträgt auf zirka 100 m Gefälle 1° C. Bedingung zur Bildung solcher Südwinde ist, daß nördlich der Alpen ein Luftdruck-Tief — meist vom Atlantischen Ozean kommend — vorbeizieht. So wird die Luft aus den Alpen, selbst ihren Südabhängen, herausgesogen.

Die ganze Nordabdachung der Alpen steht fast das ganze Jahr hindurch unter dem Einfluß solcher Druck-Tiefe. Wenn es manchmal zur Ausbildung eines länger andauernden Hochdrucks kommt, so ist das meist nur im Herbst oder Winter der Fall, und dann kommt es zu jenen Schönwetterperioden, in denen ein strahlender Sonnentag den anderen zu übertreffen scheint.

e) Niederschläge.

Infolge der niederen Temperatur nimmt der Wasserdampfgehalt der Luft nach oben hin rasch ab. Hann sagt, in zirka 2000 m Höhe habe man bereits die Hälfte der gesamten, in der Lufthülle enthaltenen Menge von Wasserdampf unter sich, in 4000 m schon drei Viertel derselben. Damit ist die Reinheit der Hochgebirgsluft zu erklären. Der Grad der Sättigung der Hochgebirgsluft mit Wasserdampf schwankt sehr rasch zwischen bedeutend auseinanderliegenden Grenzwerten. So fand Martins bei fast 4000 m auf dem Montblanc durch mehrere Tage eine relative Luftfeuchtigkeit von 38%, während sie zur selben Zeit im nahen Chamonix 82% betrug! Die Verdunstungskraft der Luft ist hoch oben eben bedeutend größer als in der Tiefe. Dem Bergwanderer und besonders dem Skifahrer sind Folgeerscheinungen davon längst bekannt: das rasche Verdunsten des Schweißes, die Haut wird leicht spröde und springt besonders an den Lippen leicht auf und schließlich entwickelt sich meist ein recht fühlbarer Durst.

Mit dieser zeitweisen Trockenheit wechseln oft ohne vermittelnden Übergang starke Niederschläge. Man kann ganz allgemein Gebirge als Inseln stärkeren Regenfalles bezeichnen. Der Regenfall nimmt mit der Höhe stark zu — bis zu einer gewissen höchsten Stufe. Darüber breiten sich auf den höchsten Höhen noch Gebiete verhältnismäßig größerer Trockenheit aus. Die Grenze liegt, wie neuere Untersuchungen ergaben, über der Firnlinie, meist über 3000 m. Die Regenwolken liegen übrigens im Winter meist tiefer als im Sommer.

Tabelle 4.

Ort	Höhe m	Niederschlag cm
Bludenz............	590	120
Klösterle..........	1060	138
Stuben............	1410	173
St. Christoph......	1800	182
St. Anton	1300	83
Landeck	800	58

Mit der Annäherung der Wolken an die Alpen müssen diese ihren Regenballast bald abgeben; haben sie die Kammhöhe überschritten, nimmt die Regenmenge stark und plötzlich ab. Da die Hauptwindrichtung, die die Alpen mit Regenwolken überzieht, aus Nordwesten kommt, muß eine Reihe von Niederschlagsmessungen in einer Talfurche dieser Richtung besonders deutlich diese Verhältnisse zeigen. In der Tat ist das der Fall. Ein schönes Beispiel bietet die Furche des Klostertales bis über den Arlberg.

Tabelle 5.

Ort	Niederschlag cm
Rosenheim	138
Innsbruck	87
Landeck	58
Remüs	63
Zernez	64
Bevers	83
Sils	97
Castasegna (Bergell)	144

Interessant ist eine entsprechende Reihe durch das Inntal, in dem die Niederschläge sowohl talaufwärts, als auch über die Wasserscheide von Maloja aus dem

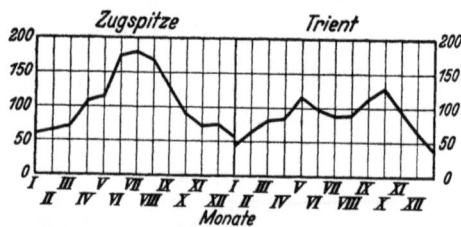

Abb. 3. Wie sich die Niederschlagsmenge auf der Zugspitze im Norden der Alpen (links) und in Trient im Süden (rechts) auf die einzelnen Monate verteilt. (Nach Bobek.)

Bergell kommen und sich das Mindestmaß wiederum im innersten Teil, bei Landeck zeigt.

Die Randzonen der Alpen haben also vielmehr Regen als das Innere. Insbesondere die zentralen Längstäler (Vintschgau, Oberes Inntal) sind sehr regenarm.

In diesem Zusammenhang sei noch erwähnt, wie schon eingangs dieses Abschnittes kurz angedeutet, daß die Jahreskurve der Niederschlagsmengen in den Alpen sich langsam wandelt von einer eingipfeligen im Norden (Beispiel Zugspitze) zu einer zweigipfeligen im Süden (Beispiel Trient). Doch scheint dieser Übergang in der alpinen Stufe nicht besonders ausgeprägt zu sein.

Schrifttum.

C. Schröter, Pflanzenleben der Alpen. — Hans Bobek, „Klima" im Werk Tirol, 1933 herausgeg. vom D. u. Ö. Alpenverein; in diesen beiden Arbeiten findet man weitere Angaben. — Eine Niederschlagskarte der Alpen haben K. Knoch und E. Reichel in den Abhandlungen des preuß. meteorolog. Instituts zu Berlin, 1930, Band IX/6, veröffentlicht.

Die ökologische Bedeutung der Klimafaktoren.

Je mehr die Forschung fortschreitet, um so mehr erkennt man die hohe Bedeutung der Umweltsfaktoren auf die Geschehnisse in der Organismenwelt; es ist klar, daß hierbei den, wie wir im vorhergehenden Abschnitt gesehen haben, bedeutenden Veränderungen, die das Klima in der alpinen Stufe erleidet, eine besondere Rolle zufällt. Der geringere Luftdruck bedeutet ein vermindertes Angebot an dem so lebenswichtigen Sauerstoff. Der mit der stärkeren Luftbewegung und der davon abhängigen größeren Lufttrockenheit und Austrocknungsgröße veränderte Wasserhaushalt bleibt selbstverständlich nicht ohne Einfluß auf die Atmung. Die bedeutend verstärkte Kraft der Strahlung, besonders die Ultraviolettstrahlung, regen die Körperfunktionen in oft charakteristischer Weise an. Manchmal kann dieser Reiz allerdings zu krankhaften Veränderungen führen.

Er erregte seinerzeit großes Aufsehen in der wissenschaftlichen Welt, als die Beobachtung bekannt gemacht wurde, daß die Zahl der roten Blutkörperchen und damit der Gehalt des Blutes an Farbstoffen gleichlaufend mit dem Aufenthalt in größeren Höhen sich ebenfalls stark vergrößert. Da begreiflicherweise die bloße Kenntnis dieser Tatsache die Physiologen nicht befriedigte, wurde diese Entdeckung zum Ausgangspunkt zahlreicher neuer Untersuchungen. Nicht nur Veränderungen in der Zusammensetzung des Blutes wurden nunmehr beobachtet, sondern auch solche der Atmung, der Exkretion und des gesamten Stoffhaushaltes. Es wurde aber auch bald erkannt, daß alle diese Beeinflussungen des Geschehens im Gesamtorganismus miteinander in unmittelbarem und — vorläufig — auch untrennbarem Zusammenhang stehen. Es ist jedenfalls derzeit noch in weitaus den meisten Fällen verfrüht, die eine oder andere beobachtete Veränderung einem bestimmten Klimafaktor allein anzulasten. Man muß sich meist zufrieden geben mit der Ursache „Höhenklima" in seiner Gesamtheit. Schon 1902 hatte Abderhalden (Halle) Versuche zur Klärung dieser Frage unternommen. Bei der Überführung von Kaninchen aus Basel (270 m) nach St. Moritz (1860 m) zeigte sich, daß sofort darauf die Zahl der roten Blutkörperchen stark vermehrt erscheint, doch ist diese Vermehrung nur relativ und erfolgt wahrscheinlich durch eine Zusammenziehung der Milz, die dadurch außer Verkehr gesetzte Blutkörperchen wieder in Umlauf bringt. Bei längerem Aufenthalt im Höhenklima aber nimmt auch die absolute Zahl der roten Blutkörperchen zu. Damit wird naturgemäß der Gehalt an Blutfarbstoffen ebenfalls erhöht. Dabei nimmt die Blutmenge selbst beim Übergang ins Hochgebirge nicht zu, sonder eher ab: der Wassergehalt des Blutes liegt in der Ebene höher als im Hochgebirge. Ebenso tritt eine Abnahme der Gesamtzahl der weißen Blutkörperchen ein. Damit stimmt der Befund sehr gut überein, daß beim Murmeltier die Zahl der weißen Blutzellen auffallend gering ist. Ebenso nimmt mit der Zunahme der Höhenlage die Alkalireserve und der Kaliumgehalt des Blutes ab, während der Phosphorsäuregehalt eher zunimmt und Zuckergehalt und Wasserstoff-Ionenkonzentration sich nicht verändern. Werden die Tiere nach längerem Aufenthalt im Hochgebirge wieder in die Niederungen zurückgeführt, so stellen sich die normalen Verhältnisse wohl wieder ein, aber bedeutend langsamer als die erste Veränderung vor sich ging.

Mit diesen Veränderungen des Blutes verändern sich natürlich auch Puls und Atmung und damit wird auch die Beanspruchung von Herz und Gefäßsystem eine andere. Eine weitere Folge ist dann eine Veränderung der Exkretion, der Zusammensetzung von Harn und Kot. Selbstverständlich bleibt von diesen tiefgreifenden Veränderungen auch die Tätigkeit der Milchdrüsen nicht verschont. Es war ja auch schon längst bekannt, daß die Talmilch eine ganz andere Beschaffenheit aufweist als die Milch der Almkühe. Genaue Untersuchungen dieser Unterschiede wurden 1930 bis 1932 auf der Komperdellalpe in zirka 2400 m Höhe im westlichen Tirol gelegen, durchgeführt.

Das spezifische Gewicht der Almmilch ist geringer, was mit der 20 bis 30% betragenden Erhöhung des Fettgehaltes zusammenhängt; dieser höhere Fettgehalt ist aber nicht etwa eine Folge bloß der besseren Ernährung mit den „fetten Alpenkräutern", sondern ist nahezu ausschließlich dem Höhenklima zuzuschreiben. Das erwies sich, als man auf Komperdell Kühe mit Heu fütterte, das man eigens aus Imst (800 m) heraufgebracht hatte; die Milch dieser Heukühe war fast gleich fettreich, wie die der freiweidenden Vergleichstiere. Bei dieser Gelegenheit wurden übrigens auch zwei, unseren Bauern längst bekannte Erscheinungen wissenschaftlich bestätigt; daß nämlich die Milch von Kühen, die auf der Sonnenseite der Täler gehalten werden, fettreicher ist als jene von schattseitig gehaltenen. Ferner die Beobachtung, daß am Vortag von Föhneinbrüchen die Milch wesentlich fettreicher war als sonst, aber auch die erzielte Menge entsprechend geringer. Die Ausbeute an Käsestoff erhöhte sich mit längerer Sonnenscheindauer und zunehmender chemisch wirksamer Helligkeit. Interessant ist auch in diesem Zusammenhang, daß die Gesamtzahl der in der Hochgebirgsmilch enthaltenen Spaltpilze auffällig abnahm, insbesondere die Zahl der Säure- und Gasbildner, während allerdings die Zahl der Kasein- und Fettspalter beträchtlich zunahm. Damit und mit dem Befund, daß die Bakterizidien der Milch in dieser Höhenlage stark erhöht waren, ist die bekannte Tatsache zu erklären, daß die Milch im Hochgebirge wesentlich haltbarer ist (Staffe).

Neben solchen, die Gesundheit der Versuchstiere nicht weiter störenden Einflüssen des Hochgebirgsklimas dürfen freilich Reizungen, hauptsächlich durch die große Lichtfülle hervorgerufen, nicht vergessen werden, die mehr oder weniger starke Schädigungen des Organismus hervorzurufen vermögen. Ja, man kann geradezu von Lichterkrankungen sprechen. Hierzu gehören die lichtbewirkten Hautentzündungen, die wohl jeder Bergwanderer schon hat kennen gelernt; hierher gehören aber auch einige recht merkwürdige Krankheiten, die manchmal unsere Haustiere befallen können, an denen aber nur helle Stücke oder scheckige, dann aber wiederum nur an den hellen Hautbezirken erkranken. So z. B. der Johanniskrautausschlag oder Hyperizismus. Die Tiere erkranken, wenn sie nach Verfütterung von Hypericum = Johanniskraut dem direkten Sonnenlicht ausgesetzt werden. Die bloße Fütterung mit dieser Pflanze löst den Ausschlag noch nicht aus; dazu ist noch die starke Belichtung erforderlich. Auch werden schwarze oder dunkelbraune Tiere nicht befallen. Man kann diese sonderbaren Erscheinungen durch Gaben von fluoreszierenden Farbstoffen auch künstlich hervorrufen.

Zeigt hier der Klimafaktor Licht einen gewissen Einfluß auf den Farbstoffhaushalt des Tierkörpers, so können wir andererseits beobachten, daß insbesondere die Wärmeverhältnisse einen ziemlich großen Einfluß auf die Farbstoffbildung auszuüben vermögen. Es ist ja schon ziemlich allgemein bekannt, daß die Bewohner des Hochgebirges aus fast allen Tiergruppen gerade die am dunkelsten gefärbten Arten sind. Manche Tiere, die über Ebenen und Hochgebirge verbreitet sind, zeigen sich oben in der Höhe in viel dunklerem Kleid als selbst die eigenen Artgenossen unten. So ist der kleine, flugfähige Laufkäufer Bembidion striatum über das ungeheure Gebiet der europäischen und sibirischen Ebenen verbreitet, ohne irgendwie nennenswert abzuändern. Nur im Kaukasus lebt eine dunkle Rasse (suturale), so wie in den Karpathen, Alpen und den Balkangebirgen (foraminosum) und auf den Höhen der Pyrenäenhalbinsel (maurum). Unter den Schmetterlingen bietet das bekannteste Beispiel der Mohrenfalter, der von unten nach oben zu von braun bis fast schwarz abändert. Noch eine fast unübersehbare Reihe von anderen Kerbtieren, hauptsächlich Käfern und Schmetterlingen könnte angeführt werden, um diese Regel zu stützen: die lichter gefärbte Rasse bewohnt die Ebene, während in den angrenzenden Gebirgen deutliche Verdunkelung eintritt.

Schon im ersten Abschnitt wurde ausgeführt, daß die senkrechte Gliederung der Gebirge in mancher Beziehung einer Verschiebung von Süden nach Norden an die Seite gestellt werden kann. Demnach müßte man erwarten, daß entsprechend der eben genannten Färbungsregel auch der Fall zur Beobachtung gelangen müßte, daß bei gleicher Höhenlage in nördlicheren Breiten die dunkleren Rassen leben als in südlichen. Das ist nun in der Tat der Fall. Dieselbe Laufkäfergattung Bembidion bietet uns hierfür treffende Beispiele: die formenreiche Art bipunctatum folgt zum Teil der ersten Regel, zum Teil der zweiten. Die Aufhellung ihrer Rassen im Süden ist ebenso auffällig, wie ihre Schwärzung in den Gebirgen. Vollständig schwarz ist die Rasse nivale, die in der Hochgebirgsstufe der Alpen und der Pyrenäen lebt.

Auch einige Wirbeltiere zeigen diese Schwärzung. So die Gebirgsform der Kreuzotter, die schwarze Höllennatter. Oder die Bergeidechse, die ja nicht gerade schwarz ist, aber doch wesentlich dunkler, als die verwandten Arten tieferer Standorte. Doch zeigt sich gerade bei den Wirbeltieren, daß die Frage der Hochgebirgsverdunkelung (Melanismus, von griechisch melan = schwarz) nicht so einfach ist, als sie auf den ersten Blick aussieht. Schwarz nimmt ja von allen Farben die Wärmestrahlen am besten auf, seine Wärmefassungskraft ist doppelt so groß als etwa die von grün. Es werden also die dunkeln Tiere die Sonnenstrahlen — und daß es nahezu nur auf diese ankommt, haben wir im vorigen Abschnitt gesehen — viel besser ausnützen können, als die helleren Formen. Das ist gewiß überaus „zweckmäßig" und „nützlich". Es zeigt sich nun aber, daß z. B. die schwarze Kreuzotter auch in Moorgebieten der Niederungen vorkommt und daß auch auf moorigem Grunde lebende Käfer ganz unabhängig von der Höhenlage sich durch verhältnismäßig dunklere Färbung gegenüber den anderswo lebenden Verwandten auszeichnen. So zeigt — um im Beispiel derselben Käfergattung zu bleiben — das Bembidion humerale der Moorgegenden nur einen hellen Schulterfleck gegenüber der nächstverwandten Art quadrimaculatum, die auf Schotter und Sand lebt und vier helle Flecke jederseits aufweist. Ohne Zweifel spielt also bei dieser Frage auch der Klimafaktor Feuchtigkeit eine gewisse Rolle; ja, es scheint, daß vielfach erst das Zusammenwirken dieser beiden Faktoren in der Weise, wie es dem ozeanischen Klimacharakter entspricht, diese Verdunkelungserscheinungen bewirken würde.

Eingehende Züchtungsversuche zu dieser Frage haben nun eine weitere Verwicklung des ganzen Sachverhaltes aufgezeigt. Es ergab sich nämlich, daß in manchen Fällen auch eine künstlich erzeugte Temperatursteigerung Verdunkelungserscheinungen nach sich ziehen kann. Einer der ersten, der derartige Versuche unternahm, war A. Weismann (Studien zur Deszendenztheorie, 1874), der mit dem Landkärtchen genannten Schmetterling aus der Verwandtschaft von Fuchs und Pfauenauge arbeitete. Die Winter-Frühjahrsform (Araschnia levana) ist auf der Oberseite der Flügel gelb und schwarz gezeichnet; die Sommerform (Ar. prorsa) hat schwarze Flügel, über die eine breite weiße Binde hinzieht. Es gelang nun durch Behandlung der Puppen der Sommerform mit niedriger Temperatur statt der Sommerform eine — auch in der freien Natur manchmal beobachtete — Mittelform (Ar. prorima), ja sogar eine nahezu vollständige Winterform zum Ausschlüpfen zu bringen. Andere Versuche wurden mit dem Feuerfalter (Chrysophanus phlaeas) ausgeführt. Dieser ist in Deutschland rotgolden, mit schmalem schwarzem Außenrand; in Südeuropa dagegen ist das Rotgold fast ganz vom Schwarz verdrängt (var. eleus). Werden nun in Deutschland erbeutete Puppen einer höheren Temperatur — und zwar 38° C — ausgesetzt, so sind die Flügel der schlüpfenden Falter dunkler als gewöhnlich. Werden aber umgekehrt aus Eiern der bei Neapel fliegenden Form in Deutschland Raupen gezogen und die Puppen dann niedrigeren Temperaturen (+ 10° C) ausgesetzt, so entstehen Falter, die weniger schwarz sind als es sonst die Neapler Form ist. Standfuß hat in ähnlicher Weise mit dem Schwalbenschwanz experimentiert und durch Halten der in Zürich beheimateten Puppen bei 38° C — statt, wie es dem Klima von Zürich entspräche bei zirka 18° C — Falter gezogen, die kaum zu unterscheiden waren von der Form, die sonst bei Jerusalem fliegt. Alle diese Versuche zeigen deutlich, daß die Temperatur eine deutliche Wirkung, nicht nur auf das Maß der Farbstoffbildung (Pigmentierung), sondern auch auf die Ausbildung des Zeichnungsmusters ausübt.

Von besonderem Interesse waren dann die Versuchsreihen der drei Schweizer Forscher Standfuß, Fischer und Schröder mit beiden Füchsen, dem Tagpfauenauge und anderen Faltern. Läßt man auf deren Puppen abwechselnd Frost, also Temperaturen unter 0° C und Hitze über 40° C einwirken, so entstehen Falter von ganz bestimmt veränderter Färbung und Zeichnung. Die Nachkommen solcher abgeänderter „Frostfüchse" zeigen nun auch dann, wenn sie im Puppenzustand bei normalen Temperaturen gehalten werden zum Teil wieder diese bestimmten Zeichnungs- und Färbungsveränderungen der Frostform. Die theoretische Auswertung dieser Befunde macht es wahrscheinlich, daß die Klimaänderung nicht unmittelbar die Haut und ihre Organe verändert, sondern zunächst eine Veränderung des Gesamtstoffwechsels verursacht und erst auf diesem Wege, also bloß mittelbar, einerseits die noch nicht festgelegten Zellen der Flügelanlagen und andererseits damit gleichlaufend die Keimzellen im gleichen Sinne beeinflußt. Neuerdings konnte auch festgestellt werden, daß Insekten, die in großen Industriegebieten leben, ebenfalls im allgemeinen dunkler gefärbt sind, als es sonst ihrer Art zukommt.

Um nun auch von anderen Tiergruppen zu sprechen, sei das Beispiel der Sumpfmeise angeführt, bei der sich der Einfluß der Kälte auf die Farbstoffbildung deutlich zeigt. Bei den europäischen Formen sind die verjüngten Spitzen der Federstrahlen mit stäbchenförmigen, schwarzen Farbstoffkörnern erfüllt; in den breiteren Grundteilen der Federstrahlen treten an ihre Stelle allmählich schmutzigbraune und gelbliche Farbstoffe. In Kamtschatka dagegen sind an der Spitze nur noch die rein schwarzen Körner vorhanden, während die bräunlichen vollkommen verschwunden sind, so daß die Grundteile der Federstrahlen überhaupt keine Farbstoffe mehr enthalten. Die gegenteilige Wirkung der Trockenheit zeigt sich sehr schön am Beispiel der Haubenlerche. In Mitteleuropa nehmen am Rücken die schwarzen Farbbestandteile von der Spitze des Federstrahles an gerechnet fast drei Viertel seiner Länge ein, so daß für die gelbbräunlichen Farbkörner fast kein Platz mehr bleibt. In der Sahara dagegen enthalten die Federstrahlen überhaupt nur gelb- und rostbraune Körner. Selbst beim Kolkraben, der auch im Wüstenklima noch rabenschwarz ist, zeigt der Kleinbefund, daß die Menge und damit die Dichte der schwarzen Körner in den Federstrahlen dort offenbar unter dem Einfluß der Trockenheit bedeutend abnimmt. Ähnlich liegen die Verhältnisse beim Zaunkönig, der in den regenreichen Gebieten des Südhimalaya um Darjiling (2200 m) eine sehr dunkle rostfarbige Rasse (nipalensis), im trockenen Turkestan dagegen von allen Zaunkönigrassen die blasseste und graueste (pallidus) aufweist. Auch bei manchen Säugetieren kann man eine ähnliche, offenbar klimabedingte Farbenverteilung beobachten. Von unserem in Mitteleuropa schön gelb- bis rostroten Fuchs lebt in Südeuropa eine ausgesprochen fahlgelbe Form, während im hohen Norden der Polarfuchs mit seinem graubraunen bis schwarzen und der amerikanische Silberfuchs mit seinem schwarzen, wegen der weißen Haarspitzen silbrig schimmernden Fell lebt. Zu diesen Befunden paßt auch sehr gut, daß in den Alpen die dunkle Form des Fuchses in den Gebirgslagen verhältnismäßig öfter erlegt wird, als im Vorland. In sehr hohen Breiten und auf den höchsten Höhen der Alpen werden dann auch noch die schwarzen Farbstoffkörner zurückgebildet, es tritt eine Färbung zutage, die fast nur mehr aus dem Gegensatz Schwarz—Weiß besteht (Hermelin, Schneefink) und schließlich endet dieser Widerstreit Schwarz—Weiß (oder besser: gefärbt—ungefärbt), mit dem vollen Sieg des Weiß. Bekannte Beispiele solcher farbstofffreien Tiere unserer Hochalpen sind Schneehase und Schneehuhn oder im Polargebiet: Eisbär und Schnee-Eule. Diese — nur für Warmblüter gültige — Regel, daß in feuchten oder warmen Gebieten beheimatete Rassen im großen und ganzen eine stärkere Farbstoffbildung aufweisen als die Rassen desselben Rassenkreises, die in kühleren und trokkeneren Gebieten leben, diese Regel bezeichnet man vielfach nach einem schlesischen Vogelforscher des vorigen Jahrhunderts als die „Glogersche Färbungsregel".

Wichtig ist jedoch festzuhalten, daß diese Farbenänderungen nicht unmittelbare Klimawirkungen sind, sondern daß das Klima auf die Gesamtkonstitution einwirkt und die Färbung nur ein Ausdruck derselben ist. Zum mindesten für die Mehrheit der Fälle kann das nicht mehr bezweifelt werden. Man erinnere sich bloß, daß beim Menschen die Rothaarigkeit kein selbständiges Merkmal ist, sondern nur der auffälligste Ausdruck eines ganzen Komplexes von Merkmalen, eben einer bestimmten Konstitution. Die Frage, die im übrigen noch immer sehr ungeklärt ist, lautet also nicht einfach: wie wirkt das Klima auf die Färbung, sondern vielmehr: wie wirkt das Klima auf die gesamte Konstitution und auf Grund welcher physiologischer und entwicklungsgeschichtlicher Zusammenhänge äußert sich dann diese veränderte Konstitution auch im Farbstoffhaushalt? Es ist klar, daß damit die Frage in keiner Weise leichter gemacht ist und wir sind zur Zeit auch noch weit davon entfernt, sie beantworten zu können. Wir kommen aber nun einmal nicht darum herum, daß das Leben eine Einheit ist und daß keine noch so kleine Änderung in seinem Ablauf ganz ohne Einfluß auf das Leben in seiner Gesamtheit bleibt — wenn wir diese auch nicht immer im einzelnen fassen und erfassen können.

Nicht unerwähnt darf freilich bleiben, daß auch das Licht bei dem Gebirgsmelanismus eine Rolle spielt; mehrfache Versuche ergaben, daß, wenn man Raupen in völliger Dunkelheit sich verpuppen läßt, daß dann etwas dunklere Falter als gewöhnlich schlüpfen. In manchen Fällen hat sich diese Farbabweichung auch unter wieder normalen Verhältnissen vererbt. Nun kann jeder Bergwanderer leicht beobachten, daß im Hochgebirge die Raupen, Larven und Puppen der meisten Insekten sich bei völligem Lichtabschluß unter flachen Steinen vorfinden. Hier sind sie bei vollem Genuß der Wärme der Sonnenstrahlen doch vor den ungünstigen Wirkungen insbesondere des Windes geschützt. Nach den eben angeführten Versuchsergebnissen ist nun ein Einfluß dieser Lebensweise der Jugendstadien auf die Färbung der Vollkerfe nicht von der Hand zu weisen.

Die geringen Temperaturen der alpinen Stufe verzögern ferner den Ablauf aller Lebenserscheinungen. Im Grunde genommen ist ja jeder Lebensvorgang von chemischen Reaktionen abhängig. Diese laufen nun nach der Van t'Hoffschen Regel bei größerer Wärme ganz allgemein schneller ab, als bei geringeren Temperaturen, und zwar nimmt die Reaktionsgeschwindigkeit bei einer Temperaturerhöhung von zirka 10^0 C auf mehr als das Doppelte zu. Dazu kommt noch, daß der Alpensommer an und für sich kurz ist. Wenn ein Insekt in den Niederungen vielleicht Anfang April zur Eiablage schreitet, kann hier aus diesem Ei schon der neue Kerf geschlüpft sein, während in der Alpenstufe eben erst der Schnee soweit weggeschmolzen ist, um dort oben unser Insekt aus dem Winterquartier freizugeben. Und die aus diesen Eiern geschlüpfte Larve muß vielleicht schon wieder ihr Winterlager vorbereiten, während unten die Artgenosesn noch im vollen Sommerbetrieb stehen. Es sind zahlreiche Insekten bekannt, die im Tale zwei Generationen alljährlich haben, während es dieselbe Art im Hochgebirge nur knapp zu einer bringt. Zum Beispiel die Schmetterlinge Schwalbenschwanz, Kohlweißling, Zahnspinner u. a. Ebenso werden manche Insekten in der Höhe in einem Jahre mit ihrer Entwicklung nicht annähernd fertig, sie müssen in unfertigem Zustand überwintern, obwohl den Angehörigen derselben Art im Tal ein Sommer völlig ausreicht. So benötigt der Weißling Pieris callidice im Tal ein, in der alpinen Stufe zwei Jahre zu seiner Entwicklung; insgesamt kommt dann dieses Gebirgstier doch zu einer längeren Freßzeit, mithin zu mehr Nahrung als das Taltier. Das bewirkt

Die ökologische Bedeutung der Klimafaktoren. 41

dann in vielen Fällen eine Steigerung der Körpergröße des Insekts. Man muß dabei nicht einmal gleich an die bedeutenden Höhenunterschiede der Alpen denken: in Schlesien braucht der Eichenspinner ein Jahr zu seiner Entwicklung, im Riesengebirge zwei; diese Gebirgsform ist wegen ihrer bedeutenderen Größe als eigene Varietät callunae — Heidespinner — abgetrennt.

Selbstverständlich wirkt sich diese Entwicklungsverzögerung des Hochgebirgsklimas auch bei Wirbeltieren aus. Manche Frösche und Molche überwintern im Gebirge als Larven, die im Tal sich nie dazu veranlaßt sehen. Manche Singvögel verringern die Zahl der Bruten: Rotschwänzchen und Steinschmätzer schreiten im Tal regelmäßig zu einer zweiten Brut, die sie auch meist glücklich hoch bringen, während ihre Artgenossen hoch oben froh sein müssen, wenn ihre einzige Brut nicht einem Wettersturz zum Opfer fällt.

Diese Vögel müssen mit den Sonnenstrahlen zufrieden sein, die zu ihrem Nest kommen; sie können nicht, wenn ein Baum oder eine Wolke die Sonne verdeckt, den Platz verlassen und der wärmenden Sonne nachgehen. Manche Tiere haben dieses scheinbar unmögliche Problem aber doch gelöst: die Salamander des Tales legen ihren Laich im warmen Wasser ab und brauchen sich nicht weiter darum zu kümmern; es ist damit schon genug dafür gesorgt, daß die Art nicht ausstirbt. Der Alpensalamander aber vertraut seine Eier nicht der Öffentlichkeit an; er läßt alle bis auf eins oder zwei zugrunde gehen. Diese beiden aber läßt er in seinem eigenen Körper sich entwickeln; so kann er seinen Standort verändern und immer die besten Verhältnisse aufsuchen und seiner Nachkommenschaft zugute kommen lassen, bis er sie endlich der Außenwelt völlig entwickelt übergibt. Er ist zum Lebendgebären übergegangen. Ähnlich macht es die Bergeidechse; auch sie kann dem Sonnenschein folgen, um sich selbst zu sonnen und daher auch die Eier in den Genuß der Sonnenstrahlung zu bringen. Die dritte alpine Art, die infolge des Höhenklimas zur Lebendgebärerin geworden ist, ist die Kreuzotter. In den außereuropäischen Hochgebirgen ist die Zahl dieser „viviparen" Arten noch bedeutend größer.

Ist so der schädigende Einfluß der alpinen Kälte auf die Erhaltung der Art in gewisser Beziehung wettgemacht, so bleibt noch die Frage offen, inwieweit die Natur auch der schädigenden Kälte auf das einzelne Tier Schach zu bieten vermag. Von der Schwarzfärbung und der damit gegebenen Möglichkeit, die Wärmestrahlung besser zu erfassen, ist schon die Rede gewesen. Hat der Körper die nötige Mindesttemperatur, um die wichtigsten Lebensverrichtungen ausüben zu können — man nennt sie „Erwachungstemperatur" — erreicht, so kann die Körperwärme beispielsweise durch die heftigen Muskelbewegungen beim Fliegen noch etwas erhöht werden. Ein dichtes Haarkleid wird den Körper davor bewahren, daß diese kostbare Wärme durch Ausstrahlung allzu rasch verloren geht. Besonders Fliegen und Schmetterlinge des Hochgebirges zeigen deutlich diesen Pelz, und von den Hautflüglern können gerade die Hummeln, die ja schon im Tal ein warmes Pelzlein tragen, zahlreich in die alpine Stufe vordringen. Einige Zahlen sollen das kurz zeigen. Aus Tirol nennt Riezler (1929) 251 Schneckenarten, davon kommen im Hochgebirge 84 Formen vor, aber nur 11, also nur ein Achtel sind ihm eigentümlich, alle anderen finden sich auch in den tieferen Stufen. Dalla Torre und Heller (1881) geben für das Tiroler Hochgebirge 122 Tagfalter an, von denen 55, also etwas weniger als die Hälfte, ihm eigentümlich sind; von den 26 damals aus Tirol bekannten Hummeln sind aber 24, also nahezu alle, alpin! Dieser Artenreichtum ist wohl hauptsächlich dem Ausstrahlungsschutz durch die Behaarung zuzuschreiben.

Selbstverständlich spielt der Winterpelz der Säugetiere eine ähnliche Rolle, doch ist dieses Haarkleid mit dem der Insekten anatomisch in keiner Weise zu vergleichen und auch sonst sind die Verhältnisse des Wärmehaushaltes warmblütiger Tiere ganz anders, als bei den wechselwarmen Insekten. Bei den eigenwarmen Tieren kann ein Schutz vor zu großer Wärmeausstrahlung dadurch erzielt werden, daß der Körper möglichst wenig Vorragungen und Anhänge besitzt; in der Tat sind bei Warmblüterrassen, die im kühleren Klima beheimatet sind, die Beine, Schwanz und Ohren im Verhältnis zur Größe des ganzen Körpers bedeutend kürzer, als bei den in wärmeren Gebieten lebenden Rassen desselben Rassenkreises. Rensch hat die Kataloge der Säugetiere Europas und Nordamerikas durchgezählt und festgestellt, daß nur 17% aller Fälle sich dieser Regel — man nennt sie die Allensche Proportionsregel — nicht ganz einfügen wollen. Es kommt ihr also gewiß weitgehende Gültigkeit zu. Auch finden sich bei wechselwarmen Tieren manche Erscheinungen, die in derselben Weise zweckmäßig sind.

Hauptsächlich bei Vögeln macht sich noch eine weitere Regelmäßigkeit geltend, die sich als Schutz gegen übermäßige Wärmeausstrahlung zweckmäßig erweist. Innerhalb eines Rassenkreises sind nämlich im allgemeinen die in durchschnittlich kühlerem Klima lebenden Rassen größer als jene, welche in mehr wärmerem Klima leben. Rensch hat, um den Grad der Gültigkeit dieses gewöhnlich als Bergmannsche Größenregel bezeichneten Satzes festzustellen, für mehrere paläarktische Standvogelfamilien die Größe von Rassen klimatisch deutlich unterscheidbarer Gebiete verglichen und für die artenreiche Familie der Finkenvögel nur 14%, für die Raben, Spechte und Waldhühner aber überhaupt keine Ausnahmen feststellen können. Die Bedeutung dieser offenbar sehr weitgehend gültigen Regel wird einem erst klar, wenn man sich überlegt, daß bei zunehmender Größe die Oberfläche des Körpers nicht in dem Maße zunimmt, wie der Inhalt. Wächst ein Würfel von der Kantenlänge 1 cm auf eine solche von 2 und 3 cm, so wird die Oberfläche 6, bzw. 24 und 54 cm^2 sein; diese Flächen stehen also in einem Verhältnis 1 : 4 : 9 zueinander. Die Inhalte der drei Würfel aber sind 1 bzw. 8 und 27 cm^3. Ein größerer Körper hat also, bezogen auf die Volumeneinheit, jeweils eine kleinere Oberfläche. Ein größeres Tier hat demnach im selben Sinne eine kleinere Berührungsfläche mit der wärmeentziehenden Außenwelt. Nun wird es auch nicht mehr überraschen, bei Insekten manche Parallelerscheinung zu dieser Bergmannschen Größenregel finden zu können. Kalte Umgebung erfordert auch erhöhte Wärmeproduktion durch vermehrten Stoffwechsel, daher ist das Herz der in kalten Gegenden lebenden Tiere meist größer als das von in wärmerer Umgebung wohnenden (Hessesche Regel). Das Herz des Raubwürgers, der im Winter bei uns bleibt, wiegt 16% des Gesamtgewichtes, das des nächstverwandten Neuntöters, der Zugvogel ist, nur 11%. Dabei darf man die gewaltige Flugleistung nicht außer acht lassen, die dieser kleine Vogel alljährlich vollbringt, der im südlichen tropischen und gemäßigten Afrika überwintert.

Damit sind selbstverständlich die Wege der Natur, ihre Geschöpfe vor Kälteschäden zu bewahren, noch lange nicht erschöpft. Es sei jedoch nur ganz kurz auf einige ganz anders geartete Möglichkeiten, von denen weitgehend Gebrauch gemacht wird, hingewiesen. Eine solche Möglichkeit besteht darin, daß das Tier selbst der Kälte ausweicht. Diese Erscheinung ist ja bei den Vögeln allgemein bekannt, sei es als Wandern, um sich während der kalten Jahreszeit in oft weit entfernten südlichen, also wärmeren Landstrichen aufzuhalten; oder sei es als Streichen, um nur vorübergehend einem Kälteeinbruch in nächstbenachbarte Gebiete auszuweichen. Weniger bekannt ist, daß auch Säugetiere solche Wanderungen unternehmen; vor allem einzelne Fledermäuse sollen größere Wanderungen ausführen und den Winter im Tal und nur die schöne Jahreszeit auf den Höhen der Berge verbringen. Allerdings ist diese ganze Frage noch ziemlich ungeklärt, und vollends aus den Alpen liegen noch keine speziellen Beobachtungen darüber vor. Auch Gemsen, Hasen und Murmeltiere streifen bei Einbruch der Winterkälte in tiefere, besser geschützte Lagen. In gewissem Sinn liegt auch ein Ausweichen vor der unerwünschten Kälte vor, wenn Tiere, wie Spanner und Eulen unter den Schmetterlingen, die im Tale Nachttiere sind, in der alpinen Stufe zum Tagleben übergehen. Manche Tiere — Murmeltier, Eichhörnchen, manche Kleinsäuger usw. — stellen sich für den Winter eine schützende Behausung her, in der sie die kalten Tage und Nächte verbringen. Von den Vögeln sind jedenfalls Zaunkönig und der alpine Sperlingskauz hier zu nennen. Kleine Tiere finden unter dem Schnee ausreichenden Kälteschutz. Die dicke winterliche Schneedecke ist ja nicht gleichmäßig kalt, sondern zum mindesten von einer gewissen Tiefe an immer mehr dem Nullpunkt angenähert. Das mögen zwei Temperaturreihen erläutern, von denen die erste Messungen des Russen Woeikoff in Katherinenburg, die zweite Reihe Messungen des Innsbrucker Zoologen Steinböck vom Hafelekar (2330 m) sind. Die beiden Forscher fanden:

An der Oberfl. —15,0° C	bzw. an der Oberfl. —2,4° C
in 5 cm Tiefe —11,3	in 10 cm Tiefe —4,0
in 12 cm Tiefe —9,2	in 20 cm Tiefe —5,9
in 32 cm Tiefe —8,3	in 30 cm Tiefe —5,6
in 42 cm Tiefe —3,0	in 40 cm Tiefe —4,1
in 52 cm Tiefe —1,6	in 50 cm Tiefe —3,2
	in 60 cm Tiefe —2,1
	in 70 cm Tiefe —1,0
	in 80 cm Tiefe —0,6
	in 90 cm Tiefe —0,2
	in 100 cm Tiefe ± 0,0

Es ist also eigentlich nicht verwunderlich, daß man beim Abgraben der winterlichen Schneedecke auf kältefeste Tiere stößt. Besonders Springschwänze, Milben, Würmer, ferner Spinnen und Insektenlarven gehören zu diesen unterm Schnee aushaltenden Tieren (Hypochionen von griech. hypo = unter und chion = der Schnee). In den Alpen hat zuerst Gams auf diese Lebewelt aufmerksam gemacht. Besonders im Frühjahr trifft man manchmal eine charakteristische Gesellschaft von Schleimpilzen, Schnecken und Käfern unter dem schmelzenden Schnee an, die sich hier von gärenden und von Pilzhyphen (= Pilzfäden) durchsponnenen Pflanzenresten ernähren. Sie nützen noch die Strahlungswärme des alpinen Vorfrühlings aus und verschwinden bald nach der Schneeschmelze scheinbar spurlos.

Endlich sei noch als Schutzmittel gegen die Winterkälte das bekannte und scheinbar recht einfache Mittel erwähnt: die ganze unangenehme Zeit zu verschlafen. Daß es einen Winterschlaf gibt, weiß jedes Kind; was er aber ist, ist selbst heute noch nicht klar und eindeutig zu sagen. So viel ist jedenfalls sicher, daß wir es dabei mit einem besonderen, nur schlaf-

Die ökologische Bedeutung der Klimafaktoren. 47

ähnlichen Zustand zu tun haben, der dem gewöhnlichen Schlaf, den man bei allen Säugetieren kennt, nicht gleichwertig ist. Ferner ist sichergestellt, daß nicht die Kälte allein die auslösende Ursache des Winterschlafes ist, da zahlreiche Versuche ein Einschlafen bei beträchtlichen Wärmegraden, ja selbst im Hochsommer, zeitigten; dennoch ist der Winterschlaf geographisch auf die kälteren Gebiete beschränkt, d. h. je weiter wir nach Norden kommen, desto mehr Tiere verfallen ihm und desto länger dauert er an. Und wenn man sich an die schon mehrfach erwähnte Parallelität zwischen dem hohen Norden und den Höhen der Gebirge erinnert, scheint es ganz selbstverständlich, daß auch das kalte Hochgebirgsklima sich in derselben Weise bemerkbar macht. Es ist jedoch immerhin auffällig, daß der in den Alpen am höchsten ansteigende Kleinsäuger, die Schneemaus, kein Winterschläfer ist.

Die Erscheinung steht auch in auffälligem Zusammenhang mit der Anhäufung von Fettmassen im Körper und wird sicherlich teilweise davon geradezu bedingt — aber ebenfalls nur teilweise. Genau genommen, liegt bei beiden Faktoren lediglich ein äußeres Zusammentreffen zweier besonders in die Augen fallender Erscheinungen vor. Wohl aber spielt die Tätigkeit der Einsonderungsdrüsen („innere Sekretion") bei dieser Erscheinung eine große Rolle.

Verdauung und Stoffwechsel sind während des Schlafes stark herabgesetzt, der Darm ist leer oder höchstens mit Flüssigkeit gefüllt, das Tier zehrt von dem aufgespeicherten Fett. Als Stoffwechselendprodukt wird Harn abgeschieden, was von Zeit zu Zeit ein Erwachen des Tieres — als Reflex bei einer bestimmten Harnblasenfüllung — zur Entleerung notwendig macht. Außer der Verdauung ist naturgemäß auch der Gasstoffwechsel stark herabgemindert und infolgedessen die Atmung stark verlangsamt und oberflächlich. Ein Murmeltier macht normalerweise 60 Atemzüge in der Minute, während des Winterschlafes aber bloß 1—9. Dabei treten nach jedem Atemzug ungewöhnlich lange Pausen auf. Während beim gewöhnlichen Nachtschlaf die Einatmung des Murmeltieres stärker ist als im Wachen, ist diese während des Winterschlafes noch bedeutend oberflächlicher. Die Ausatmung ist überaus verlangsamt. Dagegen tritt beim Aufwachen aus dem Winterschlaf eine heftige Steigerung der gesamten Atmung über das gewöhnliche Maß hinaus auf. Die Atmung des Murmeltieres beträgt — in Kubikzentimeter pro Kilogramm Körpergewicht und Stunde gerechnet — für Sauerstoff im Wachzustand 605, im Winterschlaf dagegen bloß 30; für die Kohlensäure wachend 487, schlafend nur 19!

Selbstverständlich wird zugleich der Herzschlag verlangsamt. Er sinkt bei Fledermäusen auf einige Dutzend Schläge in der Minute herab. Dadurch verringert sich wieder die Körpertemperatur; beim Murmeltier z. B. von zirka 27—31° C auf 6—7°. Die Temperatur sinkt ganz allgemein mit der Außentemperatur, jedoch nur bis zu einer — für jede Art offenbar verschiedenen — untersten Grenze. Nie wird diese Grenze überschritten, auch wenn die Außentemperatur noch so tief weitersinkt; hier setzt unwillkürlich die Wärmeerzeugung wieder ein. Der winterschlafende Warmblüter ist in mancher Beziehung einem wechselwarmblütigen Tier ähnlich geworden. Solcher Parallelen finden sich ziemlich einige. Besonders kraß ist folgende: Nur unter ganz komplizierten Bedingungen ist es bisher einmal gelungen, das Herz eines Warmblüters nach dem Tode des Tieres außerhalb seines Körpers weiterschlagen zu lassen, während das bei Wechselwarmen, z. B. dem

Frosch, verhältnismäßig sehr leicht und regelmäßig, selbst monatelang gelingt. Das Herz eines wachen Winterschläfers nun versagt regelmäßig seinen Dienst beim Tode des Versuchstieres. Wird dagegen das Herz dem Tier während des Winterschlafes entnommen, so kann man es ebenso leicht wie etwa ein Froschherz außerhalb des Körpers schlagend erhalten!

Allgemein kann man sagen, daß ein winterschlafendes Säugetier infolge seiner stark herabgesetzten Körperwärme einen stark verringerten Stoffwechsel und eine sehr geringe Reizbarkeit aufweist. Die Winterschläfer werden in vielem den wechselwarmen Tieren ähnlich. Die Einsonderungsdrüsen spielen dabei eine große, aber noch nicht ganz geklärte Rolle. Jedenfalls stellt der Winterschlaf eine außerordentlich zweckmäßig erscheinende Anpassung an die ungünstigen klimatischen Außenbedingungen dar.

Schließlich wäre noch kurz des Einflusses zu gedenken, den die häufigen und heftigen Winde auf die Tierwelt ausüben. Tieren, die nicht fliegen können, die also gewissermaßen an der Erde kleben, kann der Wind kaum viel anhaben. Größere flugfähige Tiere, wie es die Vögel sind, sind ebenfalls in ihrem Bau von den Luftströmungen recht unabhängig. Es sei denn, daß bei den Gebirgsvögeln die Fähigkeit zum Segelfliegen etwas besser ausgeprägt erscheint, als bei den Vögeln der Tiefebenen. Anders aber ist es bei all den vielen flugfähigen Kleintieren. Diese sind selbst den im Hochgebirge normalen Windstärken willenlos ausgeliefert. Werden sie einmal von der Luftströmung erfaßt, so bedeutet das für sie meist das sichere Ende. Unerbittlich werden sie fortgerissen und die Fälle, daß die unfreiwillige Reise gerade in einer Gegend endet, die alle Lebensbedingungen bietet, werden kaum so häufig sein als jene, in denen das Tier in unwirtlichem Gelände, vielleicht auf kahlen Felsen oder gar auf Gletschern abgesetzt wird. Damit ist die Tatsache, daß bei Hochgebirgstieren die Flugfähigkeit meist nicht so gut ausgebildet ist, als bei den Angehörigen der gleichen Tiergruppe, ja vielfach sogar derselben Art der Niederungen, sehr gut in Einklang zu bringen. Von einer geringen Verkürzung der Flügel angefangen, bis zum vollständigen Verlust derselben lassen sich alle Übergänge feststellen. Nach Puschnig weisen z. B. von allen Geradflüglern (Heuschrecken u. ähnl.) des Gebirgslandes Kärnten 54% irgendwelche Erscheinungen von Flügelverkürzung auf. Von der Heuschrecke Chrysochraon brachypterus sind zwei Formen bekannt, eine ungeflügelte und eine vollkommen flugfähige. Während die erste in Kärnten nicht selten ist, wurde die zweite in diesem Lande bisher überhaupt noch nicht beobachtet. Dasselbe ist der Fall mit Podisma pedestris; von dieser Heuschrecke wurde die geflügelte Ebenenform erst einmal in Kärnten gefangen, während die andere an geeigneten Stellen regelmäßig vorkommt. Von der Bergheuschrecke Podisma alpina weist der Hochgebirgsteil Kärntens eine wesentlich kurzflügeligere Form auf, als sie z. B. Niederösterreich beherbergt. Diese Form ist als subvar. carinthiaca abgetrennt worden. Von dem auf allen Bergwiesen häufigen Warzenbeißer weisen dagegen nur die Weibchen manchmal — aber durchaus nicht alle — eine verhältnismäßige Rückbildung der Flügel auf. Bei dem auf den Wiesen der alpinen Stufe so kennzeichnenden sibirischen Keulenhorn aber konnte bisher eine Flügelverkürzung noch in keiner Weise festgestellt werden. Manchem dürfte auch die in diesen Zusammenhang gehörige Tatsache höchst merkwürdig erscheinen, daß es selbst flügellose Fliegen gibt, wie z. B. die hellbraune Schneefliege — Chionea-Arten —, die im Winter auf der Schneedecke schwerfällig umherkriecht, langbeinigen Spinnen vergleichbar.

Schrifttum.

R. Hesse, Tiergeographie auf ökologischer Grundlage. Jena: G. Fischer. 1924. — H. Erhard, Die Tierwelt der Alpen. Alpines Handbuch des D. u. Ö. Alpenvereins, 1931. — M. Eisentraut, Winterstarre, Winterschlaf und Winterruhe. Mitt. aus dem zoolog. Museum Berlin, 1933, Band 19, S. 48—63. — B. Rensch, Zoologische Systematik und Artbildungsproblem. Deutsche zoolog. Gesellsch. 1933. — F. Netolitzky, Einige Regeln in der geographischen Verbreitung geflügelter Käferrassen. Biolog. Centralblatt 1931. — O. Steinböck, Zur Lebensweise einiger Tiere des Ewigschneegebietes. Zeitschrift für Morphologie und Ökologie der Tiere, 1931.

Die Geschichte der alpinen Tierwelt.

Das Gebäude der Alpen entstand nicht auf einmal. In ungeheuer langen Zeiträumen spielt sich die Entwicklung des Gebirges ab; bald schien der augenblickliche Zustand ewigen Bestand zu haben, bald wurde in stürmischer Umwälzung eine scheinbar neue Entwicklung begonnen, die aber doch wieder den alten Gesetzen unterworfen war. Schon in der Steinkohlenzeit des Erdaltertums ließ sich auf dem Gebiete der heutigen Alpen eine Gebirgsbildung nachweisen, die aber wieder verschwunden ist und dem Meere weichen mußte. In der Kreidezeit des Erdmittelalters erfolgte neuerlich eine Hebung, welche ebenfalls wieder weitgehend abgetragen wurde. Erst in der Tertiärzeit mußte das Meer, das unser Gebiet schon wieder teilweise überflutet hat, endgültig dem Gebirge weichen. Im Jungtertiär waren die inneren Kräfte, die das Gebirge aufgebaut hatten, im wesentlichen zur Ruhe gekommen; wenigstens hat sich seither der Plan und die Anlage des Gebirges nicht wesentlich mehr verändert. Allerdings muß man sich die Gipfel jener Zeit um ungefähr 1000 m höher vorstellen, als sie es heute, durch die Wirkung äußerer Abtragung geworden sind.

In diesem Zeitabschnitt herrschte subtropisches Klima. An den Ufern der Seen wuchsen Zimt- und Lorbeerbäume, Fächerpalmen und Araukarien entfalteten in den Tälern ein üppiges Wachstum. Von dieser Vegetation, sowie vom Vorhandensein zahlreicher Torfmoore legen uns die Braunkohlenlager beredtes Zeugnis ab. Fundstellen, die im inneren der Alpen gelegen sind, geben uns, wenn auch spärlich, Aufschluß über die alpine Tierwelt jener fernen Zeit. Eine klassische Fundstätte jungtertiären Tierlebens ist das am Untersee, nahe der Schweizergrenze gelegene Oeningen geworden. Wenn diese Stelle auch längst nicht mehr im Alpengebiet liegt, so gibt sie doch am ehesten ein zusammenhängendes Bild. Da es sich dabei um Seeablagerungen handelt, ist von vornherein zu erwarten, daß an Landtieren nur solche erhalten sind, die mehr oder weniger zufällig in den See gelangten und dort ertranken.

Wohl am bekanntesten geworden ist ein Skelett, das Joh. Jak. Scheuchzer 1726 als betrübtes Beingerüst von einem alten Sünder, der Zeuge der Sintflut war, beschrieb. Es handelt sich dabei, wie der große Urgeschichtsforscher Cuvier feststellen konnte, um das Skelett eines längst ausgestorbenen Riesensalamanders, Andrias Scheuchzeri, von dem ein Verwandter noch heute in Japan lebt.

Entsprechend dem ungeheuren Baumreichtum der damaligen Wälder — man kennt mehr als 150 verschiedene Baumarten —, war eine reiche Fülle von

Insekten vorhanden, wobei die Familie der Prachtkäfer beispielsweise unvergleichlich artenreicher auftrat als heute. Ameisen, Termiten, Mücken, Wanzen, darunter eine Riesenwasserwanze, waren da, denen wieder eine Anzahl Spinnen nachstellte. Zahlreiche Schnecken und Muscheln, aber auch Asseln und Flohkrebse, ja sogar Wintereier der letzteren, sind uns erhalten. Von Wirbeltieren bewohnten den See hauptsächlich kleine Weißfische, aber neben vielen anderen Formen auch ein meterlanger Hecht. Die Kriechtiere und Lurche, hauptsächlich vertreten durch Kröten und Schildkröten, boten ein recht gemischtes Bild, in welchem aber ebenfalls Formen, die am meisten Verwandtschaft mit heute in den Tropen und Subtropen Asiens lebenden zeigen, überwiegen. Ein Affe, der der heute noch auf Sumatra lebenden Gattung Hylobates angehört, ist uns nicht nur aus Oeningen, sondern beispielsweise auch aus Göriach (bei Tamsweg, Salzbg.) bekannt. Neben Fledermäusen und Beutelratten scheint damals der Pfeifhase Lagopsis, etwas kleiner als ein Kaninchen, das häufigste Kleinsäugetier gewesen zu sein. Das gefährlichste Raubtier war der Amphicyon, den man als bärenartigen Hund bezeichnen könnte. Einen fast unerschöpflichen Formenreichtum boten die Huftiere, denen die üppige Vegetation ja reichlich den Tisch deckte. Geweihlose Hirsche von Reh- bis zu Rentiergröße, eigenartige, altertümliche Wildschweine, vereinzelt noch das riesenhafte Kohlenschwein, Anthracotherium, ferner das vom Pferdestammbaum her bekannte Hipparion sind hier zu nennen. Recht eigenartig mutet es an, daß auch etliche Dickhäuter das Gebiet der Alpen, wenigstens an seinen Rändern, bewohnt haben. Für die tropische Tertiärzeit kommen vor allem in Betracht nahezu hornlose Nashörner, Aceratherium, von denen verschiedene Arten von der Steiermark bis in die Westschweiz hinüber vorkamen. Auch Elefanten, und zwar Dinotherien und Mastodonten, konnten nachgewiesen werden.

Ein flüchtiger Blick auf eine Übersichtskarte von Asien genügt, um sich zu überzeugen, daß Europa damals wie heute nichts anderes ist, als ein kleines, aber reich gegliedertes Anhängsel dieses riesigen Erdteiles. Die Alpen erscheinen darin gewissermaßen als vorletzte Ausläufer jener ungeheuren Gebirgszüge, die sich vom äußersten Osten Asiens herüber erstrecken. Eine geologische Karte zeigt allerdings, daß diese Faltenzüge nicht ganz so einheitlich sind, wie sie auf den ersten Blick erscheinen mögen. Es mengen sich da jüngere und ältere Gebirge durcheinander. Ein Kartenblatt, das den Zustand zur Zeit des Erdaltertums, also etwa der sogenannten Steinkohlenzeit, zeigen würde, könnte uns naturgemäß nicht das heute gewohnte Bild vorführen. Wir würden, wie schon angedeutet, vor allem die Alpen vermissen. Statt dessen könnten wir sehen, daß sich unter anderem dort hohe Gebirge erhoben, wo heute Schwarzwald und Vogesen, Harz und Sudeten stehen. Auch das heute noch fast 3000 m erreichende Rhodopegebirge (Bulgarien) bestand schon damals. Ebenso ragten schon in diesen fernen Zeiten im Mittelpunkt des eingangs erwähnten Systems von Gebirgszügen gewaltige Ketten gen Himmel. Hindukusch, Pamir, Kwen-lun usw. sind „paläozoische" Gebirge, d. h. ihre Bildung fällt in die Zeit des Erdaltertums.

Dort konnte sich schon in Zeiten, da es überhaupt noch keine Wirbeltiere gab, eine Tierwelt herausbilden und entwickeln, die ganz dem Leben in der alpinen Stufe angepaßt ist. Mag auch die absolute Höhenlage dieser Stufe im Laufe der Zeiten geschwankt haben; das Gebirge, das ja heute noch bis zu 6000 und 8000 m emporragt, bot damals noch viel mehr Raum, einem zugleich mit wärmer werdendem Klima aufsteigenden Waldgürtel nach oben auszuweichen. Der alpinen Tierwelt, die sich dort entwickelte, standen also die fast unvorstellbar langen Zeiträume des geologischen Mittelalters und der Erdneuzeit fast frei von wesentlichen Störungen zur Verfügung. Anders war das in Europa. Hier sind die paläozoischen Gebirge immer mehr abgetragen worden und waren wohl längst keine Hochgebirge mehr, als endlich in der Tertiärzeit Pyrenäen, Apenninen, Dinariden, Karpathen und Alpen aufgefaltet wurden. Die Zeit seit der Bildung der Alpen ist etwas knapp, um die Entwicklung einer reichhaltigen und selbständigen alpinen Hochgebirgsfauna verständlich zu machen. Demnach dürften wir heute beim Überschreiten der Baumgrenze in den Alpen keinerlei auffälligem Wechsel in der Tierwelt begegnen. Wir wären höchstens berechtigt, dort oben noch Kulturflüchter anzutreffen, die gezwungen sind, in diesen ärmlichen Verhältnissen den Lebensabend ihrer Art zu verbringen.

Daß dem nicht so ist, verdanken wir — vielleicht — dem Umstand, daß gleichzeitig mit der Bildung der europäischen Faltengebirge eine Brücke entstand, die es den Alpentieren Zentralasiens ermöglichte, dieses alpine Neuland Europas zu besiedeln. Denn das Nordiranische Randgebirge, das sich vom 70. bis etwa zum 45. östl. Breitegrad erstreckt, entstand ebenfalls im Tertiär. Aus dem östlichen Kwenlun (45° östl. Länge) kennen wir heute 24 Arten von echten alpinen Vögeln. Fast die Hälfte davon hat die Brücke des Nordiranischen Randgebirges nach dem Tertiär überschritten: 11 Formen dieser Artenkreise kennen wir aus dem kilikischen Taurus im Süden Kleinasiens; von hier nach Westen gebietet heute das ägäische Meer dem weiteren Vordringen von alpinen Tierformen unerbittlich Halt. Im Ausgang des Tertiärs jedoch trennte eine breite Landbrücke zwischen Südosteuropa und Kleinasien das Becken des Mittelmeeres vom Schwarzen Meer. Ägäis heißt das verschollene Land, von dessen Hochgebirgsnatur der heute noch über 2400 m aufragende Psiluritis auf Kreta ein letzter Zeuge ist. Diese alte Gebirgszone, von der der kretische Inselboden nur einen durch Brüche begrenzten Ausschnitt bildet, war die vorübergehend gangbare Brücke vom Taurus zu den Dinariden, dem tertiären Faltengebirge an der Westseite der Balkanhalbinsel. So stand den Hochgebirgstieren Zentralasiens eine Zeit lang, etwa vom Miozän bis ins späte Pliozän ein Tor nach Europa offen. Hier einmal angelangt, leiteten die Dinariden über ins alte Gebirge der Rhodopen oder über die Transsylvanischen Alpen zu den Karpathen und Sudeten, oder geradewegs weiter in die Alpen. Diese vermittelten wieder den Weiterweg zu den Apenninen; von den 24 Hochgebirgsvögeln des Kwen-lun sind 13 schon vor Kleinasien zurückgeblieben (z. T. vielleicht überhaupt nie westwärts vorgedrungen), 6 Arten davon haben die Alpen erreicht: Schneefink, Wasserpieper, Mauerläufer, Ringdrossel, Flüevogel und Alpendohle. So wie diese 6 starr an einen nach Klima und Pflanzendecke eng umschriebenen Lebensbezirk angepaßten Vögel, dem — wenn auch nur vorübergehend — lückenlos geschlossenen Zug von Hochgebirgen von ihrem Ursprungsgebiet westwärts bis zu uns folgen konnten, so konnten wohl auch Tiere, die anderen Familien angehören, auf diesem Wege die Alpen erreichen. Als sicher können wir das z. B. von der Gemse annehmen.

Langsam, schon gegen Ende des Tertiärs, im Pliozän, tritt eine Verschlechterung des Klimas ein, es wird kühler und gibt mehr Niederschläge. Zahlreiche der vorgenannten Tiere sterben aus oder wandern in andere, wärmere Gebiete ab und neue Tiergestalten treten auf. Besonders bemerkenswert ist darunter der Säbeltiger oder Messerzahn (Machairodon), eine Gattung, welche den großen Katzen sich anschließt, aber doch, besonders wegen der Bezahnung Verwandtschaft mit den Bären andeutet. Seinen Namen hat das Raubtier von den flach messerförmigen und oft an den Kanten gezähnelten Hauern des Oberkiefers, die eine furchtbare Waffe gewesen sein müssen. Wahrscheinlich in diesen kühleren Abschnitt am Ausgang des Tertiärs fällt die eben geschilderte Einwanderung der Hochgebirgstiere Zentralasiens.

Unaufhaltsam nähert sich nun die Entwicklung jener gewaltigen Vereisung, deren Spuren unseren Alpen ihr charakteristisches Gepräge verleihen. Es ist auf unserer Erde ja nicht das einzige Mal, daß derartige Kälteperioden hereinbrachen. Sie konnten nachgewiesen werden für die älteste Zeit, das sogenannte Algonkium, für das Unterkambrium, für das ältere Devon, ferner mächtige Vereisungen im Perm, die sich über Australien, Südamerika, Südafrika, dann in Asien von Persien bis Vorderindien erstreckten. Selbst noch in der Trias und im Jura bewirkten scharfe Klimaverschlechterungen das Aussterben verschiedener Tiergruppen. Am genauesten bekannt, aber dennoch immer noch voll von Rätseln, ist das jüngste, vielleicht umfassendste Eiszeitalter, das Diluvium, das sich zwischen das warme Tertiär und unsere Gegenwart einschiebt.

Dabei ist zu beachten, daß das Wort „Eiszeit" eigentlich irreführend wirkt, insofern, als es sich im Diluvium nicht um eine einzige, einheitliche und ununterbrochene Eiszeit handelt. Die Geologen sind sich vielmehr längst darüber einig, daß es sich um mehrere, durch warme Zwischenzeiten getrennte Perioden handelt. Über ihre Zahl gehen die Meinungen ja noch auseinander. J. Bajer beispielsweise verficht die Anschauung, daß es sich bloß um zwei, durch ein einziges großes Interglazial getrennte Eiszeiten handle, während W. Soergel für einen elfmaligen Wechsel von kalten und warmen Zeiten eintritt. Als das „offizielle" und von der Mehrzahl der Fachleute anerkannte Schema kann man das von A. Penck aufgestellte betrachten, in dem er vier Eiszeiten, die durch drei Zwischeneiszeiten getrennt werden, festlegt. Die Benennung dieser vier Eiszeiten erfolgt nach Bächen, in deren Gebiet die Endmoränen besonders gut beobachtet werden konnten.

Die Raststationen der sich endgültig zurückziehenden Eismassen werden nach Vorkommen in den Stubaier Alpen mit den Namen Bühl-, Gschnitz- und Daun-Stadium bezeichnet. Bei graphischer Darstellung dieser Verhältnisse ergibt sich folgende Klimakurve.

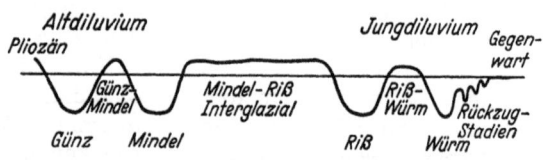

Abb. 4. Schematische Klimakurve der Eiszeit nach Penck.

Ein ganzer Wald von Vermutungen und Hypothesen sucht Antwort zu geben auf die Frage nach den Ursachen dieser Katastrophe. Im Mittelpunkt der Besprechungen steht zur Zeit wohl die vereinigte Theorie von A. Wegener, W. Köppen und M. Milankovitch. Letzterer hat auf Grund verschiedener astronomischer Theorien die Änderungen der Sonnenstrahlungen für die letzten 650 000 Jahre berechnet und in der sogenannten Strahlungskurve zur Darstellung gebracht. Diese sehr komplizierte Kurve zeigt nun auffallenderweise vier Paar starke Ausschläge nach unten an, die Zeiten starker Abkühlung darstellen und von W. Köppen mit den vier Eiszeiten Pencks verglichen werden. Zu diesen Schwankungen in der Erdbahn kommen noch als mitbestimmend Schwankungen in der Erdstellung, eben die Wegenersche Polverlagerungstheorie hinzu. Da sich aber auch gegen diese vereinigte Theorie gewichtige Gründe ins Feld führen lassen, muß man heute leider noch bekennen, daß wir über die Ursachen der Eiszeit nichts wissen.

Auch über die alpine Tierwelt des Diluviums sind wir aus verstreuten Funden nur ganz beiläufig unterrichtet. Insbesondere gilt das für den Zeitraum vor dem großen Interglazial, also für das Altdiluvium. Die Klimaverschlechterung hat nur ganz allmählich jene Grade erreicht, die zur gewaltigen Vereisung in Nordeuropa, Amerika und den Alpen geführt hat und nirgends läßt sich eine scharfe Grenze gegenüber dem Tertiär festlegen. Daher kommt es wohl auch, daß es so vielen Tierformen, die wir früher für das alpine Tertiär kennen gelernt haben, möglich war, dem Verhängnis zu entfliehen und sich in günstigere Gegenden zu retten, wo sie uns noch heute in vielfach nahe verwandten Formen entgegentreten. Andere Formen konnten sich wiederum dank ihrer Anpassungsfähigkeit in den Alpen selbst bzw. in alpennahen Gebieten halten, bis auch sie vor dem unerbittlich vordringenden Eise weichen mußten. Hier ist besonders ein Elefant, Elephas Trogontherii zu nennen, dessen fossile Reste in den altdiluvialen Schottern mit aller Schärfe den ihm zugehörigen

Abschnitt der Alteiszeit kennzeichnen. Ebenso gehört eine Reihe von Schnecken und Muscheln, aber auch von anderen Tieren, hierher, so daß man geradezu von einer typischen Tiergesellschaft, der Trogentherii-Fauna spricht.

Während der stärksten Ausbildung der Eiszeit konnten natürlich weder Elefant noch Muscheln, noch andere Tiere im eigentlichen Alpengebiet leben, da ja alles Lebende von den Gletschern verdrängt wurde. Nur eine Möglichkeit ist denkbar, daß sich anspruchslose Gewächse und niedere Tiere selbst während der stärksten Vereisung auf den Höhen der Alpen gehalten haben. Man darf sich nämlich nicht vorstellen, daß die gesamten Alpen von einer vollkommen einheitlichen und nirgends unterbrochenen Eiskappe überdeckt waren. Vielmehr ist es ziemlich sicher, daß da und dort einzelne Hochgipfel und steile Felsgrate inmitten des ewigen Schnees wie Inseln hervorragten. Solche apere Inseln gibt es ja auch heute nicht nur in den Alpen, sondern beispielsweise auch in dem von Inlandeis bedeckten Grönland. Dort nennen die Eskimoer diese Felsinseln im Eise Nunatakker, ein Wort, das von der Wissenschaft auch für jene während des Diluviums vom Eise frei gebliebenen Örtlichkeiten verwendet wird. Solche Nunatakker sind vielleicht für manches zähe Lebewesen schützende Freistatt geworden, bis das langsam heranrückende Interglazial nach Jahrtausenden sie wieder befreite.

Hauptsächlich aus den Forschungen über die interglaziale Pflanzenwelt läßt sich folgern, daß der jeweilige Rückzug der Gletscher am Ende einer Eiszeit nicht ein plötzlicher, sondern ein ganz langsamer, allmählicher gewesen ist; ein klassisches Beispiel hierfür bieten Funde aus der Lüneburger Heide. Als Zeugen der arktischen Flora der Eiszeit finden sich zu unterst Reste der Zwergbirke; in den darüber liegenden Schichten finden sich dann Föhren und noch weiter oben die Fichte. Dann stellen sich Laubhölzer ein, nämlich Eichen, Rot- und Weißbuchen, Haselnuß, Erlen, Linden, selbst Stechpalmen; ferner Eiben und Weißtannen. Damit ist der Höhepunkt der Zwischeneiszeit erreicht und nun läßt sich wieder ein allmähliches Abklingen feststellen: die Laubbäume verschwinden, dann die Weißtannen, dann die Fichte, schließlich bleiben nur mehr Föhren und Birken übrig und endlich zeigen fossilleere Sande und Geschiebe, daß wiederum eine Eiszeit ihr kaltes Grab darüber deckt.

Einen ähnlichen Verlauf kann man für das eigentliche Alpengebiet annehmen, nur muß man berücksichtigen, daß in der Natur nicht alles nach dem gleichen Schema geht. Auch in den Zwischeneiszeiten, insbesondere in der großen Mindel-Riß-Zwischeneiszeit machen sich da und dort einzelne Phasen, die eine Unterteilung ermöglichen geltend, und schließlich sind damals, genau so wie heute auf einem größeren Gebiete, wie es eben die Alpen darstellen, gewisse regionale Klimaunterschiede anzunehmen. Auch darf man nicht vergessen, daß gerade diese Mindel-Riß-Zwischeneiszeit sich über einen großen langandauernden Zeitraum erstreckt hat, der jedenfalls größer ist als die Zeit, die seit der letzten Eiszeit bis heute verflossen ist.

Eine Reihe von Interglazialfunden aus dem Inneren der Alpen und von ihrem Rande unterrichten uns über die Verhältnisse der alpinen Zwischeneiszeiten. Bei der noch immer nicht völlig geklärten Chronologie des Diluviums läßt sich nicht immer einwandfrei feststellen, in welche Stufe die einzelnen fossilführenden Schichten zu stellen sind, doch handelt es sich bei den meisten der im folgenden Besprochenen um Reste der dritten, jedenfalls einer warmen Zwischenperiode.

Schon 1896 fand Baltzer nahe dem Iseosee am Alpensüdrand zwischen den Dörfern Pianico und Sellere fossilreiche Schichten, die bestimmt interglazialen Ursprungs sind. Die häufigsten Vorkommen sind Weißtanne, die heute auf dem Balkan lebende Föhre Pinus Peuce, die Weißbuche, der immergrüne Buchs, ein Ahorn, Acer obtusatum, und endlich eine großblütige Alpenrose, Rhododendron ponticum. Unter 31 höheren Pflanzen, die als sicher bestimmt gelten können, ist die überwiegende Mehrzahl, nämlich 28, heute im kolchischen Gebiet, am Ostrande des Schwarzen Meeres zu finden. 21 sind darunter, die noch heute im insubrischen Gebiete wachsen. Von den nicht kolchischen Arten ist Pinus Peuce auf dem Balkan, der Goldregen, Laburnum alpinum in den Alpen und Mittelitalien und die Schneerose, Helleborus niger, in den Süd- und Ostalpen zu Hause.

Wohl aus demselben Interglazial stammt die Flora der Höttinger Breccie, auf die erstmals 1857 der Dichter und Geologe Adolf v. Pichler aufmerksam gemacht hat. Unter den 42 sicheren Arten fehlen heute deren 6 in Nordtirol völlig und besitzen hier auch keine Verwandten. Drei davon, die schon genannte Alpenrose (Rhododendron ponticum), der wilde Wein (Vitis silvestris) und der auch genannte Buchs (Buxus sempervirens) tragen ein entschieden südliches Gepräge. Von den für Pianico-Sellere als häufig angegebenen Arten kommen die pontische Alpenrose, der Buchs und die Weißtanne auch in Hötting vor.

Jedenfalls kann es heute als gesichert gelten, daß wir es in den Zwischeneiszeiten keinesfalls mit einem Steppenklima zu tun haben, sondern mit einem feuchten Seeklima, das mit seinen warm-gemäßigten Temperaturen überall dem Walde einen weiten Herrscherkreis einräumte. Daß neben den Wäldern wenigstens am Alpenrande noch waldfreie Gebiete und ausgedehnte Moore bestanden haben, zeigen uns Aufschlüsse von Gondiswil—Zell in der Schweiz, wo Ablagerungen eines verlandenden Moores gefunden wurden, die jedenfalls aus einer Zeit stammen, da der Höhepunkt des Interglazials erreicht, wenn nicht überschritten war. Die Verlandung, die anfänglich in einer Weise vor sich geht, wie sie auch heute zu erwarten wäre, schlägt plötzlich in eine Richtung um, die sich nur mit dem Herannahen glazialen Klimas erklären läßt; es findet sich nämlich statt des zu erwartenden mesophytischen Mischlaubwaldes als Schlußphase ein Birken-Legföhrenwald, wie er heute nirgends in der Schweiz, aber z. B. in Rußland an der Lena vorkommt. Auch die im Gondiswiler Moor gemachten Funde von Mammut, Rhinozeros, Ren und einem Wildpferd deuten darauf hin, daß wenigstens am Alpenrande da und dort größere waldfreie Flächen bestanden haben. Daß die genannten Tiere, die ja mehr die freie Weite bevorzugen, nicht weit in das Alpeninnere eingedrungen sind, ist begreiflich.

Schon knapp innerhalb des Alpenrandes bei Kufstein fand sich in einer Höhe von 600 m eine interglaziale Fundstätte, die Tischoferhöhle (die Schaferhöhle) im Kaisergebirge. Die Funde liegen im Höhlenlehm, der von einem grauen Letten, einer glazialen Schmelzwasserablagerung bedeckt ist. Schon hier tritt uns eine ganz andere Fauna entgegen als im flachen Vorlande und alle im Alpengebiete verstreuten Funde zeigen, daß das alpine Charaktertier der Zwischeneiszeit der Höhlenbär ist (Ursus speläus und seine nächst verwandten Formen). Die

Tischoferhöhle birgt auf engem Raume die Reste von zirka 200 erwachsenen und 150 jugendlichen Höhlenbären. Daneben finden sich zahlreiche Überreste vom gewöhnlichen (nicht dem Polar-) Fuchs und dem Steinbock. Typische Raubtiere jener Zeit fanden sich in den Resten des Höhlenlöwen und der Höhlenhyäne, sowie des Wolfes. Endlich weist die Höhle noch spärliche Reste eines Rens auf, das wahrscheinlich von einem der genannten Raubtiere hineinverschleppt wurde. Dann einzelne Knochen einer Gemse und Zähne eines Murmeltieres, die wahrscheinlich einem ähnlichen Schicksal wie das Ren erlagen. Rentierreste sind u. a. auch aus der Stuhleckhöhle (Steiermark) bekannt.

Die schon etwas höher, nämlich bei 950 m gelegene Drachenhöhle bei Mixnitz in der Steiermark weist eine ganz ähnliche Zusammensetzung der interglazialen Tierwelt auf.

Selbst den Elch konnte man bereits mehrfach aus dem Alpengebiet nachweisen. So konnte ein Förster aus einer in etwa 1700 m gelegenen Höhle nächst der Mühlecker Spitze (Steiermark) die Reste von 9 Elchen bergen, darunter ein beinahe vollständiges Skelett, das heute im Neuen Museum für Naturkunde in Salzburg steht. In den Karwendelvorbergen bei Krün an der Isar (Oberbayern) entdeckte der Lauterseehannes, seines Zeichens einfacher Gemeindehirte, eine Elchschaufel und einzelne Knochen, die jetzt in der paläontologischen Staatssammlung in München verwahrt sind als Beleg für das prähistorische, vielleicht eiszeitliche Vorkommen von Elchen im Alpengebiet.

Ebenfalls nicht weit vom Alpenrande entfernt, aber in einer Höhe von 1500 m liegt eine weitere interessante Fundstelle, das Wildkirchli am Säntis in der Schweiz. Hier treffen wir die typische alpine

Die Geschichte der alpinen Tierwelt.

Waldfauna an, weitaus überwiegend natürlich wieder der Höhlenbär, der ja nahezu in allen Höhlen dieser Höhenlage, beispielsweise auch am Untersberg bei Salzburg gefunden wird. An Raubtieren ferner noch Höhlenlöwe, Höhlenpanther, Alpenwolf (Cuon) und gewöhnlicher Wolf. Von uns vertrauten Tiergestalten wurden Reste vom Steinbock, der Gemse, dem Edelhirsch, Murmeltier, Edelmarder, sowie vom Dachs und, als einem Vertreter der Vogelwelt, von der Alpendohle geborgen. Wie im nicht weit entfernten Wildenmannlisloch am Selun bei 1600 m festgestellt wurde, gehen Höhlenlöwe und Edelhirsch noch bis zu dieser Höhe.

Von ganz besonderem Interesse ist es nun, daß eine interglaziale Station im Hochgebirge aufgefunden werden konnte. Es ist dies das fast 2500 m hoch gelegene Drachenloch ob Vättis im Taminatale (Schweiz). Der Drachenberg, in dem sich diese Höhle fand, war ein Nunataq, genau so wie das Wildkirchli, also eine während der Eiszeit vom Eise frei gebliebene Insel. Während der Zwischeneiszeit, in der die Ablagerungen gebildet wurden, muß die Wald- und Schneegrenze bedeutend höher gewesen sein als heute.

Die reiche Fundliste vom Drachenloch umfaßt die Reste von über 1000 Höhlenbären, von Wolf, Fuchs, Hermelin, Edelmarder, der dort heute nur bis zirka 1800 m ansteigt, dann Gemse, Steinbock, Murmeltier, Schneehase, Schneemaus, zahlreichen Fledermäusen, ferner Alpendohle und Flüevogel. Also auch hier mit Ausnahme der alten Raubtiere eine uns heute ganz geläufige Hochgebirgsfauna. Nur ein Name in der Liste fehlt, weil von ihm keine Knochen gefunden wurden, wohl aber anderweitige unverkennbare Anzeichen seines Vorkommens; der Mensch. Sein Auftreten in den Alpen fällt unzweifelhaft spätestens in das letzte Interglazial und daß er auf seinen Jagdzügen bis in Höhen von 2500 m kam, beweist uns das Drachenloch. Dies war nämlich kein Aufenthaltsort lebender Höhlenbären, sondern ohne Zweifel eine, wenn auch vielleicht nur vorübergehend benützte Wohnhöhle des Menschen; gewissermaßen die älteste alpine Schutzhütte, die er gelegentlich seiner sommerlichen Streifzüge aufsuchte. Diese Streifzüge müssen sehr erfolgreich gewesen sein, sonst könnte nicht diese einzige verhältnismäßig kleine Fundstätte die Reste von mehr als tausend erbeuteten Bären bergen.

Gleich wie der Übergang von einer Eiszeit zur folgenden Zwischeneiszeit nie ein plötzlicher gewesen ist, so erfolgte auch das letzte Vorrücken des nordischen Inlandeises, wie auch das der alpinen Gletscher nicht in stetem Zuge, sondern mit vielerlei Schwankungen. Aber schließlich waren die Eismassen so weit vorgedrungen, daß sie nur mehr einen verhältnismäßig schmalen Gürtel zwischen sich eisfrei ließen, das sogenannte Zwischengebiet. Hier ergossen sich die ungezählten Schmelzwasser der Eiswüsten und sammelten sich zu riesigen Strömen, die auf weite Flächen alles überfluteten. Das Land, das auch von diesem Element verschont blieb, beherbergte eine seltsam bunt zusammengewürfelte Tiergesellschaft. Flüchtlinge aus den Alpen und dem hohen Norden, Zuwanderer aus dem fernen Osten und die schon von früher her hier einheimischen Arten; alle diese wurden hier durch die eisige Not auf engem Raume zusammengedrängt.

Unmittelbar vor den Gletschern in Streifen von einigen hundert Metern Breite war der Boden von Sand, Schlamm und Geröll bedeckt. In größerer Entfernung davon breitete sich eine Landschaft von kennzeichnender Eigenart, eine Moos- und Flechtensteppe mit reichlich Silberwurz (Dryas), die sogenannte Tundra aus. Hier lebten das Mammut mit dichtem, langem Haarkleid, das wollhaarige Nashorn, der kleine Moschusochse, der heute sich auf Grönland und das nördliche Kanada zurückgezogen hat, dann der Riesenhirsch mit seinem drei bis vier Meter weit ausladenden Geweih (vielleicht der grimme Schelch des Nibelungenliedes). Ferner gehören hierher der schon genannte Höhlenbär und als Jagdtier, aber nicht als Haustier des Eiszeitmenschen das Ren, schließlich Wisent (Bison), Auerochse und Wolf, Fuchs und Schneehase; das sind wohl die bekanntesten Bewohner der Tundra im jungdiluvialen Zwischengebiet. Ob auch der Auerochse in der Tundra selbst lebte ist allerdings etwas unsicher. An Vögeln dieser Zone sind zu nennen: Schneehühner, Schnee-Eule, Alpenammer und die nordische Alpenlerche. Ferner lebten hier noch die Bergeidechse, die Kreuzotter, der Taufrosch, einzelne Salmoniden (Forellenarten) und zahlreiche Formen aus fast allen Gruppen der niederen Tiere.

Außer der genannten Tundra gab es im Zwischengebiete noch weitreichende Steppen, als deren Charaktertiere nur die Wildpferde und das Dschiggetai, der mongolische Wildesel, die Nager Bobak, Ziesel und Zwergpfeifhase, sowie Auer- und Spielhähne genannt seien.

Als endlich die Eiszeit ihrem Ende zuging und es langsam wieder wärmer wurde, konnten die meisten der früher erwähnten Tiere die neuen besseren Verhältnisse nicht mehr ertragen und starben daher aus. Nur wenige, hauptsächlich unter den wirbellosen Tieren, konnten sich anpassen. Einzelne rückten dem Eise nach dem Süden, den Alpen zu, aber nicht nach Norden. Teils, weil sie durch die ausgedehnten Sümpfe und reißenden Ströme des Tieflandes aufgehalten wurden, teils weil sie sich nur in felsigen Gebieten wohl fühlten und deshalb das Tiefland nicht betreten wollten. Hierher zählen Schneemaus, Murmeltier, Stein- und Gemswild. Andere Tiere, die ebenes Gelände bevorzugen und das Gebirge meiden, wie z. B. Ren, Moschusochse, Vjällfraß, Polarfuchs und Lemming folgten dem zurückweichenden Eise nur nach Norden, aber nicht in die Alpen; und eine dritte Gruppe, zu der neben anderen Schneehase und Schneehuhn gehören, wich dem wärmeren Klima sowohl nach Norden, als auch zu den Alpen hin aus. An geeigneten Orten, wie kalten Quellen, Mooren, einzeln stehenden Bergen des Zwischengebietes konnten manche der niederen Tiere sich noch bis heute halten; ja, in den kalten tiefen Zonen größerer Seen sogar Wirbeltiere, nämlich die Coregonen oder Felchen. Man bezeichnet diese Tiervorkommen gewöhnlich als Glazialrelikte.

So hat die Eiszeit wie ein Sturmwind Scharen von Geschöpfen, die einst über den ungeheuren Raum von Europa und Asien verbreitet waren, derart zusammengeweht, daß wir heute die Leichen zahlloser dieser Unglücklichen im Herzen von Europa in einem Grabe vereint finden. Was sich noch retten konnte hat längst die letzte Zufluchtsstätte erreicht, den höchsten Norden des Erdballs, die höchsten Höhen der Alpen oder die tiefsten Zonen der großen Seen. Eine weitere Flucht ist nicht mehr möglich, hier sind sie ausgeliefert, nicht nur einem ungünstigen Klima, sondern vor allem der schonungslosen Verfolgung des nachdrängenden Menschen, der auf seine Pflicht, die bedrängten Geschöpfe zu schonen und zu schützen nur zu oft vergißt.

Schrifttum.

E. Bächler, Die Eiszeit in den Alpen. Jahrbuch der St. Gallischen naturwissenschaftl. Gesellschaft, 1930. —

E. Stresemann, Die Herkunft der Hochgebirgsvögel
Europas. Jaarbericht Club van nederlandsche Vogelkundigen. 1920. — A. Penck, Die Entwicklung Europas seit der
Tertiärzeit, Jena, 1906.

II. Besonderer Teil.
1. Die Fische des Alpengebietes.

Mit Rücksicht auf die Fischfauna läßt sich das
weite Gebiet der Alpen einteilen in vier Stromgebiete: das der Donau; der Etsch und des Po; des
Rhein und endlich der Rhone. Diesen schließt sich
als ziemlich selbständiges und eigenartiges Wohngebiet an die Tiefe der großen Seen im Norden und
Westen der Alpen. Jedes dieser Wohngebiete hat
seine nur ihm eigenen Arten; doch gibt es selbstverständlich auch Fische, die mehreren der genannten
Flußgebiete gemeinsam oder solche, die überhaupt
in ihrem Vorkommen nicht weiter beschränkt sind.
Besonders aber ist die Fischfauna je nach dem Charakter der einzelnen Gewässer verschieden. Der
Grund hierfür liegt nicht so sehr in äußerlichen geographischen Verhältnissen, sondern vielmehr in dem
Grade, in dem die einzelnen Fische von Sauerstoffgehalt, Temperatur und Bodenbeschaffenheit abhängig sind. Manche Fische sind da so empfindlich,
daß man danach die Regionen der Flüsse bezeichnen
kann und von den Quellbächen abwärts der Reihe
nach eine Forellen-, Äschen-, Barben- und Bleiregion
unterscheidet. Ein typisches Äschengewässer ist
z. B. der Inn bei Innsbruck. Bewohner schnellfließender und kleiner, klarer Bäche sind Forelle,
Ellritze und Groppe; ebenfalls schnellfließende, aber
große Gewässer besiedeln die Äsche, Nase und der
Huchen. Die bewachsene Uferzone der stehenden
Gewässer mit schlammigem Untergrund bevorzugen

die Weißfische und der Hecht; die Saiblinge und Felchen halten sich mehr in der freien Mitte der großen und tiefen Alpenseen auf. Insbesondere die letzteren verlangen kaltes und sauerstoffreiches Wasser.

Doch sind, vielleicht mit einziger Ausnahme der Felchen, die Fische nicht streng an eine bestimmte Gewässerform gebunden und finden sich, wenn sie

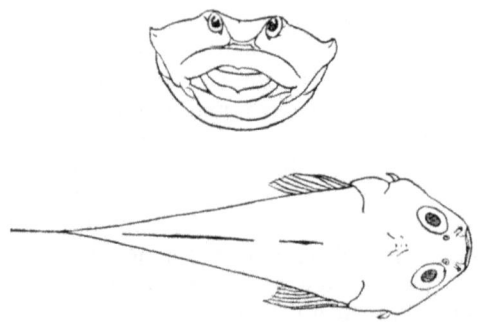

Abb. 5. Die Groppe von vorne und von oben gesehen als Beispiel der am Boden lebenden Fische. (Aus: Schulze, Biologie der Tiere Deutschlands.)

auch die eine deutlich bevorzugen, dennoch nicht selten auch in ganz anderen Gewässerformen. Nur in einer Beziehung wird der Aufenthaltsort offenbar streng beibehalten, da dieser Umstand ja sogar auf die Körperform von bestimmendem Einfluß geworden ist: manche Arten leben frei schwimmend („nektonisch"), wie z. B. die Forelle und für diese Fische ist die seitlich mehr oder weniger abgeplattete Torpedoform des Körpers kennzeichnend geworden. Andere wieder leben meist dem Boden aufliegend und wenn sie schwimmen, so geschieht dies nur stoßweise und nach kurzer Zeit schon lassen sie sich wieder zu Boden sinken; sie leben „benthonisch", wie z. B. die

Groppe und bei diesen Formen zeigt sich der Körper immer irgendwie quer abgeplattet.

Daß auch die Ernährung auf die Ausbildung der Körperform nicht ohne Einfluß bleibt, ist kaum anders zu erwarten. Die sonst ziemlich hochrückigen Karpfenartigen weisen bei hauptsächlicher Pflanzennahrung einen oft sehr niedrigen Rücken auf. Manchmal sind diese Hungerformen von den normalen derart verschieden, daß sie lange Zeit als eigene Arten gegolten haben. Auch beim Saibling ist die meist an der Seeoberfläche sich aufhaltende Form, die sich vorwiegend von Plankton (schwebende Einzeller) ernährt, ebenso bedeutend kleiner als die als Raubfisch lebende Hauptform, wie dies auch für die von Würmern, Larven usw. sich ernährende Form der tiefen Wasserschichten gilt. Der normale Saibling des Königssees z. B. lebt als ausgesprochener Räuber in den Tiefen dieses Sees. Die im selben See vorkommende Oberflächenform, die sich nahezu ausschließlich von Plankton ernährt, ist der sogenannte Schwarzreuter. Vielfach wird dieser Name auch für die Kümmerformen der Tiroler Hochgebirgsseen verwendet. Doch ist dieser Name dort besser zu vermeiden, da diese Saiblinge auch in Seen gedeihen, in denen jedes Plankton völlig fehlt. Diese Fische, die mit 13 cm schon voll erwachsen sind, ernähren sich von Würmern und Larven, im Sommer hauptsächlich von sogenanntem Anflug (damit bezeichnen die Fischer alle Kerbtiere, die der Wind auf die Wasseroberfläche weht).

Die (nach der im Anhang mitgeteilten Liste) 35 Fische des Alpengebietes sind selbstverständlich ausnahmslos Süßwasserfische und verteilen sich auf 7 Familien. Es fehlen dabei völlig die Knorpelfische. Aus der Unterklasse der Rundmäuler ist nur das Neunauge vertreten. Früher kam das im Meer wohnende Flußneunauge (Petromyzon fluviatilis), das etwa daumendick und fast einen halben Meter lang wird, den Rhein und die Etsch aufwärts, um seinen Laich abzulegen. Dabei sog es sich an schnell schwimmende Fische, wie z. B. Lachse, fest und ließ sich so mit fortschleppen. Durch den vom Menschen getriebenen Massenfang ist es aber schon so selten geworden, daß ich es nicht mehr in die Liste aufzunehmen wagte. Eher ist noch das kleine, etwa bleistiftstarke und höchstens 2 dm lange Bachneunäugl anzutreffen, das seine ganze Lebenszeit im Süßwasser verbringt. Es kommt im ganzen Gebiet, aber überall selten vor; es wird allerdings von den Fischern auch kaum beachtet.

Alle übrigen Fische unseres Gebietes gehören der Unterklasse der Knochenfische an. Davon sind vier Familien durch je eine Art vertreten, während die beiden Familien der Weißfische und Lachsfische recht zahlreiche Angehörige stellen. Von den vier Einzelgängern ist zunächst der Hecht zu nennen, der wohl keinem größeren Gewässer Europas fehlt. Er ist ein überaus gefräßiger Räuber, dessen nähere Beschreibung sich wohl erübrigt, denn „den Hecht nicht kennen, heißt überhaupt keine Fische kennen". Er ist übrigens bemerkenswert als Zwischenwirt des dem Menschen gefährlichen breiten Bandwurms Botryocephalus latus.

Der Flußbarsch besiedelt stehende und schwach fließende Gewässer, steigt aber nur sehr wenig hoch. Seine beiden Rückenflossen stehen eng beisammen; die erste weist an ihrem Hinterende einen auffallenden blauschwarzen Fleck auf. Von diesem Fleck kommt auch der Name des Fisches, denn das Wort Barsch ist verwandt mit dem griechischen perkos, das blauschwarz bedeutet. Seine Länge beträgt meist 3—4 dm. Der verwandte Zander oder

Schill (Lucioperca sandra) ist nur im Gebiete der Elbe einheimisch, aber mehrfach und mit gutem Erfolge auch in Alpengewässern eingebürgert worden.

Die selten mehr als 1½ dm Groppe, in Tirol Tolm genannt, lebt am Grunde kleiner Wässerlein und ist durch ihren dicken Kopf recht auffällig (Abb. 5). Bemerkenswert ist auch, daß sie der einzige unserer Fische ist, der keine Schuppen besitzt. Sie kommt in allen Flußgebieten vor und steigt oft recht hoch, ja es wird vielfach angenommen, daß Groppe und Ellritze die beiden Fische sind, die aus eigenem Antriebe in den Alpengewässern am höchsten steigen. Saibling und Forelle kommen an noch höher gelegenen Standorten vor, sind dort aber überall ihres wirtschaftlichen Wertes wegen eingesetzt worden.

Die Schellfische, zu denen der bekannte Stockfisch gehört, sind durch die Rutte vertreten, die als Grundfisch in tieferen Gewässern des Donau- und Rheingebietes lebt. Sie wird selten länger als ½ m und ist gekennzeichnet durch ein Bartel am Kinn und durch die kehlständigen Bauchflossen.

Der einzige Fisch, den man heute als Hochgebirgstier bezeichnen könnte, gehört zu den lachsartigen Edelfischen. Es ist dies die Hochgebirgskümmerform des See-Saiblings (Abb. 6 b), die in ihrer Ernährung oft genug ausschließlich auf den Anflug angewiesen ist. Der Saibling kommt in Seen aller Flußgebiete vor und kann bei guter Ernährung auch 6 dm Länge erreichen. Er ist gleichmäßig dunkel gefärbt, nur die Vorderränder der paarigen Flossen sind weiß gesäumt. Der amerikanische Bachsaibling (Salmo fontinalis), der als Teichfisch mehrfach eingeführt wurde, unterscheidet sich leicht durch den rötlichen Bauch. Doch hätten die Fischer diesen Gast, den sie riefen, gerne wieder los, denn er ist ein arger Schäd-

74   Die Fische des Alpengebietes.

Abb. 6 a u. b. Der Seesaibling (a) und seine Hochgebirgsform (b). Letztere aus dem Plenderlesee bei Kühtai (Tirol, 2400 m). Beide im gleichen Maß verkleinert. (Lichtbilder des Tiroler Fischereivereines, Reg.-Rat Margreiter.)

ling an der Forellenbrut. Aus Nordamerika eingeführt (1882) ist auch die Regenbogenforelle (Trutta shasta), deren Körperseiten ein rotes Band ziert. Diese vielleicht recht wertvolle Neueinführung ist im Alpengebiet noch nicht besonders verbreitet. Die

Forelle bastardiert übrigens leicht mit dem Bachsaibling und bildet so den farbenprächtigen, aber unfruchtbaren Tigerfisch.

Allbekannt, weitverbreitet und hochgeschätzt ist dagegen die Forelle, die — wie manche andere Fische auch — in jedem Gewässer etwas anders aussieht. Vom Lachs, der nur im Rheingebiet vorkommt und auch hier nicht über den Fall von Schaffhausen vordringt, läßt sie sich durch die rotgeränderte Fettflosse und die fünf und mehr kleinen schwarzen Punkte am Kiemendeckel unterscheiden, der beim Lachs mit nur zwei größeren schwarzen Flecken geziert ist. Ihr höchstes Vorkommen in den Alpen ist wohl im Schwarzsee bei Sölden (Ötztal) mit 2800 m gegeben, wo sie allerdings nicht ursprünglich, sondern nachweisbar eingesetzt vorkommt. Ebenfalls eingesetzt, und zwar schon zu Zeiten des Kaiser Maximilian I. findet sich die Forelle im Gossenkehlsee, 2500 m, bei Kühtai; ein Vorkommen, das auch deswegen bemerkenswert ist, weil dieser kleine See keinerlei Abfluß hat.

Ein ausschließlich dem Donaugebiete angehöriger, und zwar mit Ausnahme des Regen und der Laaber, die in der Nähe von Regensburg münden, nur in rechtsseitigen Nebenflüssen vorkommender Edelfisch ist der Huchen, der größte aller Fische des Alpengebietes, der im Inn fast bis zur Schweizer Grenze aufsteigt. Seiner Verbreitung im Inn ist allerdings vor kurzer Zeit eine indirekte Schranke gesetzt worden durch das Stauwehr des Elektrizitätswerkes von Jettenbach; dieses ist trotz aller Vorschriften so mangelhaft gebaut, daß alle die vielen kleinen Fische, die dem Huchen als Nahrung unentbehrlich sind, nur mehr in belangloser Zahl weiter flußaufwärts vordringen können, weshalb sich seither die Anzahl des Huchens, dieses Königs der Sportfische, stark vermindert hat. Früher wurden in der Innsbrucker Gegend alljährlich Huchen von zirka 2 m Länge gefangen.

In fließenden Gewässern aller Stromgebiete, jedoch nur unterhalb der Forellenregion, ist die Äsche zu Hause; sie kann bis 5 dm lang werden und ist durch die große und lange Rückenflosse gekennzeichnet, die meist fleckig oder längsgebändert ist. Sie kommt in ihrem ganzen Verbreitungsgebiet nur in fließenden Gewässern vor. Die einzige Ausnahme bildet da der Achensee, wo sich seit dem 16. Jahrhundert Äschen halten konnten. Alle Lachsfische, auch die Äsche, besitzen zwischen Rücken- und Schwanzflosse als charakteristisches Kennzeichen noch eine strahlenlose Fettflosse.

Durch ein meist recht auffallend gestaltetes Maul ist die Gattung Coregonus, Felchen, gekennzeichnet. Der Mund ist klein und fast zahnlos. Die großen, silberglänzenden Schuppen fallen leicht aus. Es darf wohl angenommen werden, daß alle alpinen Felchen zusammengehören und nur mehr oder weniger unveränderliche Lokalformen der verschiedenen Gewässer sind. Sie sind in Europa bloß nördlich der Alpen zu Hause und besiedeln hier überall die Tiefen der großen Seen. Sie leben sehr gesellig; dabei fällt auf, daß die einzelnen Schwärme immer aus ziemlich gleichaltrigen Stücken zusammengesetzt sind. Nur zur Laichzeit, meist im November und Dezember steigen sie an die Oberfläche; das geschieht dann oft in solchen Massen, daß so häßliche Erscheinungen möglich sind, wie die Belchenschlacht, ein Volksfest, dessen sich unser Volk wahrlich schämen sollte. Es ist unverständlich, daß so etwas heute, wo so viel von Naturschutz geredet wird, noch öffentlich und unter den Augen der Behörden vorkommen kann.

So interessant es auch wäre, hier auf Einzelheiten der Felchenforschung einzugehen, muß ich mir dies doch versagen, da es viel zu viel Raum beanspruchen würde. Es sei nur erwähnt, daß alle die folgenden Fische und noch manche andere in diese Gattung gehören: Felchen, Renken, Kilch, Balchen, Kröpfling, Riedling, Bratfisch, Rheinanke, Albeli, Gangfisch, Gravenche, Maräne und andere.

Während die bisher besprochenen lachsartigen Fische, die aus dem Norden kommen, alle Kaltwasserfische sind und ihre Laichzeit im Herbst, Winter oder Frühling haben, sind die karpfenartigen Weißfische zum größten Teil in wärmeren Gegenden daheim und bei uns auch an wärmere Gewässer gebunden. Ihre Laichzeit fällt dementsprechend auch mehr oder weniger in den Sommer. Diese Familie der Weißfische ist bei uns weitaus die artenreichste. Ihr bekanntester Vertreter, der Karpfen, ist in allen stehenden Gewässern zu finden. Er ist allerdings hier nicht ursprünglich einheimisch, sondern in der Umgebung des Schwarzen Meers zu Hause. Die Römer haben ihn von dort nach Westeuropa verpflanzt. Während des Mittelalters haben die Klöster für seine Verbreitung gesorgt und ihn in ihren Zuchtteichen zu einem richtigen Haustier gemacht. Er verwildert allerdings leicht und wer nur wohlgezüchtete Stücke kennt, wird diese Art in den schlanken und kleinen „Bauernkarpfen" kaum wiedererkennen. Kennzeichnend bleibt nur die lange Rückenflosse, durch welche er sich von den Barben, die ebenfalls vier Bartfäden haben, unterscheidet.

Die Karausche, ein Weißfisch ohne Bartl mit stumpfer Schnauze und hohem Rücken, fehlt im Gebiete der Westalpen und der Etsch. Sie ist überaus widerstandsfähig gegen Sauerstoffmangel und hält sich daher noch in stehenden Gewässern, die andere Fische nicht mehr bewohnen können. Sie tritt übrigens manchmal auch als Goldfisch auf.

Im Gegensatz zur Karausche hält sich die sauerstoffhungrige Ellritze (= Pfrille) nur in klarem, fließendem Wasser auf; ihre Schuppen sind so klein, daß sie erst bei genauer Betrachtung sichtbar werden. Dieser muntere und unternehmungslustige kleine Kerl wagt sich trotz der oft starken Strömungen unserer Gebirgsbäche mancherorts bis 2500 m hinauf. Eigenartigerweise soll er im Engadin fehlen.

Ebenfalls in reinen und schnellfließenden Gewässern des Donau- und Rheingebietes kommt die 2, 3, ja 5 dm lang werdende Nase vor, die Anfang Mai zur Laichzeit oft in großen Mengen gefangen wird. Sie steigt aber kaum über 700 bis 800 m auf. Sie ist, wie schon ihr Name sagt, durch die nasenartig vorspringende Schnauze gekennzeichnet; ihre Bauchseite ist auffällig schwarz — im Gegensatz zur Savetta (Chondrostoma soëtta), dem Vertreter dieser Gattung im Tessin.

Die Plötze, fälschlicherweise auch Rotauge genannt, bewohnt in Donau, Rhein und Rhonegebiet Flüsse und Seen bis 700 m, kommt aber noch bei 1100 m ganz gut fort. Sie ist meist 1 bis höchstens 3 dm lang. Die Gegend, wo die Flossen der Unterseite ansetzen, ist ebenso rot wie bei der Rotfeder; von dieser ist unsere Plötze aber leicht dadurch zu unterscheiden, daß sie keinen Messingglanz aufweist oder noch verläßlicher, wenn man das Tier in der Hand hat, daran, daß der Bauch nicht gekielt, sondern gerundet ist. Im übrigen aber ist die Art recht veränderlich. Ihr Verwandter in den Südalpenseen ist der Pigo, im Etschgebiet der Nerfling. In vielen Südtirolerseen kommt auch der Triotto vor. Im Traun-, Atter-, Mond- und Chiemsee ist die Gattung durch den drehrunden und kleinäugigen Perlfisch vertreten.

Nur auf fließende Gewässer des Donaugebietes,

(außerhalb der Alpen auch im Rheingebiet Süddeutschlands) beschränkt, ist der Strömer oder Laugen. Über der orangegelben Seitenlinie des meist unter 2 dm langen Fischchens zeigt sich eine breite schwarze Binde vom Auge bis zur Schwanzflosse. Im Etschgebiet und Tessin ist diese Art durch den sehr ähnlichen Vairone (Telestes Savignyi) vertreten, der vielfach nur als Varietät der vorigen Art aufgefaßt wird; beide Fische steigen kaum über 800 bis 900 m empor.

Von den beiden im Gebiet vorkommenden Squaliusarten ist die eine, der Döbel, Aitel oder Aalet durch seine Schuppen gekennzeichnet, die in ihrer Mitte silbrig glänzend, aber breit schwarz umrandet sind. Der ganze Fisch, der über einen halben Meter lang werden kann, sieht daher wie von einem dunklen Netz umhüllt aus. Er bewohnt stehende und fließende Gewässer aller vier Stromgebiete und steigt bis 1500 m auf. Bedeutend schlanker und kleiner, bis zirka 3 dm lang, wird die andere der beiden Arten, die Hasel. Ihr fehlt die Netzzeichnung, der Rücken ist dunkel, die Seiten sind silbrig. Die oberen Flossen sind gelblich, die unteren mehr rötlich.

Die Rotfeder bevorzugt stehende Gewässer und kommt allenthalben selbst noch in einer Höhe von 1800 m vor. Die unteren Flossen sind prächtig rot, die silbrigen Seiten zeigen meist — nur bei der den Tessin bewohnenden Abart nicht — einen eigentümlichen Messingglanz. Die Iris der Augen ist goldfarbig mit einem roten Fleck. Der Bauch ist nicht gerundet, wie bei der sehr ähnlichen Plötze, sondern durch gekielte Schuppen scharf kantig.

Eine der größten unter den Weißfischen ist die grätenreiche Brachse (= Blei), die fast nur im Rheingebiet vorkommt. In den Ostalpen wurde sie als geschätzter Speisefisch durch die Fürsten des

15. und 16. Jahrhunderts vielfach eingesetzt; sie konnte sich aber nur an wenigen Stellen bis in die Gegenwart halten. Ihre Brust- und Bauchflossen sind immer graublau, niemals, wie dies beim Güster die Regel ist, am Grunde rötlich. Die Schuppen sind klein, der ganze Fisch fühlt sich schleimig an. Der Güster oder die Blicke wird allerdings selten so groß wie die Brachse. Er kommt in stehendem und fließendem Wasser des ganzen Gebietes vor, steigt aber kaum über 600 m an.

Im Ammer-, Würm-, Traun- und Chiemsee, sowie in deren Zuflüssen, lebt die Mairenke, die meist nur 3 dm groß wird. Sie stellt mit den beiden folgenden, der Laube und der Alborella, den Typus Weißfisch dar. Die Laube wird nur 2 dm lang und dringt von Norden her nicht weit ins Alpengebiet ein; die noch kleinere Alborella findet sich im Tessin und im Etschgebiet, und zwar im Kalterer-, Caldonazzo-, Loppio- und Gardasee samt deren Abflüssen.

Am Grunde schlammiger Gewässer des ganzen Gebietes, selbst bis 1600 m Höhe lebt die Schleie, die aber offenbar nirgends zahlreich ist. Sie gräbt sich im Winter tief in den Schlamm und verschläft auch heiße Sommertage halb vergraben im Boden. Sie hat sehr kleine Schuppen, die fast ganz von der schleimigen Haut überdeckt werden. In den Mundwinkeln sitzt je ein sehr kleiner Bartfaden. Die Schleie wird bei uns wohl kaum länger als 3 dm, während in guten Gewässern der Ebene auch Schleien von 7 dm Länge nicht besonders selten sind.

Zwei längere Bartfäden besitzt der kleine, höchstens $1^{1}/_{2}$ dm lange Gründling, der in allen Stromgebieten bis 800 m vorkommt, aber eigentlich nirgends häufig ist. Im dicken Kopf sitzen große Augen, der Körper ist rund und dick; die weichen Schuppen sind auffällig groß.

Vier Barteln besitzen die Barben, von denen im Gebiet des Rhein und der Donau die Flußbarbe, im Etschgebiet und Tessin die Barbia (Barbus plebejus) vorkommt. Beide Arten werden bei uns kaum über 3 dm lang. Der große Stachel der Rückenflosse ist deutlich, wenn auch bei der südlichen Art recht fein, gesägt. Der Laich der Barben ist stark giftig, ja für kleinere Wirbeltiere unbedingt tödlich.

Sechs Bartfäden weisen die beiden Cobitisarten auf, die beide das ganze Alpengebiet besiedeln und nur dem eigentlichen Hochgebirge fehlen. Klare, reißende Bäche mit steinigem Grund behagen besonders der größeren Schmerle oder Grundl, die bis 15 cm lang wird. Ihr Körper ist gefleckt, doch sind diese Flecken nicht reihenweise angeordnet; durch die Wurzel der Schwanzflosse zieht ein senkrechter dunkler Strich. Von den Barteln sind vier kürzer als die zwei anderen. Seltener und mehr auf den Süden des Gebietes beschränkt, scheint der kleinere Steinbeißer zu sein, dessen 6 Barteln alle gleich kurz sind und bei dem die Fleckenzeichnung sich deutlich in Streifen ordnet.

Schrifttum.

A. Remane, Fische. In: P. Schulze, Biologie der Tiere Deutschlands, 1923. — P. Schiemenz, Fische. In: Brohmer-Ehrmann-Ulmer, Tierwelt Mitteleuropas, Band VII, 1929. — E. Walter, Unsere Südwasserfische. In: Schmeils naturwissenschaftl. Atlanten, Quelle u. Meyer, 1913.

2. Die Lurche des Alpengebietes.

Von den Lurchen kommen im Alpengebiet sowohl geschwänzte — Salamander und Molche — als auch schwanzlose — Frösche und Kröten — vor. Die Vertreter unserer beiden Schwanzlurchgattungen unterscheiden sich sehr deutlich in ihrer Lebensweise. Die einen sind unbedingt und fast jederzeit ans Wasser gebunden; ihre Anpassung an das Wasserleben zeigt deutlich der seitlich zusammengedrückte, als Ruder trefflich geeignete Schwanz: Dies sind die Molche. Die Salamander dagegen sind vom Wasser weitgehend, wenigstens für Lurchverhältnisse, unabhängig geworden; ihr Schwanz ist drehrund. Von den Salamandern beherbergt unser Gebiet zwei Arten. Die eine, weitaus größere, steigt selten über 800 bis 900 m auf, wenn sie auch in vereinzelten Fällen noch höher oben, selbst noch bei 1250 m gefunden wurde. Trotzdem ist diese Art, der Feuersalamander, kein ausgesprochenes Ebenentier; sie ist an den meist in undeutlichen Streifen angeordneten, schreiend gelben Flecken sofort zu erkennen. Sie wird bis $2^1/_2$ dm lang. Sie bevorzugt Laubwälder, womit ihre Verbreitung innerhalb der Alpen ja schon deutlich genug umschrieben ist. Das Weibchen gebiert im Mai 1 bis 2 Dutzend lebende Junge, die in fließendes Wasser abgesetzt werden. An ihrer nicht voll entwickelten Gestalt und besonders an den Außenkiemen kann man erkennen, daß es sich dabei um Larven handelt. Nach mehreren Monaten ist der junge Feuersalamander soweit entwickelt, daß er, nur mehr durch die Kleinheit vom erwachsenen Tier unterschieden, ans Land steigen kann. Im einzelnen bietet die Entwicklung viel Merkwürdiges und noch manches Rätselhafte. Noch mehr ist dies der Fall bei seinem etwas kleineren, völlig schwarzen Vetter, dem Alpensalamander. Dieser wird meist nur $1^1/_2$ dm lang. Er lebt hauptsächlich an und über der Baumgrenze, bis zirka 2700 m und 3000 m hinauf und geht nur selten in tiefere Regionen hinab, wenn er auch manchmal schon fast bei 900 m beobachtet werden kann. Dessen

Weibchen läßt von seinen zahlreichen Eiern nur zwei zur Entwicklung gelangen, welche die gesamte Larvenzeit in der Leibeshöhle der Mutter verbringen und bis auf die Größe völlig den Eltern gleichend, auf trockenem Boden geboren werden.

In vielen Belangen verschieden von den beiden landlebenden Salamandern wickelt sich der Lebenslauf der Wassermolche ab. Diese häuten sich z. B. von Zeit zu Zeit und fressen dann die eigene, eben abgestreifte Haut auf. Kennzeichnend ist auch die äußerliche Verschiedenheit der Geschlechter, die besonders zur Fortpflanzungszeit auffällig ist, wenn die Männchen ihre in Form und Farbe üppigen Hochzeitskleider anlegen. Die Weibchen legen ihre Eier in einer für jede Art charakteristischen Weise ins Wasser ab und die Jungen brauchen bis zur völligen Entwicklung ein bis zwei Sommer. Besonders die Larven, aber auch die erwachsenen Molche können anscheinend ein kurzes Einfrieren ohne großen Schaden überstehen.

Die beiden größeren Arten besitzen eine körnige Haut. Der Kamm-Molch wird 12, ja in seltenen Fällen 18 cm groß. Die Unterseite ist gelbrot, manchmal dunkel gefleckt; die Kehle immer schwarz, weißlich und rotbraun gepunktet. Dieser größte unserer Molche steigt wohl kaum einmal über die 1000 m-Linie empor. Außerdem verläßt er nahezu nie seinen Wohntümpel. Anders dagegen der Alpenmolch, dessen Haut ebenfalls etwas gekörnelt ist. Dieser meidet die Ebene und steigt bis 2500 m hinan. Er verläßt auch nicht allzuselten sein Wasser, um eine kleine Landpartie zu unternehmen. So traf ich einmal eine ganze Schar von Bergmolchen in 2100 m Höhe nächst der Franz-Sennhütte im Stubaital an, wo sie sich auf dem noch metertiefen Schnee tummelten. In seiner Färbung herrscht ein dunkles

Braun vor, die Unterseite ist — auch an der Kehle — von leuchtendem Orangerot. Der Alpen- oder Bergmolch wird ungefähr 1 dm lang. Der kleinste dieser Gattung, der meist um die 6 oder 7 cm herum schwankt, ist der glatthäutige Teichmolch; seine Kehle weist in beiden Geschlechtern einen goldigen Schimmer auf. Dieser, in ganz Europa weitaus

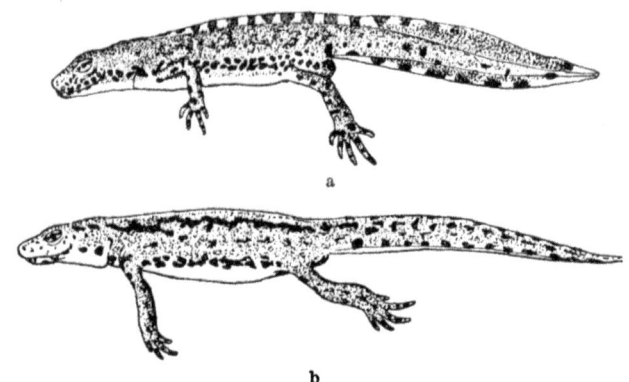

Abb. 7a u. b. Bergmolch. a Männchen, b Weibchen.
(Aus: Brohmer-Ehrmann-Ulmer, Tierwelt Mitteleuropas, Band 7.)

häufigste Molch steigt in den Alpentälern fast bis 1000 m auf.

Von den neun, im Gebiete vorkommenden Froschlurchen ist der grüne, weißbäuchige Laubfrosch wohl der bekannteste und wegen seiner eigentümlichen Färbung auch der am leichtesten kenntliche. Er bevorzugt die Talregion und geht nur selten über die Mittelgebirge hinauf. Das Wasser sucht er nur zur Fortpflanzung, d. i. Ende Mai auf.

Schwerer kenntlich und weniger bekannt sind die drei echten Kröten des Gebietes; das hängt sicherlich auch damit zusammen, daß das kleine Grünröcklein wegen seiner angeblichen Gabe, das Wetter vorhersagen zu können seit alters geradezu salonfähig ist, während die Kröte ebenso seit Menschengedenken als Urbild der Häßlichkeit gilt. Dem wahren Naturfreund wird dies wenig verständlich sein, denn gerade die Wechselkröte, die bunteste unter allen unseren Froschlurchen, kann dem unbefangenen Beobachter nicht gut häßlich erscheinen. Ihre Ober-

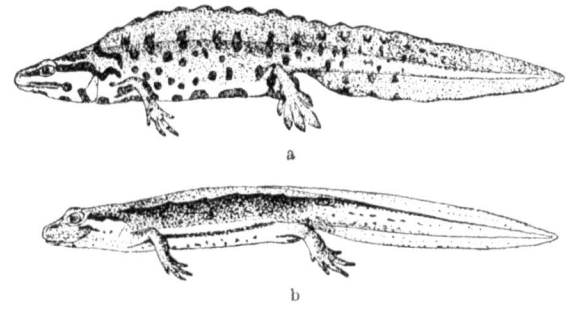

Abb. 8a u. b. Teichmolch. a Männchen, b Weibchen.
(Aus: Brohmer-Ehrmann-Ulmer, Tierwelt Mitteleuropas, Band 7.)

seite ist mit ganz unregelmäßig geformten dunkelgrünen Flecken bedeckt, zwischen denen auch einzelne rote Tupfen sichtbar werden. Die Unterseite ist weißlich. Diese Kröte wird bei uns meist nur 7 cm lang, weiter im Süden aber erreicht sie fast die doppelte Größe. Sie besiedelt allerdings nur die Südabdachung der Alpen und ist auch hier über der Tausendmeterlinie nicht mehr anzutreffen.

Allgemein verbreitet ist im Alpengebiet die gemeine Erdkröte, deren ziemlich einfarbig graubraune Oberseite recht warzig ist und sich immer mehr oder weniger trocken anfühlt. Die großen Weibchen werden leicht 1$^1/_2$ dm lang, die Männchen bleiben stets viel kleiner. Bei Regen während der

Paarungszeit trifft man sie an allen Wegen in der Nähe von Tümpeln auch bei Tage oft in großen Scharen an. Sonst aber ist ihre Lebensweise ausgesprochen nächtlich. In den Alpen kommt die Erdkröte unter 2000 m wohl überall recht häufig vor; je höher oben die Tiere leben, desto mehr haben sie sich vom Wasser unabhängig gemacht, desto warziger und trockener ist ihre Haut und desto kleiner werden sie. Während die Erdkröte in der Ebene unser größter Froschlurch ist, werden die Gebirgskröten vom Taufrosch nicht selten an Größe übertroffen.

Die dritte unserer Kröten, die Kreuzkröte ist durch den gelben Strich, der ihren olivbraunen Rücken der Länge nach halbiert, gekennzeichnet. Sie fehlt den Ostalpen vollständig und ist auch in der Schweiz, wo sie noch nie über 1000 m angetroffen wurde, recht selten. Sie ist eine ausgesprochen westeuropäische Art.

Auch der Feßler oder die Geburtshelferkröte erreicht in den Alpen die Ostgrenze; er berührt sie nur in der Westschweiz und meidet das eigentliche Gebirge. Eine Längsreihe von Warzen an beiden Körperseiten, die kleinen Schwimmhäute und die senkrechte Pupille sind die wichtigsten Merkmale. Die Anwesenheit von Geburtshelferkröten in einer Gegend wird aber am leichtesten durch den besonders hellen Glockenklang der männlichen Stimme verraten.

Das Glockengeläut der Unken klingt viel tiefer. Von den beiden Unkenarten Europas fehlt die rotbäuchige Feuerkröte dem Alpengebiete vollständig, wogegen die gelbbäuchige fast bis 1200 m hinauf nirgends selten ist. Ihre Unterseite mit den auffälligen Farbenklecksen läßt eine Verwechslung mit anderen Lurchen nicht zu. Mit der braunen, war-

zigen und unscheinbaren Oberseite aber gibt sie
deutlich ihre Zugehörigkeit zu den Kröten kund.

Von unseren Fröschen ist der schönste der
Teich- oder Wasserfrosch. Über die schöne grüne,
selten auch braune Oberseite zieht sich (beim
trockenen Tier) ein zarter Goldschimmer, die Unterseite ist einfarbig milchweiß. Die kleineren Männchen werden 7—8, die Weibchen 9 und mehr cm
groß. Die Teichfrösche sind es meist, die in den
warmen Sommernächten mit ihrem oft hundertstimmigen ekekeke koa koa jene bekannten stimmungsvollen Konzerte geben. Sie sind weit verbreitet,
gehen aber in den Alpen wohl nie über Mittelgebirgshöhe.

Der schlanke, langbeinige Springfrosch ist als
südeuropäische Form in den Alpen wiederum recht
selten. Er berührt unser Gebiet nur in einigen
Kantonen der Süd- und Westschweiz, sowie im Süden
Österreichs. Auch hält er sich fast ausschließlich an
Ebene und Hügelland. Das sicherste Kennzeichen der
Art sind die wie kleine Knöpfe vorspringenden Gelenkhöckerchen an der Unterseite der Zehen. Doch,
um das zu erkennen, muß man das Tier in der Hand
haben und das Fangen ist nicht einfach, denn es ist
ihm ein leichtes, über $1/2$ m in die Höhe oder 2 m in
die Weite zu springen. Und da ihm kein Lurch das
auch nur annähernd nachmacht, ist diese erstaunliche Sprungfertigkeit ebenfalls ein untrügliches
Kennzeichen der Art.

Am höchsten ins Gebirge steigt der braune Grasfrosch oder Taufrosch. Er ist nicht viel kleiner,
aber bedeutend plumper als der Wasserfrosch; die
Oberseite ist braun, die Unterseite ist, in auffälligem
Gegensatz zum rein weißen Bauch von Wasser- und
Springfrosch auf hellem Grunde grau oder rötlich
gefleckt. Der Taufrosch ist nur zur Winterruhe und

Fortpflanzung ans Wasser gebunden, sonst ist er gegen Trockenheit und auch gegen Kälte recht unempfindlich. Er fehlt in den Niederungen nicht und ist zwischen zirka 1000 und 2500 m der einzige noch vorkommende Frosch.

Schrifttum.

A. Remane, Lurche. In: P. Schulze, Biologie der Tiere Deutschlands, 1923. — F. Werner, Lurche. In: Brohmer, Ehrmann, Ulmer, Die Tierwelt Mitteleuropas, Band 7, 1929. — R. Sternfeld, Reptilien u. Amphibien. In: Schmeils naturwissenschaftl. Atlanten, Quelle u. Meyer, 1911.

3. Die Kriechtiere des Alpengebietes.

Die allbekannte Blindschleiche — es ist wohl überflüssig zu betonen, daß sie keine Schlange ist — steigt in den Alpen nicht allzu selten bis 2000 m und darüber an. Als häufig kann sie allerdings nur unter 1000 m bezeichnet werden.

Von den eigentlichen Eidechsen kommen im Alpengebiet vier Arten vor. Die größte ist die Smaragdeidechse, die 3 bis 4 dm groß wird. Ihre Unterseite ist gelb; die Oberseite des Männchens schimmert in prächtigem Grün, im Frühling glänzt seine Kehle tief blau. Beim Weibchen sind alle diese leuchtenden Farben nur blaß und verschwommen zu sehen. Die Art ist im südlichen Alpengebiet zu Hause, wo sie besonders zahlreich an den Mauern der Weingärten Südtirols sich sonnt. Sie übersteigt wohl kaum die 1000 m-Linie.

Die kleinste unserer Eidechsen ist die lebendgebärende Bergeidechse, die nur 16, selten auch 18 cm groß wird. Sie steigt von allen Kriechtieren am höchsten ins Gebirge auf: sie wurde schon mehrfach in 3000 m Höhe beobachtet. Sie ist ziemlich einfarbig braun, unterseits manchmal geradezu schwarzbraun.

In der Größe zwischen den beiden Vorgenannten mit durchschnittlich 2—2½ dm Länge steht die Zauneidechse mit gelblicher und die Mauereidechse mit weißlicher Unterseite. Doch ist sie bei der letzteren ab und zu auch dunkel gefleckt. Die Mauereidechse ist eine mehr südliche Form; im Norden der Alpen ist die Zauneidechse zahlenmäßig jedenfalls die herrschende Art. Beide gehen nur selten über Mittel-

   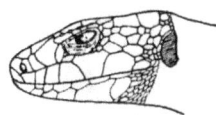

Abb. 9. Kopf der Mauereidechse.   Abb. 10. Kopf der Smaragdeidechse.
(Aus: Brohmer-Ehrmann-Ulmer, Tierwelt Mitteleuropas, Band 7.)

gebirgshöhe hinaus. Alle vier Eidechsen sind übrigens in ihrer Färbung äußerst veränderlich, so daß es — mit Ausnahme der schon von weitem kenntlichen Smaragdeidechse — schwer fällt, die einzelnen Arten bloß nach äußerlichen Merkmalen, wie es eben die Farbe ist, oder nach der Größe und dem Standorte zu unterscheiden. Sicher zu unterscheiden sind diese vier Arten nur, wenn man die Tiere in der Hand hat und die Beschuppung genau betrachten kann; dann ergeben sich folgende Unterscheidungsmerkmale:

1. Halsband (das sich unmittelbar vor den Vorderfüßen hinzieht) nach hintenzu gerade abschneidend. Von den rundlichen, fast ungekielten, glatten Rückenschuppen entsprechen 3 bis 4 Querreihen der Länge eines Bauchschildes, von denen 6 Längsreihen vorhanden sind: Mauereidechse.

2. Das Halsband ist nach hintenzu deutlich gezackt oder gezähnelt. Zwei Reihen der deutlich gekielten, länglichen Rückenschuppen entsprechen der Länge nach einem Bauchschild:

a) Zwischen die Augenbrauenschilder und die Augenliderschildchen schiebt sich eine Reihe von körneligen Schuppen ein. Die Schuppen der Rückenmitte sind von den benachbarten nicht besonders unterschieden. Hinter dem Nasenloch 2 Schilder übereinander liegend: Smaragdeidechse (die Gruenz der Südtiroler).

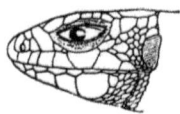 

Abb. 11. Kopf der Zauneidechse.   Abb. 12. Kopf der Bergeidechse.
(Aus: Brohmer-Ehrmann-Ulmer, Tierwelt Mitteleuropas, Band 7.)

b) Zwischen den Augenbrauen- und den Augenlidschildchen keine Reihe körniger Schuppen. Die stark gekielten und sehr schmalen Schuppen der Rückenmitte sind von den zwar auch gekielten, aber viel breiteren rhombischen Schuppen am seitlichen Rande des Rückens deutlich unterschieden. Hinter dem Nasenloch stehen drei Schuppen, zwei unten und eine, eine Dreieck bildend darüber. Vor dem Afterschild nur ein einfacher Schuppenhalbkreis. Bauchschilder in 8 Längsreihen: Zauneidechse.

c) Die Körnerreihe um die Augen fehlt ebenfalls. Hinter dem Nasenloch nur ein Schildchen. Afterschild vorne von zwei Schuppenhalbmonden umsäumt. Bauchschilder in 6 Längsreihen: Bergeidechse.

Von den neun im Alpengebiet bald zahlreich, bald ziemlich spärlich vorkommenden Schlangen sind zwei Drittel ungiftig und harmlos. Die so häufig gestellte Frage, wie man ganz allgemein die giftigen Schlangen von den giftlosen unterscheiden könne, ist ungefähr gleich schwer, ja fast kann man sagen, genau so wenig zu beantworten, wie etwa die Frage nach dem Unterschied zwischen giftigen und eßbaren Pilzen. Der einzige wirklich durchgehende Unterschied ist eben nur der, nach dem man fragt; daß man eben die einen essen kann, während man die anderen meiden muß. Der Besitz der Giftzähne und Giftdrüsen hat auf die Körperform nicht in dem Maß verändernd eingewirkt, als es manchem wünschenswert zu sein scheint. Bei den einheimischen Giftschlangen — aber auch nur bei diesen — ist der Kopf mehr oder weniger dreieckig und erscheint vom übrigen Körper fast halsartig abgeschnürt. Auch spitzt sich bei den einheimischen Giftschlangen der Schwanz fast plötzlich zu. Bei den giftlosen dagegen geht der Körper, wenn die Tiere nicht gerade voll gefressen sind, ganz allmählich in den Schwanz über. Zu den manchmal gegebenen Regeln, die auf der Farbe der Tiere beruhen, ist zu bemerken, daß wohl kaum eine Tiergruppe nach Färbung und Zeichnung so viele Verschiedenheiten aufweist, wie gerade die Schlangen. Wirklich verläßliche Unterscheidungsmerkmale bieten eigentlich nur die Beschuppung oder eine eingehende und zeitraubende Beobachtung der Lebensweise der Tiere; beides gleich ungeeignet zu raschem Kennenlernen von Schlangen, die einem bei Alpenwanderungen gelegentlich den Weg kreuzen.

Es mögen daher die folgenden kurzen Angaben genügen. Von unseren giftlosen Schlangen ist die längste die Äskulapschlange. Diese Natter wird bis $1^1/_2$ m lang. Ihr Kleid ist einfärbig braun, die Schuppenränder sind weiß gestrichelt. Sie ist sehr bissig, ihre Bisse sind aber völlig harm- und schmerzlos. Sie klettert auch gerne auf Bäume und Sträucher. Sie kommt in den Ost- und südlichen Westalpen bis zirka 1600 m vor.

Nur einen bis fünf Viertel Meter lang wird die überall häufige Ringelnatter. Sie läuft und schwimmt gewandt und hält sich fast immer in der Nähe von Wasser auf. Sie steigt, wenn auch selten, bis zirka 2000 m an. Die Form der Ebene ist grau mit einem Stich ins Grünliche oder Bläuliche und trägt eine „Krone", charakteristische gelbe und schwarze halbmondförmige Flecken am Hinterkopf. Je höher sie jedoch ins Gebirge steigt, desto mehr nimmt sie eine tiefschwarze Färbung an, wobei die Kronenflecken schließlich düster grau werden oder ganz im einheitlichen schwarzen Kleid verschwinden. Ebenso verfärbt sich auch die in der Ebene schwarz und weiß gefleckte Bauchseite immer dunkler, wobei die weißen Stellen in Grau übergehen. Diese dunkle Form muß ihre Ähnlichkeit mit der Alpenform der Kreuzotter oft genug mit einem schmerzhaften Tode büßen.

In manchem ist ihr die Zornnatter ähnlich, die sich — im Normalfall — durch sehr schöne elfenbeinfarbene Querbänder am Kopfe auszeichnet. Ihr Name paßt gut, sie ist in allen Bewegungen rasch und fährig und beißt gleich zu. Sie ist nur im Süden der Alpen (Görz, Südtirol, Tessin und Wallis) und auch hier nur selten anzutreffen. Sie klettert übrigens gleich der Äskulapnatter gerne auf Bäume.

Die höchstens meterlange Würfelnatter hat ihren Namen von dem schönen schwarzweißen Würfelmuster der Unterseite. Oberseits ist sie im großen und ganzen graubraun gefärbt. Sie hält sich gleich der Ringelnatter gern in der Nähe von Wasser auf und schwimmt ausgezeichnet. Auch sie ist eine mehr südliche Form, die nur im Tessin, Südtirol, Kärnten, Mittelsteiermark und weiter östlich zu finden ist.

Von den beiden kleinsten giftlosen Schlangen, die meist nur $^3/_4$ m und nie mehr als einen Meter lang werden, bewohnt die Vipernatter nur Tessin und Wallis; sie wurde nie über 1000 m angetrofefn. Sie ist nur sehr schwer von der giftigen Kreuzotter auseinanderzuhalten.

Im ganzen Alpenzuge findet sich dagegen die andere kleine Art, die Glattnatter; sie heißt wegen ihrer rotbraunen Gesamtfärbung vielfach auch Kupfernatter. Im Gegensatz zu ihren völlig glatten Schuppen haben die Schuppen aller vorhergenannten

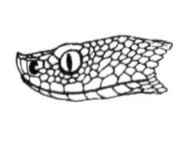  

Abb. 13. Kopf der Schildviper von der Seite und von oben.   Abb. 14. Kopf der Sandviper.

(Aus: Brohmer-Ehrmann-Ulmer, Tierwelt Mitteleuropas, Band 7.)

Schlangen einen mehr oder weniger deutlich hervortretenden Kiel. Am Hinterkopf hat sie fast immer einen deutlich sichtbaren dunklen Fleck. Sie ist nach Ringelnatter und Kreuzotter in den ganzen Alpen bis zirka 1900 m die häufigste Art. In Südtirol kommt — wohl nur so weit der Ölbaum gedeiht — noch eine verwandte Art, Coronella girondica, vor, die oberseits rosenrot angehaucht und unterseits schwarzgelb gefleckt ist.

Von den Giftschlangen oder Vipern beherbergt das Alpengebiet drei Arten, von denen eine aber fast nur in den Schweizer, Französischen und Italienischen Alpen, sowie in den Südtiroler Bergen und selten auch im Görzer Gebiet vorkommt: die Schild- oder Juraviper, auch schlechthin Viper genannt. Sie ist durch die aufgestülpte scharfrandige Schnauze (aber kein Horn an der Schnauzenspitze) und die unterseits lebhaft gelbe Schwanzspitze (von oben nicht zu sehen!) gekennzeichnet. Die Färbung ändert jedoch, wie bei allen Schlangen, stark ab: die Viper ist gelb- oder graubraun, manchmal braunrot. Die Rückenzeichnung ist ähnlich der der Kreuzotter, besteht aber oft aus nur undeutlichen und schmalen Querbinden. Sie wird selten über einen $1/2$ m bis höchstens 60 cm groß und hält sich am liebsten an dürren, steinigen Orten der Tal- und Hügelregion auf, steigt aber auch manchmal bis fast 2000 m ins Gebirge an.

Eine zweite, in den Alpen vorkommende Giftschlange ist die Sandviper, in Kärnten auch Hornviper genannt. Sie bewohnt die warmen südlichen Gegenden von Kärnten, Steiermark, Görz und Tirol. Sie ist die größte Giftschlange des Alpengebietes und durch das weiche, schuppige Horn an der Schnauzenspitze von allen anderen Schlangen leicht und sicher zu unterscheiden. Diese Schlange, die oft eine Länge von 90 cm erreicht, steigt im Süden ihres Verbreitungsgebietes bis nahezu 2000 m, bevorzugt aber doch die warmen Täler und wird in größeren Höhen gewöhnlich von der Kreuzotter abgelöst. Die Oberseite der Sandviper ist meist mehr oder weniger grau, selten graubraun. Den Rücken entlang läuft ein dunkleres Band, das besonders bei den Männchen sich stark von der Grundfarbe abhebt. Bei den Männchen ist auch eine Augenbinde, ähnlich der der Juraviper und der Kreuzotter vorhanden, während bei den Weibchen der Kopf meistens einfärbig ist. Die gelbe Grundfarbe der Unterseite ist dicht mit grauen und schwarzen Punkten besetzt; die Schwanzspitze ist unterseits mehr oder weniger rot.

Die dritte Art ist die vielgenannte und gefürchtete Kreuzotter, die einzige wirklich alpine Schlange unseres Gebietes, die über 1000 m, insbesondere an der Nordabdachung der Alpen fast allein vorkommt. Die Normalfärbung der Kreuzotter ist oben grau mit schwarzem Zickzackband, das nicht, wie bei der Sandviper, dunkel gesäumt ist. Die Kehle ist gelblich, die Unterseite grau, allenfalls weiß gefleckt. Die Schwanzspitze ist unterseits gelb. Das Weibchen ist dunkler, aber mit wesentlich gleicher Zeichnung. Bei der einfarbig rotbraunen „Kupferotter" (var. chersea) und der tiefschwarzen, gewöhnlich

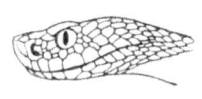 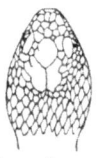

Abb. 15. Kopf der Kreuzotter von der Seite und von oben.
(Aus: Brohmer-Ehrmann-Ulmer, Tierwelt Mitteleuropas, Band 7.)

auch kleineren „Höllenotter" (var. prester) ist von dem kennzeichnenden Rückenband nichts zu sehen. Die Kreuzotter wird selten über 60 cm lang und steigt in den Alpen vereinzelt sogar bis 3000 m hoch, hält sich aber am liebsten zwischen 1200 und 1800 m in der Krummholz- und Felsregion auf.

„Es ist leicht, diese Giftschlangen, wenn sie tot vor uns liegen, mit Sicherheit zu erkennen. Trifft man aber eine Schlange im Freien, so kann man natürlich von all den anatomischen und morphologischen Merkmalen keinen Gebrauch machen und es bleiben nur Färbung, Größe, Vorkommen und Verhalten als Kennzeichen übrig. Schlangen, die über 1 m lang sind, können bei uns ruhig als giftlos betrachtet werden; die Schätzung der Länge einer laufenden Schlange ist aber stets unsicher und sie wird immer als länger angesprochen, als sie wirklich ist. Vorkommen am Wasser und eilige Flucht zu diesen hin deuten auf die Ringelnatter. Aber, wie gesagt, unbedingt sicher ist keines dieser Merkmale. Wir können höchstens sagen, daß eine Schlange mit dunklem Zickzackband am Rücken bestimmt, eine ganz schwarze in größerer Meereshöhe wahrscheinlich, eine einfarbig rotbraune möglicherweise eine Kreuzotter ist. Und da kein Tourist verpflichtet ist, die seinen Weg kreuzenden und gleich ihm des schönen Tags und der lieben Sonne sich freuenden Tiere tot zu prügeln und mit Steinen in blutige Fetzen zu zermalmen, sintemalen die auch durch Giftschlangen für ihn entstehenden Gefahren bei Aufwand von nur etwas Vorsicht verschwindend gering sind, so ist es wohl am besten und geratensten, die Tiere einfach laufen zu lassen. Wer jemals den Todeskampf einer durch Stockhiebe oder Steinwürfe zerschmetterten Kreuzotter, der oft stundenlang dauert, angesehen hat, wird wohl zugeben, daß es des Menschen, der auszieht, um sich an der Natur zu erfreuen, unwürdig ist, bei dieser Gelegenheit ihre Geschöpfe in grausamer Weise zu vernichten. Die Kreuzotter gehört ebenso zur charakteristischen Fauna unserer Berge, wie die Gemse oder die Alpendohle. Aufpassen, wohin man tritt — was ja auch sonst beim Gehen im Gebirge ratsam ist — ist das sicherste Mittel, sich vor dem Biß einer Giftschlange zu bewahren" (Werner 1924).

Schrifttum.

A. Remane, Kriechtiere. In: P. Schulze, Biologie der Tiere Deutschlands, 1923. — F. Werner, Kriechtiere. In: Brohmer-Ehrmann-Ulmer, Die Tierwelt Mitteleuropas, Band VII, 1929. — R. Sternfeld, Reptilien u. Amphibien. In: Schmeils naturwissenschaftl. Atlanten, Quelle u. Meyer, 1911.

4. Die Vögel des Alpengebietes.

a) Allgemeines, ausgestorbene Arten.

Wenn wir sinngemäß als alpine Vögel alle diejenigen Arten bezeichnen, die in den Gebirgen oberhalb der Baumgrenze leben und hier zu Hause sind, so zeigt sich deutlich, daß die Gesamtheit dieser Arten ökologisch durchaus keine Einheit darstellt. Ein Teil derselben ist nämlich gebunden an die alpine Grasflur und das Vorhandensein bestimmter Sträucher und Stauden. Ein anderer Teil besucht die alpine Höhenlage nur insoweit, als steile und schroffe Felsen in ausreichendem Maße vorhanden sind. Die erste Gruppe kommt mit einem ganz geringen Maß an Wärme aus und erscheint an dieses kalte Klima, wie es für die meisten Hochgebirge der Erde bezeichnend ist, geradezu angepaßt. Während also diese Gruppe außerhalb dieser kalten Gebiete nicht vorkommt, trifft man die Angehörigen der zweiten Gruppe außerhalb der alpinen Felslandschaft auch in Felsengegenden mehr oder weniger heißer Gebiete an. Manche davon schreiten selbst in Felsklippen der Steppen zur Brut; die einen können wir daher als dem kalten Hochgebirgsklima eng angepaßte (kalt-stenotherme), echte alpine Vögel bezeichnen, während die zweite Gruppe, die in bezug auf die Wärmeverhältnisse nicht anspruchsvollen (eurythermen) Felsenvögel umfaßt. Endlich treffen wir in der alpinen Stufe der Alpen noch eine dritte Gruppe von Vögeln, die — vom Standpunkt ihrer einstigen und jetzigen Gesamtverbreitung gesehen — weder kalt-stenotherm, noch einseitig an das Vorhandensein von Felsen gebunden sind, sondern heute in den Alpen nur eine ihrer letzten Zufluchtsstätten (wenigstens für Europa) gefunden haben. Hierher ist zum Beispiel zu zählen das Steinhuhn, das heute tatsächlich auf die alpine und subalpine Stufe beschränkt ist. Doch ist kein Zweifel, daß diese Vögel noch im 16. Jahrhundert z. B. in den felsigen Gebieten am Mittelrhein, im Hunsrück usw. vorkamen. Im Balkan lebt die Art noch heute auf steinigen Halden und Steppen der Hügelstufe und wird in den Gebirgsgegenden niemals beobachtet. Auch der Steinadler ist, obwohl vielfach als „König der Alpen" bezeichnet, durchaus kein echter Alpenvogel in unserem Sinne, sondern vielmehr ein richtiger Waldvogel, der in den Alpen nur als Flüchtling haust. Sein eigentliches Wohngebiet sind weite, unberührte Wälder, wie sie z. B. der Ural bietet, in dem der Steinadler ja noch heute zahlreich als Baumbrüter und echtes Waldtier vorkommt. Noch in verhältnismäßig junger Vergangenheit war er in Mitteleuropa weit verbreitet. Ebenso ist es dem Kolkraben, dem Vogel Wodans, ergangen, der gleichfalls aus seiner immer gewaltiger veränderten Heimat verdrängt wurde und heute sich in den felsigen Waldschluchten und in schwer zugänglichen, also noch einigermaßen ungestörten Gebieten ober Holz als Flüchtling halten kann. Für seine trotz allem noch ungebeugte Lebenskraft spricht, daß er an den wenigen ihm zusagenden Stellen, die ihm noch geblieben sind, durchaus nicht als selten bezeichnet werden kann.

Während die erste Gruppe der echten Alpenvögel sowohl vom ökologischen als auch — wie dies bereits Seite 55 f. gezeigt wurde — vom historischen Standpunkt aus eine recht einheitliche ist, scheint das bei der zweiten und erst recht bei der dritten Gruppe nicht mehr der Fall zu sein. Es wäre demnach zu erwarten, daß der Bestand der ersten Gruppe seit ihrer Entstehung oder ihrer Einwanderung in unsere Alpen der Artenzahl nach immer gleich geblieben ist.

Anderseits dürfte es einen nicht wunder nehmen, wenn sich im Artenbestand der beiden anderen Gruppen im Laufe längerer Zeiträume Veränderungen feststellen ließen. Und in der Tat kennen wir schon längst einige Arten, die einstmals dem Bestand der alpinen Felsenvögel und Flüchtlinge zuzurechnen waren, die aber heute für das Alpengebiet als ausgestorben gelten müssen.

Der dem Namen nach bekannteste ausgestorbene Vertreter der eurythermen Felsenvögel, der einstmals unser Alpengebiet bewohnte, ist wohl der rätselhafte Waldrapp. „Unser Waldrapp ist in der Größe einer Henne; ganz schwarz gefärbt, wenn du ihn von weither anschaust; besiehst du ihn aber in der Nähe, voraus gegen die Sonne, bedünkt er dich mit Grün vermischt. Er hat auf seinem Kopfe ein Sträußlein hinter sich gerichtet. Der Schnabel ist rötlich und lang, aber der Schwanz ist kurz. Im Alter kriegt er eine Glatze. Er sucht in grünen Gärten und feuchten Orten seine Nahrung: Heuschrecken, Grillen und kleine Fröschlein; er ißt aber auch Würmer, aus denen sonst Maikäfer werden. Er heißt auch Steinrapp, in Bayern und in Steiermark Klausrapp von den Felsen und engen Klausen, darin er sein Nest macht."

So ungefähr schrieb 1557 der berühmte schweizerische Naturforscher Conrad Geßner in seinem Vogelbuch. Geßner ist aber nicht der einzige, der uns die Kunde von diesem seltsamen Vogel, der damals anscheinend mehrfach in den Alpen vorkam, überliefert. In der 1547 erschienenen Beschreibung der Eidgenossenschaften schildert z. B. Johann Stumpf unsern Vogel im Kapitel, das „von dem nutzbaren Geflügel" handelt, folgendermaßen: „Waldrappen, ein gemein Wildprät, am besten so er noch jung aus dem Nest kommt, ist ein großer, schwerer Vogel, ganz schwarz als ein Rapp; hat sein Nest in den hohen unwegsamen Felsen; allermeist nistet er in dem alten Gemäuer der zerstörten und ausgebrannten Schlösser, deren viele in den alpischen Ländern gesehen werden. Sie sind von Leib beinah so groß und schwer als ein Storch."

Doch nicht nur in die Bücher der Gelehrten hat sich der Waldrapp verkrochen, selbst in die Akten der Behörden ist er geflüchtet, um sein Andenken ganz bestimmt den späteren Geschlechtern zu bewahren. So erhielt sich in den Zürcher Rats- und Richtbüchern des Jahres 1535 ein kurzes Protokoll über eine Verhandlung, in der der Knecht Jakob Schwytzer zu einer Geldstrafe verurteilt wurde, weil er einen Waldrappen „ohn ursach zu tod geschlagen hatt". Am 1. Jänner 1528 verschrieb König Ferdinand bei seinem Besuch in Graz dem Freiherrn von Dietrichstein ein landesfürstliches Haus in der Stadt mit der besonderen Verpflichtung, „daß er und seine Leibeserben die Klausraben, welche ihre Wohnung auf dem Schloßberge haben, so wie vom Inhaber bisher beobachtet worden ist, hegen und dieselben nicht beschädigen und verderben lassen dürfe". In einem Vokabular von 1591 heißt es von den Steinrappen, daß sie „viel in einem hohen, runden Felsen bei Salzburg an der Stadt" wohnen, sich in den Gärten aufhielten und hier von Schlangen, Eidechsen und Fröschen ernähren.

Den Nachweis, daß der Vogel auch in der Innsbrucker Gegend vorgekommen sei, kann man vorläufig nur indirekt führen. In einem mit Miniaturen ausgestatteten Meßbuch, das in der Wiener Hofbibliothek verwahrt wird, findet man ein getreues Bild der Waldrappen. Das Missale entstand zwischen 1582 und 1590 und wurde im Auftrag des Erzherzogs Ferdinand von Tirol ausgeführt durch den holländi-

Allgemeines, ausgestorbene Arten. 101

schen Maler J. G. Hoefnagel aus Amsterdam. Hoefnagel war ein großer Naturfreund, das beweist ein Gebetbuch, das er für Herzog Albrecht V. von Bayern reich mit Insekten- und Pflanzenbildern ausgeschmückt hat. Während er an dem genannten Missale arbeitete, hielt er sich in Innsbruck auf und kann hier sehr wohl den Waldrapp kennengelernt haben. Die leichte und ungezwungene Haltung, in der er unseren Vogel darstellt, spricht dafür, daß Hoefnagel das Bildchen nach einem lebenden Vorbild fertigstellte. Auch alle übrigen auf dieser Miniatur dargestellten Tiere sind ausschließlich einheimisch: eine Alpenkrähe und eine Elster, ferner Schnecken, Raupen und Schmetterlinge, die sich heute noch bestimmen und als einheimisch erkennen lassen. Es ist also naheliegend, daß auch der Waldrapp damals wirklich hier vorkam. Sicherlich läßt sich bei einer Fahndung nach Abbildungen und Angaben über den Waldrapp in naturgeschichtlich eingestellten Wiegendrucken und Schriftwerken des Mittelalters, deren Autoren mit der Schweiz, Bayern, Steiermark, Salzburg oder Tirol in Beziehung standen, noch weiteres wichtiges Material finden. Vielleicht schlummert noch manche Aufklärung über dieses Tier in Erlässen, Regesten oder Jagdberichten, besonders aus der Zeit und Umgebung Kaiser Ferdinands I. († 1564) oder in Gemälden, kunstgewerblichen Arbeiten und Wappen.

Wer ist nun dieser sonderbare Bürger unserer Vogelwelt, der sich so sang- und klanglos aus unseren Gegenden verdrückt hat, daß ihn eigentlich erst die Geschichtsforscher wieder ausgraben mußten? Die wenigen vorliegenden Zeugnisse reichen nur notdürftig hin, um die Annahme zu stützen, daß der Waldrapp wesensgleich sei mit dem Schopfibis, den die Zoologen unter dem Namen Geronticus eremita

kennen. Er ist ein Angehöriger einer Familie, die
den Störchen nahesteht. Heute kommt der Schopfibis vor in den Steilküstengebieten Nordafrikas und
Kleinasiens und führt dort ein Leben, ganz ähnlich
dem, wie es uns Geßner vom Waldrapp überlieferte.

Vielleicht gehört in diese Gruppe der alpenbewoh-
nenden eurythermen Felsenvögel noch der Steinsperling (Petronia petronia), der in Mitteleuropa
in Ruinen und alten Burgen Thüringens und des
Waldenburger Berglandes haust, und erst in jüngster
Zeit in den Berchtesgadener Alpen festgestellt wurde.
Es wäre nicht verwunderlich, wenn dieser scheue
Einzelgänger noch an anderen Stellen der Alpen
beobachtet würde.

Noch mehr als bei den Felsenvögeln sind bei den
„Flüchtlingen" Veränderungen im Artenbestande während der letzten Jahrhunderte zu erwarten. So wie
diese Vögel sich aus ihren alten Wohngebieten vor
den unmittelbaren Belästigungen durch den Menschen und vor den von ihm verursachten grundlegenden Veränderungen der die Lebensmöglichkeiten
bietenden Landschaft immer weiter in die unzugäng-
lichsten Teile der Alpen zurückgezogen haben, so
werden gar manche von ihnen schließlich selbst hier
nicht mehr die erforderlichen Voraussetzungen gefunden haben: sie haben auch ihre letzte mitteleuropäische Zufluchtsstätte verlassen und sind — für
unsere Tierwelt — ausgestorben. Als Beispiel hierfür
seien nur unsere großen Geier angeführt, die einstmals in den Alpen recht häufig waren, zufolge der
vorgeschrittenen Kultur hier aber nicht mehr die
nötige Menge an Nahrung — Aas — finden können.
In den Hochgebirgen des Balkan mit ihrem Reich-
tum an fast verwilderten Schafen finden sie jedoch
noch ihr Auskommen. Kutten- und Weißkopfgeier
haben in früheren Zeiten ohne Zweifel regelmäßig

im Alpengebiet gebrütet. Der weißköpfige Geier (Gyps fulvus) wird selbst in der Gegenwart das eine oder andere Mal, wenn auch äußerst selten, in den südöstlichen Alpen als Horstvogel beobachtet; aber mit ziemlicher Regelmäßigkeit suchen diese beiden Geier unser Gebiet noch heute nach allfälliger Nahrung ab. Alljährlich gelangen diese Vögel zur Beobachtung, nicht selten werden sie auf ihren Streifzügen durch die Alpen erlegt.

Von fast jeder größeren Alm erzählen sich die Sennen Erinnerungen an einstige Unglücksfälle, denen eine beträchtliche Anzahl von Vieh zum Opfer fiel. Nahezu alle diese Erzählungen enden damit, daß dann urplötzlich diese sonst nie gesehenen Geier da gewesen wären und sich an dem vorübergehend reichlich gedeckten Tisch gütlich getan hätten. An derartigen Erzählungen ist bestimmt das meiste glaubwürdig, nur das eine nicht, daß die Geier das Aas von ihren Bergen am Balkan aus gesehen oder gar gerochen hätten. Diese Vögel haben eben auf ihrem Streifzug, den sie vielleicht in unbewußter Erinnerung an das einstige Wohngebiet ihrer Vorfahren über die Alpen unternahmen, das Aas zufällig entdeckt und sich hier, solange der Vorrat reicht, niedergelassen.

Der Bart- oder Lämmergeier (Gypaëtus barbatus) jedoch hat uns endgültig verlassen und es unterliegt keinem Zweifel, daß er als ständiger Bewohner aus den Ost- und Westalpen verschwunden ist. Tschusi gibt für die einzelnen österreichischen Länder die letzten Beobachtungsjahre an:

1835 am Röllberg bei Scharnstein, Oberösterreich,
1850—1852 im Tennengebirge, Salzburg,
1878 im Gesäuse, Steiermark,
1881 am Wolayasee, Kärnten,
1888 bei Finstermünz, Tirol,

1890 am Fallenkopf, Bezirk Bludenz, Vorarlberg.
Doch wurde noch am 15. Juni 1906 im Gebiet des Hafnerecks (oberes Liesertal) in Oberkärnten ein Paar beobachtet, aber nicht erlegt; an der Richtigkeit dieser Beobachtung ist nicht zu zweifeln. Der hervorragende österreichische Ornithologe V. v. Tschusi schreibt daher noch 1917, „daß das sprunghafte bis 1906 reichende letzte Erscheinen des Bartgeiers darauf hinweise, daß noch ab und zu die einst von ihm ständig bewohnten Gebiete von auswärts Besuch erhalten, was bei einem so gewaltigen Flieger keine sonderliche Leistung darstellt. Die immerhin vorhandene Möglichkeit seines Wiedererscheinens, ja sogar Horstens, besonders in der Nachbarschaft des Silvrettastockes und des Rhätikon wäre daher durchaus nicht von der Hand zu weisen".

Um nun noch einmal kurz zusammenzufassen, sei wiederholt, daß sich die Gesamtheit der alpinen Vögel nach ökologischen und geschichtlichen Gesichtspunkten zwanglos in drei Gruppen einteilen läßt. Die erste Gruppe umfaßt die „echten" Alpenvögel, die aus den Gebirgen Mittelasiens (Kwen-Lun usw., Seite 56) zu uns gekommen sind:

Schneefink, Alpendohle, Flüevogel, Mauerläufer, Bergpieper.

Der letztgenannte gelangte dem zurückweichenden Eise folgend, auch in die Arktis, während von dort das Schneehuhn in die Alpen eingewandert ist und heute unbedenklich den echten Alpenvögeln zugezählt werden kann. Diese erste Gruppe umfaßt also gegenwärtig sechs Arten.

Zur zweiten Gruppe, den eurythermen Felsenvögeln der Alpen zähle ich die Alpenkrähe und den Alpensegler. In diese Gruppe gehörte jedenfalls auch der seit dem 16. Jahrhundert ausgestorbene Waldrapp. Hierher zählen also zwei bzw. drei Arten.

Zur dritten Gruppe, die jene Vögel umfaßt, die auf ihrer Flucht vor den mittelbaren oder unmittelbaren Beunruhigungen durch den Menschen schließlich in den Alpen eine mehr oder weniger vorübergehende Heimstätte gefunden haben, rechne ich folgende drei bzw. sechs Arten.

Steinadler, Steinhuhn, Kolkrabe; Bart- oder Lämmergeier, Fahl- oder Weißkopfgeier, Mönchs- oder Kuttengeier.

Natürlich haben sich außer den eben genannten Arten noch manche andere Vögel aus eben denselben Gründen ins Gebiet der Alpen zurückgezogen, doch bewohnen diese auch jetzt nicht die alpine Stufe; sie sind daher hier nicht mitzuzählen. Als Beispiel für solche Rückzügler sei bloß der Uhu genannt. Ebenso sind im Folgenden eine ganze Reihe von Vögeln der Gebirgswälder nicht weiter berücksichtigt, obwohl sie vielfach als Alpenvögel bezeichnet werden, wie z. B. Ringdrossel, Leinfink, Dreizehenspecht, der Tannenhäher oder die Kreuzschnäbel. Es ist hier ja oft schwer, eine scharfe Grenze zu ziehen: die echten Alpenvögel, Bergpieper oder Alpendohle sind im Winter ganz regelmäßig tief unten im Tale zu finden. Anderseits rotten sich im Herbst oft die in dieser Schilderung aus der Gemeinschaft der Alpenvögel ausgeschlossenen Spielhähne zusammen und ziehen hoch ins Gebirge. So werden von den Jägern bei der Bartgamsbirsch nicht selten Flüge von zehn bis fünfzehn Stück — und zwar sind es **immer bloß Hähne** — hoch ober Holz in der eigentlichen alpinen Stufe angetroffen. Hält man sich aber an die eingangs dieses Abschnittes gegebene Begriffsbestimmung, derzufolge es darauf ankommt, in welcher Höhenstufe die Tiere „zuhause" sind, so läßt sich die Einteilung einigermaßen genau durchführen.

Schrifttum.

C. Zimmer, Vögel. In: Brohmer, Ehrmann, Ulmer, Tierwelt Mitteleuropas, Band 7, 1929. (Das wertvollste Bestimmungsbuch, mit biolog. Daten. Aus dieser Bearbeitung sind die Skizzen des vorliegenden Buches übernommen.) — H. Franke, Alpenvögel. Wien: F. Deuticke. 1935. (Ein ausgezeichnetes und handliches Exkursionsbüchlein.) — K. Walde und H. Neugebauer, Die Vögel Nordtirols. Innsbruck, Vereinsbuchhandlung, 1936. — Über Stimmen der Alpenvögel vgl. man besonders die Arbeiten von H. Stadler (in verschied. Zeitschriften).

b) Die Vögel des Alpengebietes nach ihren äußeren Merkmalen.

Es ist ausgeschlossen, hier auch nur in Form einer bloßen Aufzählung alle Vögel zu nennen, die jemals in dem weiten Gebiet der Alpen zur Beobachtung kamen. Es würde auch dem praktischen Zweck dieses Buches geradezu zuwiderlaufen und nichts anderes erreichen, als eine heillose Verwirrung wollte ich alle die vielen Formen, die nur da und dort einmal sich in unser Gebiet verirrt haben, oder die zahllosen Arten, die für einige Wochen an den Ufern der großen Seen Aufenthalt nehmen; wollte ich alle diese gefiederten Gäste hier beschreiben, die dem Bergwanderer ja nur in ganz seltenen Zufällen einmal zu Gesichte kommen. Nur die Brutvögel des Alpengebietes sollen zur Sprache kommen; sei es, daß sie als Standvögel zeit ihres Lebens hier wohnen oder sei es, daß sie als Zugvögel nur während des Sommers in den Alpen sich aufhalten. So kommt es, daß in der folgenden Schilderung die Wasservögel nur ungefähr den zehnten Teil aller genannten Vogelarten ausmachen, während sie reichlich zwei Drittel in Anspruch nehmen würden, sollten alle regelmäßigen Sommer- und Wintergäste mit einbezogen werden.

Ausschließlich aus Wasservögeln (im weiteren Sinne des Wortes) bestehen die ersten drei der hier zu nennenden Familien. Die Taucher sind vertreten durch zwei Arten: den Haubentaucher oder Haubensteißfuß und den Zwergtaucher. Den ersten, der sich gerne auf freier Wasserfläche aufhält, kennzeichnet im Sommerkleid (in beiden Geschlechtern) die Halskrause und die Haube aus verlängerten Federn. Im Winter allerdings sind diese nur angedeutet. Die Oberseite ist bei beiden Tauchern mehr oder weniger düster gefärbt, die Unterseite dagegen glänzt in reinem Weiß. Die große Art bewohnt mit Vorliebe größere Seen, deren Ufer mit Schilf bewachsen sind; fehlt aber auch nicht an Seen, denen fast jeder Uferbewuchs mangelt. Der Zwergsteißfuß dagegen nimmt zwar mit ganz kleinen Seelein auch vorlieb, geht aber kaum aus seiner Deckung heraus und verrät seine Anwesenheit meist nur durch seine hellen Triller, die wie bibibi... klingen. Während der Haubentaucher nur selten bei uns überwintert, ist sein kleiner Vetter auch den Winter über im Gebiet zu finden. Besonders hoch gehen sie freilich beide nicht.

Der recht stattliche Fischreiher und der allbekannte Storch sind als Brutvögel längst sehr selten geworden und eher im Winter oder auf dem Durchzug zu sehen. Wer das Glück hat, sie beobachten zu können, wird sie auch gleich erkennen. Anders ist es bei den zwei übrigen Vertretern, die die Familie der Reiher und Störche in unser Gebiet entsendet: die beiden Rohrdommeln sind Nachtvögel, die leichter gehört als gesehen werden. Die kleine Zwergrohrdommel, auch Zwergreiher genannt, bleibt wahrscheinlich jedem, der nicht eigens und mit viel Geduld ihr nachgeht, zeitlebens fremd. „Den einförmigen Ruf, ein dumpfes ru in gleichen Abständen etwa 30mal in der Minute hervorgebracht, überhört man leicht, wenn man ihn nicht schon kennt und besonders beachtet. Nachts wird er meist von Rohrsängern, Unken und Fröschen übertönt" (Voigt). Der großen Rohrdommel hat ihre brüllende Stimme den Namen Kuhreiher eingetragen. Alle hierhergehörigen Arten sind natürlich recht selten; der in eine nah verwandte Familie gehörige Waldrapp (siehe Seite 99) hat unsere Gegenden überhaupt schon seit Jahrhunderten gänzlich verlassen. Auch der Schwarz- oder Waldstorch ist schon fast völlig verschwunden.

Die Enten durchziehen in zahl- und artenreichen Scharen alljährlich die Alpen; manch seltene nordische Art kommt als Wintergast zu uns; Brutvogel ist hier aber bloß die ziemlich scheue Stock- oder Märzente. Sie brütet in den die Gewässer säumenden Dickichten. Wo diese aber dem Siegeszug der Technik zum Opfer gefallen sind, wie z. B. am Achensee, dort haben sich die Stockenten selbst an ziemlich abseits liegendes Bergföhrengestrüpp gewöhnt. Oder sie bleiben tagsüber zur Futtersuche an ihren gewohnten, kahl gewordenen Standplätzen und ziehen zur Nachtruhe alltäglich 30 und 40 km weit flußauf- oder abwärts um wenigstens über Nacht der Deckung von Röhricht und Auen nicht entbehren zu müssen. Kenntlich ist die Stockente an dem bei beiden Geschlechtern schön metallisch blau schillernden und schwarzweiß umrahmten Spiegel am Flügel. Nur selten überwintert das eine oder andere Stück bei uns. Im Fluge sind die Enten an dem weit und lang vorgestreckten Hals leicht zu erkennen.

Der stattliche Gänsesäger hat fast überall schon dem Neid und Eigennutz vieler Pächter von Fischwassern weichen müssen (Fischer darf man dieses Volk, das niemandem auch nur das kleinste Schwänz-

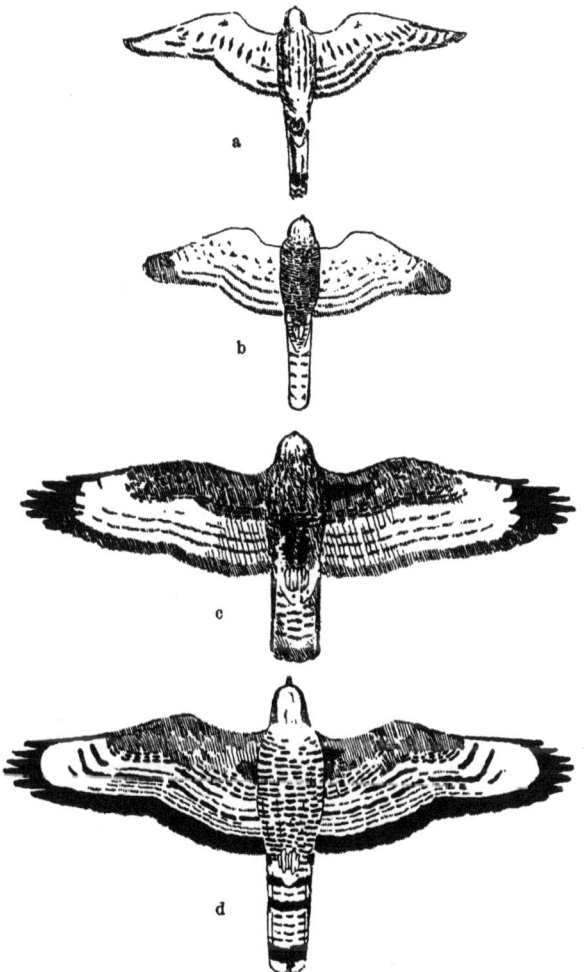

Abb. 16a—d. Raubvogelflugbilder. a Turmfalke, b Sperber, c Mäusebussard, d Wespenbussard. (Aus Köbel, Raubvogelbuch.)

chen gönnt, nicht nennen, um jene wenigen nicht zu beleidigen, denen Fischerei auch noch Pflichten an dem ihnen anvertrauten Teil der Schöpfung bedeutet).

Leichter als alle die Genannten wird dem Bergwanderer ein Vertreter der Raubvögel begegnen. Besonders der Anblick eines Steinadlers wird sein Herz höher schlagen lassen. Ein Lebensbild dieses seltenen Meisters der Lüfte habe ich Seite 149 f. zu zeichnen versucht. Ungleich häufiger ist der Mäusebussard; ja man kann wohl sagen, daß fast alle Raubvögel, die dem Wanderer vom Tal bis fast hinauf zur Waldgrenze auffallen, Mäusebussarde sind. Diese ziemlich plumpen Vögel, die ein kurzer Stoß (Schwanz) und große Flügel auszeichnen (in welchen, wenn man sie gegen den hellen Himmel hin beobachtet, jederseits ein großes helldurchscheinendes „Auge" auffällt), sind gerade keine großen Flieger, dafür aber um so tüchtiger im geruhsamen Segeln. Der Ruf ist das jedem Naturfreund bekannte, langgedehnte hiä.

Mit diesem häufigsten unserer Raubvögel wird zumeist ein seltener und seltsamer Zugvogel verwechselt, der eigentlich kein Bussard ist, wenn er auch so heißt: der Wespenbussard. „Alles, was sein Wesen ausmacht, ist dadurch bedingt, daß sein Leben mehr an den Boden gebunden ist, als das irgendeines anderen Raubvogels. Er ist kein guter Segler, kein guter Stößer, aber ein guter Läufer, der es vortrefflich versteht, auf dem Boden herumzuhantieren. Wie eine Taube trippelt er auf der Erde umher und reißt sie mit den Krallen auf, als ob er seine Krallen nur dafür hätte. So gräbt er nach den Nestern der Hummeln und Wespen und findet auch des öfteren das Nest eines kleinen Singvogels, der am Boden brütet. So ist er durch Nesträubereien den Singvögeln verhaßt geworden. Sie warnen laut, wenn sie ihn sehen, während sie sich durch den Anblick des Mäusebussards nicht stören lassen" (Köbel). Im Flugbild erkennt man ihn am ehesten daran, daß er seinen schlanken Kopf lang und gerade vorstreckt und am Schwanz, der wenige, aber deutliche schwarze Binden zeigt, von denen scheinbar die vorletzte fehlt. Seine hohe und zaghafte Stimme läßt er fast nie hören. Meist zieht er schon Mitte August südwärts.

Auch der überall vorkommende aber nirgends häufige Hühnerhabicht wird vielfach mit dem Mäusebussard verwechselt. Sein Stoß ist länger, seine Kreise zieht er enger und nie hält er es lange ohne einen Flügelschlag aus. Auch seine Stimme, die Hartert mit kiak-kiak-kiak umschreibt, läßt er nur selten hören. Ein Genuß aber ist es, ihm zuzusehen, wenn er von hoch oben herab wie ein Stein auf seine Beute stößt oder sie mit unglaublicher Wildheit und Gewandtheit hetzt und ihr selbst in arges Strauchdickicht folgt. Wer eine solche Hetzjagd einmal gesehen, wird es begreifen, daß alles frei lebende und zahme Geflügel angstvoll bemüht ist, vor diesem wilden Jäger verborgen zu bleiben.

Nicht besonders selten dagegen ist wiederum der Sperber, der kleine Räuber mit seinem langen Stoß und den stumpfen Flügeln. Sein Flug ist meist flatternd, segelnd hält er sich immer nur ganz kurze Zeit. Seine Stimme läßt er fast nur am Horst hören. Er ist es übrigens, der in seiner Gier und Frechheit selbst in Käfigen gehaltene Singvögel zu greifen versucht.

Von den vier im Gebiet vorkommenden Falken, deren Flugbild an den überaus spitzen Flügeln kenntlich ist, kommt dem Alpenwanderer weitaus am häufigsten der Turmfalk zu Gesicht. Zwei Kennzeichen sind wichtig für ihn; die auffallend rostrot-

gefärbte Oberseite und die Fähigkeit, in der Luft mit
eigenartigem Flügelschlagen stehenzubleiben, zu
„rütteln". Er lebt in allen Landschaften; selbst in
den trümmererfüllten und vegetationslosen Karwendelkaren bei 2200 m und darüber ist er keine
Seltenheit. Dabei läßt er sein lautes und hohes
kikikiki recht oft hören. Den Winter verbringt er
nur selten bei uns. Da er fast nur von Mäusen lebt

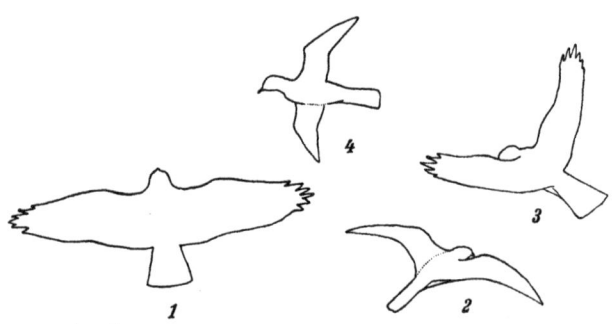

Abb. 17. [Flugbildtypen: 1 Bussard, 2 Falke, 3 Weihe, 4 Taube.
(Nach Frieling.)

ist er als „sehr nützlich" zu bezeichnen und verdient
mehr Schutz als ihm meist gewährt wird.

Den drei anderen Falken wird man nur sehr
selten begegnen; besonders dem seltenen, aber prächtigen Wanderfalken. Am ehesten wird man auf ihn
aufmerksam, wenn er von irgendeinem Baum mit
heftigem Flügelrauschen abfliegt. Man kann ihn
wohl sicher schon daran erkennen, daß er bei seiner
Entengröße alle Kennzeichen der Falken — die
sonst alle bedeutend kleiner sind — in sich vereinigt.
Im Flugbild auffallend dem Turmsegler ähnlich ist
der nicht ganz taubengroße Baumfalk; ein Kunstflieger, der seinesgleichen sucht. Seine schmalen
Flügel, die in ihrer Länge den Stoß überragen, sind

Kennzeichen genug für diese Art. Noch seltener und fast nur im Winter auffallend ist der Zwergfalk oder Merlin, der meist mit raschem, flatterndem Flügelschlag in geringer Höhe über die Felder streicht und gern auf kleine Steine und Stöcke aufholzt, um hier Ausschau zu halten.

Von der Familie der **Hühner** sind Stein- und Schneehuhn Seite 154 f. ausführlicher besprochen. Den Spielhahn kann man in meist nicht besonders gelungenen Stopfpräparaten nahezu in allen Berggaststuben mit Muße betrachten; sonst trifft man ihn gar nicht selten nahe der Waldgrenze — darüber und darunter — an. Der Hahn mit seinem prächtig dunkelblauen Gefieder und dem leuchtend roten Augenkamm (Rose) sieht natürlich, wie das ja auch bei den meisten Hühnervögeln der Fall ist, weit stattlicher aus als die Henne in ihrem schlichten braunen Kleid. Über die mehr rotbraunen Flügel ziehen zwei weiße Querbänder, an den Achseln ist ein weißer Spiegel. Zudem schmücken den Hahn noch die schön geschwungenen Schwanzfedern. Er erreicht mit einer Länge von 60 bis 65 cm und einer Spannweite von 1 m die Größe von Haushähnen. Der Spielhahn hat seine Balzzeit nach dem Auerhahn, April, Mai, in hohen schattseitigen Lagen bis in den Juni hinein. Früh am Morgen erst fällt er auf dem erwählten Platz ein, einer holzfreien Rasenkuppe oder einem Schneetälchen und zischt und kollert, stolziert mit hängenden Flügeln, kämpft aber auch wild und erbittert mit seinen Nebenbuhlern, daß die Federn stieben. Die Spielhenne legt 8—16 Eier, die 4 Wochen lang in einem hühnermäßig kunstlosen Nest im Heidekraut und Alpenrosengesträuch bebrütet werden.

Der Auerhahn, der fast einfärbig schwarz ist, wird bedeutend größer (1 m lang, Spannweite 1,30 m).

Die Henne ist wiederum bedeutend schwächer und lichter, gelb bis rostbraun mit dunkler Zeichnung. Im Winter legen sich die Auerhühner kleine Schneeschuhe bei. Die Zehen weisen nämlich dann kurze hornige Stifte auf, die es dem Vogel ermöglichen, auch auf weicherem Schnee zu laufen, ohne besonders einzusinken. Beide Waldhühner nähren sich von Blattknospen, Samen, zu Zeiten besonders von Beeren; sie verschmähen aber auch Kerfe, Würmer und Schnecken nicht, wenn sie ihrer gerade habhaft werden können. Der Auerhahn balzt zumeist ganz früh am Morgen, ja schon vor der Dämmerung im März und April. Den „Balzgesang" kann man aber manchmal auch abends oder im Herbst hören. Er balzt nur auf Bäumen, auf die er schon am Vorabend einfällt. Über der Waldgrenze ist er wohl nie zu finden, bevorzugt er doch überhaupt mehr die tieferen Lagen. Nest, Ei, Eizahl und Brutdauer sind bei beiden Waldhühnern recht ähnlich.

Etwas kleiner als eine Spielhenne ist das Haselhuhn, das in beiden Geschlechtern ziemlich gleich aussieht. Die Färbung ist recht lebhaft und buntscheckig, der Gesamteindruck aber braun. Die Kehle ist besonders beim Hahn schwarz mit weißer Umrandung, bei der Henne mehr rostfarben. Während die beiden vorgenannten Waldhühner kein eigentliches Familienleben führen, leben die Haselhühner in strenger Einehe. Der Ruf ist ein überraschend hohes eintöniges Pfeifen, fast dem Lockruf der Goldhähnchen zu vergleichen; während die Henne dabei keinen bestimmten Rhythmus einhält, ist die Strophe des Hahns ziemlich gleichmäßig: „zieh, zieh, zieh bei der Hitz in die Höh" sagen die Jäger dazu. Haselhühner sind in den Bergwäldern bis hinauf zur Holzgrenze, besonders in den Krummholzbeständen der östlicheren Alpen keineswegs selten, aber wegen ihres scheuen Wesens nicht leicht zu sehen.

Im Gegensatz zu den Waldhühnern gehen die beiden folgenden Feldhühner kaum über Mittelgebirgshöhe hinaus. Das schon recht selten gewordene Rebhuhn ist ebenfalls von brauner Gesamtfärbung, unterseits mehr grau, der Hahn hat häufig auf der Brust einen hufeisenförmigen braunen Fleck. Mehr gelbbraun ist die bedeutend kleinere Wachtel. Ihr Kennzeichen, die hellgestrichelte dunkle Kehle ist meist nicht zu erkennen, da die Tiere sich sehr gut zu verbergen wissen. Um so eher und verläßlicher kann man sie an ihrem bekannten Ruf, der wie „pickwerwick" klingt (manche sagen auch: achtmalacht) bestimmen. Die Wachtel ist der einzige Zugvogel unter unseren Hühnern.

Mit der Wachtel in keiner Weise verwandt ist der Wachtelkönig, die Wiesenralle, aus der Familie der **Wasserhühner**. Er ist im großen und ganzen braun gefärbt, unterseits heller, verschiedenartig gezeichnet. Er ist sehr schwer zu sehen, obwohl er in Feldern und Wiesen bis ins Mittelgebirge hinauf nicht selten ist. Seine Stimme, die ihm den bezeichnenden Namen Wiesenschnarrer eingetragen hat, verrät ihn aber schon von weitem. Ununterbrochen bis in den späten Abend läßt er sein rauhes taktfestes rerrp rerrp erschallen. Er ist ein Zugvogel, der sehr spät erst ankommt.

Das grünfüßige Teichhuhn ist an stehenden Gewässern, wenn sie nur dichten Uferbewuchs aufweisen, über die ganze Erde verbreitet. Dieser Allerweltsvogel ist daher auch bei uns nicht schwer bei seinen Schwimm- und Tauchkünsten zu beobachten. Kennzeichnend für ihn ist — von vorn gesehen — der rote Oberschnabel, der sich als rote Stirnplatte fortsetzt (die Spitze des Schnabels aber ist gelbgrün!) und — an der zumeist nur sichtbaren Kehrseite der reinweiße Schwanz, der gegen das dunkle Gefieder lebhaft absticht.

Aus der Familie der Regenpfeifer und Möven wäre zunächst als Seltenheit der Mornellregenpfeifer zu nennen, der im ganzen Alpengebiet anscheinend nur auf dem Zirbitzkogel in der Steiermark als einigermaßen regelmäßiger Brutvogel noch auftreten soll. An allen Flußufern, seltener auch an Seen, lebt der Flußuferläufer, der gerne nach Bachstelzenart mit dem Schwanze wippt. Die Oberseite ist braun, im Fluge wird die sonst fast verdeckte Flügelbinde deutlich sichtbar. Die Unterseite ist rein weiß. Meist sieht man diese Vögel wegen ihrer gut schützenden Farbe erst, wenn sie aufgeschreckt werden und dicht über dem Wasser dahinfliegen und dabei durchdringend und mit hoher Stimme hididi pfeifen.

Einen kräftigen, im Sommer tiefroten Schnabel hat die Fluß-Seeschwalbe. Die Kopfplatte ist im Sommer ganz schwarz, im Winter erscheint davor ein weißer Stirnfleck. Die ähnliche Trauerseeschwalbe ist im ganzen dunkler und hat einen schwarzen Schnabel. Beide Arten sind Zugvögel, die vereinzelt oder in kleinen Kolonien auch an Alpengewässern brüten. Sie sind nicht häufig. Die bekannte Lachmöve, die auf ihren winterlichen Streifzügen weit ins Innere der Alpen vordringt und zur Zugzeit die höchsten Kämme überquert, brütet auch an größeren Seen der Ost- und Westalpen.

Endlich gehört in diese Familie noch die Schnepfe. Vereinzelt brütet sie in den Alpen, selbst noch bei 1200 bis 1500 m. Die Hauptmenge der Schnepfen aber hält sich nur während des Durchzuges auf kurze Zeit bei uns auf. Der etwa 8 cm lange Schnabel ist Kennzeichen genug. Von der Schnabelwurzel zieht ein dunkler Mittelstreifen über den Kopf. Die Bekassine, die ebenfalls einen sehr langen Schnabel hat, besitzt einen recht auffälligen hellen Mittelstreifen auf der dunkelbraunen Kopfplatte. Außerdem ist sie im Gebirge ein recht seltener Durchzügler, so daß hier eine Verwechslung wohl kaum vorkommen wird.

Die drei mitteleuropäischen Tauben, die alle Zugvögel sind, fehlen auch im Alpengebiet nicht. Die seltenste davon ist die kleine Turteltaube, deren Gefieder im allgemeinen mehr oder weniger rostfarben ist. Der Schwanz ist schwärzlich, mit weißem Rande. Ihren Namen hat sie von ihrem Gesang, der aus drei bis fünf aneinandergereihten turr, oft mit etwas aufsteigender Melodie besteht. Um gut ein Drittel größer sind die beiden anderen Wildtauben, die beide ein blaugraues Gefieder haben. Die Hohltaube hat auf den Flügeln je eine schwarze Querbinde; die Ringeltaube besitzt beiderseits des Halses einen weißen Fleck, so daß es fast aussieht, als hätte sie rund um den Hals einen weißen Ring. Die Ringeltaube ist die weitaus häufigste unserer Tauben, sie ist in dichtem Fichtenwalde zu finden und auf freien Wiesen und Äckern. Wenn ihr Gesang auch stark veränderlich ist, läßt er sich doch leicht auf die Grundform bringen: gru ^{gruh} gru $_{gru\ gru}$ $— — \_ \_$.

Die Hohltaube hat einen mehr heulenden Ton und bringt ihre Strophe in schnellem Tempo vor. Außer diesen drei echten Wildtauben kann man natürlich manchenorts leicht verwilderten Haustauben begegnen.

Die in anderen Erdteilen recht artenreiche und besonders biologisch interessante Familie der Kukkucke entsendet in unser Gebiet nur einen Vertreter, eben jene Art, nach deren Ruf die ganze

Gruppe benannt worden ist. Früh im Jahre schon kommt er an und macht sich mit seinem lauten Rufen bemerkbar bis hinauf an die Waldgrenze, wo der Schnee noch Wochen braucht um wegzuschmelzen. Im Sommer dann wird er schweigsam und wird bei seinem scheuen Wesen kaum je mehr bemerkt, so daß es gar nicht auffällt, wenn er eines Tages seine Reise nach dem Süden angetreten hat. Die Bauern sagen darum, daß der Kuckuck sich im Sommer in einen Sperber verwandle, der ja in Färbung und Flugbild viel Ähnlichkeit hat.

Von der formenreichen Familie der Rakenvögel ist der herrliche Eisvogel, der fliegende Edelstein unserer Gewässer, schon sehr selten geworden. Auch er ist ein beklagenswertes Opfer des rücksichtslosen Neides einer bestimmten Gruppe von Menschen, die an der Fischerei finanziell interessiert ist und die glaubt, daß die wunderbarsten Schöpfungen Gottes nur nach deren Verhältnis zu ihrem schäbigen Geldbeutel einzuschätzen sind.

Abb. 18. Eisvogel.

Anscheinend wird auch der Wiedehopf immer seltener, jener bunte Vogel, der seine lange Federhaube so drollig auf- und niederzuklappen vermag. Meist trifft man ihn auf Wiesen und Weiden im Tal, wo er mit seinem etwas gebogenen Schnabel aus der Erde und dem Kot der Weidetiere seine Nahrung herausstochert. Im Flug fällt er durch seine bunte Färbung und hellen Bänder auf.

In dieselbe Familie gehören noch die beiden Segler, von denen der mehr in den Westalpen vorkommende weißbäuchige Alpensegler Seite 160 f. ausführlich besprochen wird. Sein kleinerer, dunkler

Vetter, der Turmsegler, ist jedem Großstädter bekannt. Auch in den Alpen besiedelt er fast nur geschlossene Dörfer. Manchmal aber kann man eine solche lärmende Gesellschaft selbst über 2000 m weitab von jeder Ortschaft ihrer Jagd nachgehen sehen.

Ein ganz eigenartiger Geselle ist der Ziegenmelker, der vielfach auch Nachtschwalbe geheißen wird. Tagsüber sitzt er auf der Erde oder auf einem dürren Ast, aber nicht wie alle anderen Vögel quer, sondern in der Längsrichtung. Da er überdies noch unscheinbar graubraun gefärbt ist, kriegt man ihn bei Tage kaum je zu sehen und bei Nacht, wenn er munter wird, sieht man auch nicht mehr als einen dunklen Schatten. Aber seine seltsame Stimme, ein lautes eintöniges Schnurren oder Spinnen, kann man Nachts in Bergwäldern bis zu 1000 m hinauf recht häufig hören — vorausgesetzt natürlich, daß man den mannigfachen Stimmen warmer Nächte überhaupt Beachtung schenkt.

Auch eine eigenartige Gruppe von Vögeln sind die Eulen. Nach dem Gadowschen Vogelsystem werden sie als Unterordnung zu den Raken gestellt. Vielfach, so auch von Hartert, werden sie als selbständige Ordnung genommen. Jedenfalls aber ist es nicht haltbar, sie als eine Unterordnung der Raubvögel aufzufassen, wie dies heute noch im Jagdschrifttum üblich ist. Sie sind eine in ihrem Äußeren und in ihrer Lebensweise recht einheitliche und in sich geschlossene Gruppe. Dem tut die Tatsache keinen Eintrag, daß Formen von $2^1/_2$ kg Gewicht (Uhuweibchen) neben solchen von nur 50 g (Sperlingskauz) dazu gehören; wer immer diese beiden Arten nebeneinander sehen kann, wird an ihrer nahen Verwandtschaft nicht zweifeln.

Wie schon angedeutet, ist unsere größte Eule der leider schon recht seltene Uhu. Er ist nicht nur, wie man in romantischen Opern sehen kann, in wilden Wolfsschlüchten zu Hause, sondern brütet auch in ziemlich offenem Gelände frei am Boden. Da er aber nun einmal zum „Schädling" gestempelt, kaum mehr irgendwo unbehelligt seine 2—3 Eier ausbrüten durfte, konnte er sich fast nur mehr in unzugänglichen und weltabgeschiedenen Waldschluchten kümmerlich am Leben erhalten. Möge der ihm nun endlich zugebilligte gesetzliche Schutz nicht zu spät gekommen sein! Was so ein in den Alpen wohnhafter Uhu zu seiner Ernährung verwendet, hat uns deutlich H. Schaefer gezeigt, der die Beutereste bei einem im Schmirntal in Tirol in etwa 2000 m Höhe befindlichen Horst untersuchte. Er konnte etwa 800 Beutetiere feststellen, unter denen sich 1 Eichhörnchen, 3 Maulwürfe, 5 Spitzmäuse, 5 Hermeline, 9 Schneehühner, 10 andere Vögel, 15 echte Mäuse, 16 Hasen, 17 kleine Wiesel, 28 Grasfrösche, 55 Wasserratten, 207 Schneemäuse, 425 verschiedene Wühlmäuse befanden. Von jagdbarem Wild waren nur 27 Stück, das sind 3,4% der Gesamtbeute festzustellen. Demgegenüber stehen mit fast 90% über 700 Mäuse. Und schließlich sogar 22 Wiesel, die ihrerseits, wären sie am Leben geblieben und hätten sie sich etwa gar noch vermehrt, ohne Zweifel weit mehr als bloß 27 Stück jagdbaren Wildes vertilgt hätten.

Unsere beiden kleinsten Eulen sind die Zwergohreule mit deutlichen Federohren und der Sperlingskauz ohne solche. Ihr Durchschnittsgewicht schwankt um die 60 Gramm.

Die Zwergohreule ist in den Alpen ein nicht häufiger Zugvogel, in den Südalpen vielfach auch Standvogel, doch brütet sie wohl ausschließlich nur ganz herunten in der Talregion. Der Sperlingskauz dagegen ist ein regelmäßiger, mancherorts häufig zu nennender Bewohner der Bergwälder, und zwar wohl durchwegs als Standvogel. Er fliegt auch bei Tage. Sein kennzeichnender Ruf ertönt oft schon im Spätwinter: ein pfeifender, stets gleich hoher Ton, der oft stundenlang ohne jede Unterbrechung vorgebracht wird. Er ist fast zu vergleichen mit dem Unkenruf in Teichen, nur etwas höher.

Weitaus die häufigste aller unserer Eulen ist die Waldohreule, die mit ihrem Gewicht von ungefähr 300 g gut die Durchschnittsgröße unserer Eulen darstellt. Sie ist im großen und ganzen Standvogel, doch streichen manche über Winter aus höheren Lagen in tiefere herab und ein kleiner Teil zieht sich auch in den Süden zurück. Schon von März an hört man in der Abenddämmerung unserer Nadelwälder häufig und anhaltend ihr Rufen. Es hat etwas von Pfeifen und etwas von Schreien an sich und erinnert oft an eine Tür, die in schlecht geölten Angeln kreischt. Der Laut steigt an Stärke und Tonhöhe an und sinkt wieder zurück. Zusammen mit der ganzen Stimmung eines solchen Frühlenzabends hat dieses Rufen mehr Melancholisches als Unheimliches an sich. Zu sehen bekommt man diesen Vogel, wie alle dieser Familie, nicht leicht. Größe und Ohrbüschel ließen sie sonst rasch erkennen. Die Färbung ist nicht wesentlich, denn es gibt graue und rostfarbene Formen.

Etwas größer und plumper ist der Waldkauz, dem die Federohren wiederum fehlen. Sein Flug, wenn auch ebenso lautlos, ist etwas flatternder als der der Waldohreule und sein Ruf ist es, von dem man sagt, daß er unheimlich klingt. Ein anschwellendes und wieder absinkendes Heulen, wie huhuuhuhu. Auch der Waldkauz ist überall in den Alpen Standvogel, wenn auch nicht so zahlreich, wie die vorhergehende Art. In die gleiche Gattung gehört der große Uralkauz, die Habichteule, ein hellbrauner, langschwänziger Vogel. In der ersten Hälfte des vorigen Jahrhunderts war diese Eule, deren Heimat in Nordosteuropa und Sibirien liegt, im Gebiet um den Traunsee ständiger Brutvogel, verschwand aber dann vollkommen. In Osttirol, wo sie früher fehlte, kommt sie seit einer Einwanderung längs der Drau 1929 neuerdings vor. In den Westalpen kam sie überhaupt nie zur Beobachtung. Jede verbürgte Nachricht über diesen Bewohner der Mittelgebirgswälder ist daher von großem Wert.

Ebenfalls ziemlich selten, doch immerhin gleichmäßig über die tief gelegenen Talschaften des ganzen Alpengebietes verbreitet, ist die Schleiereule, die infolge ihrer Gewohnheit, sich in Gemäuer aller Art aufzuhalten, ein richtiger Kulturfolger geworden ist. Ihr schönes Kleid ist unterseits von zartem Gelb, das reichlich weiß und schwarz betupft ist. Das Auffallendste ist der große, seidenweiche, braungesäumte weiße Schleier um die ausdrucksvollen Augen.

Auch der Steinkauz ist hauptsächlich Bewohner der tieferen Lagen und geht wohl kaum übers Mittelgebirge hinauf. Er hat keine Federohren und ist merklich kleiner als der Waldkauz. Für Eulen eigenartig ist sein Flug, der ihn in langgestreckten Wellen dahinführt: einige rasche Flügelschläge, dann schießt der Vogel eine kleine Weile mit angelegten Flügeln dahin, worauf diese wiederum hastig gebraucht werden. Schon der dicke Kopf macht aber eine etwaige Verwechslung mit einem Specht unmöglich. Wie bei den meisten Eulen ist auch beim Steinkauz die Oberseite entweder grau oder bräunlich. Das Kleid weist zahlreiche weißliche Flecken auf, die sich insbesondere in der Halsgegend zu einer bandähnlichen Zeichnung ordnen.

In den höheren Gebirgslagen vertritt ihn der Rauhfußkauz, der sich vor allem dadurch unterscheidet, daß bei ihm die Zehen, die beim Steinkauz nur Borsten aufweisen, hier dicht befiedert sind. Beide Käuze sind Standvögel.

Ebenso wie die Eulen sind auch die Spechte eine in sich geschlossene Gruppe, die bald als selbständige Ordnung, bald als Untergruppe der vielgestaltigen Rakenvögel aufgefaßt wird. Sie verbringen den größten Teil ihres Lebens auf Baumstämmen, nur Grau- und Grünspecht, die daher auch Erdspechte heißen, halten sich öfters auf dem Boden auf. Die Anpassung an die allen Spechten gleiche Lebensweise erklärt die Übereinstimmung in ihrem Körperbau. Auch der Flug ist kennzeichnend für diese Gruppe: mit schnellen Flügelschlägen treiben sie den Körper voran und etwas aufwärts, dann pressen sie wieder die Flügel eng an den Leib und verlieren so etwas an Flughöhe. Auf diese Weise beschreiben fliegende Spechte eine regelmäßig gewellte Bogenlinie. — Sie bleiben übrigens alle den Winter über bei uns.

Meist sind die Spechte durch Geäst den Blicken verborgen oder sie verstecken sich überhaupt an der Kehrseite der Stämme. Hat man aber das Glück, einem dieser Vögel in Ruhe zusehen zu können, so ist die Bestimmung an Hand der beigegebenen Tafel sicher leicht möglich. Andernfalls mögen noch die folgenden Angaben behilflich sein.

Unsere Spechte.

(Ein Versuch, sie nur nach der Färbung auseinanderzuhalten. M = Männchen, W = Weibchen).

1. Gesamteindruck grünbraun: Erdspechte............ 2
— Gesamteindruck schwarz: Schwarzspecht 4
— Gesamteindruck schwarz-weiß gefleckt, oft mit rot, besonders an Kopf und Bürzel: Buntspechte im weiteren Sinn 5
2. Stirn und Kopfplatte rot bis zum Nacken: Grünspecht 3

— Nur die Stirn bis zur Kopfmitte rot: **Grauspecht M.**
— Kopf ohne jedes Rot: **Grauspecht W.**
3. Bartstreif rot, höchstens schwarz umrandet, die Wangen also mehr oder weniger rot: **Grünspecht M.**
— Bartstreif ganz schwarz, die Wangen also bräunlichweiß getüpfelt: **Grünspecht W.**
4. Oberkopf von der Schnabelwurzel bis zum Genick rot: **Schwarzspecht M.**
— Nur der Hinterkopf rot: **Schwarzspecht W.**
5. Gefieder schwarz-weiß-gefleckt, häufig auch Rot beigemischt, aber kein Gelb 6
— Kopfplatte leuchtend gelb: **Dreizehenspecht M.**
6. Der ganze Rücken schwarz: Eigentliche Buntspechte 10
— Hinterrücken weiß 7
7. Ganze Ober- (Rück-) Seite schwarz-weiß gefleckt: Dreizehenspecht 8
— Rücken schwarz-weiß gebändert: Kleinspecht 10
— Hinterhals und Vorderrücken schwarz, Hinterrücken ungefleckt weiß: Weißrücken- (od. Elster-) Specht 9
8. Kopfplatte leuchtend gelb: **Dreizehenspecht M.**
— Kopfplatte silberweiß, etwas schwarz gefleckt: **Dreizehenspecht W.**
9. Stirn schmutzigweiß, dahinter rote Kopfplatte: **Weißrückenspecht M.**
— Kopfplatte schwarz: **Weißrückenspecht W.**
10. Kopf mit deutlichem, wenn auch kleinem roten Fleck 12
— Oberkopf völlig ohne Rot 11
11. Oberkopf weiß: **Kleinspecht W.**
— Oberkopf und Genick schwarz: **Großer Buntspecht W.**
12. Kopfplatte schwarz, aber ein deutliches rotes Querband im Genick: **Großer Buntspecht M.**
— Ganzer Oberkopf rot, höchstens ein andersfarbiges Stirnband freilassend 13
13. Bürzel rot oder wenigstens blaßrosa 14
— Bürzel völlig ohne Rot, nur schwarz-weiß gebändert: **Kleinspecht M.**
14. Am Grunde des Unterschnabels beginnt ein deutlicher schwarzer Bartstreif: **Großer Buntspecht jung**
— Ein solcher Streifen fehlt oder ist nur stark verwaschen vorhanden: **Mittelspecht M. und W.**

Die beiden Erdspechte suchen nicht selten den Boden nach Ameisennestern ab. Sonst bevorzugen sie gemischte Wälder, und zwar ist der Grünspecht

Die Vögel der Alpen nach ihren äußeren Merkmalen.

der Bewohner tieferer Lagen, während in den Bergwäldern ihn zumeist der Grauspecht vertritt. Zu den Buntspechten gehört unser Kleinster, der bloß spatzengroße Kleinspecht. Alle drei Buntspechte bevorzugen Laubwald und Parkland der tiefen Lagen; der Große ist am wenigsten wählerisch, ihn kann man noch bei 1000 m und darüber an Lichtungen und Rändern von Nadelwaldungen antreffen. Diese drei können übrigens leicht an der Färbung ihrer Schwanzunterseite bestimmt werden: ist die Aftergegend gegen den hellen Bauch scharf abgesetzt und leuchtend rot, so handelt es sich um den Großen, ist sie ohne scharfe Grenze verlaufend rosarot, dann ist es der Mittlere und fehlt hier überhaupt jedes Rot, so hat man den Kleinen vor sich. Dieser ist auf die ebenen Gebiete beschränkt und in den gebirgigen Gegenden so wie der Mittelspecht eine recht seltene Erscheinung. Fast alle Buntspechte, die dem Wanderer in den Alpen auffallen, sind große. Der größte unserer Spechte ist der Schwarzspecht, der Krähengröße erreicht. Er ist in Laubwäldern fast nie zu finden, wohl aber kann man in größeren geschlossenen Nadelwäldern fast stets seinen kennzeichnenden Ruf hören, der wie klijäh klingt. Dort aber, wo der Wald zu Ende geht, wo nur mehr alte Wettertannen und Zirben stehen, an deren Stämmen wir vielfach die Spuren von Spechtarbeit sehen, dort ist der Dreizehenspecht zu Hause. Zu den Buntspechten gehört auch der überaus seltene, in den Westalpen völlig fehlende Weißrückenspecht, der in den Laubwäldern bis Mittelgebirgshöhe hinauf haust und eher noch am Alpenrande als im Inneren des Gebietes angetroffen werden kann.

Zur Spechtfamilie gehört noch der kleine Wendehals, der, kaum ist er anfangs April von seinem Winteraufenthalt zurückgekehrt, alle Alleen und

Obstgärten bis etwa 800 m hinauf mit seinen lauten Rufen erfüllt, die wie gjä gjä gjä gägägä klingen. Zu hören sind die Wendehälse leicht; die rindengrauen Vögel auch zu sehen, erfordert aber etwas Geduld, da sie ihr unscheinbares Kleid vortrefflich schützt.

Und nun gelangen wir zur artenreichsten Ordnung der Vögel überhaupt, zu den Singvögeln. Dieser Name ist freilich nicht durchwegs passend, gehören doch auch zahlreiche Arten dazu, die von einer stimmlichen Begabung keine Spur aufweisen; die Wissenschaftler bezeichnen daher auch diese Ordnung als „die Sperlingsverwandten", Passeriformes. Diese Ordnung stellt fast zwei Drittel der Gesamtvogelwelt, denn man schätzt ihre Artenzahl auf etwa 11 500, während man die Zahl aller überhaupt bekannten Vögel der Gegenwart mit beiläufig 19 000 annehmen kann. Bei den Brutvögeln des Alpengebietes besteht ein ähnliches Verhältnis. Auf etwa 90 Singvögel entfallen 60 Vertreter der anderen Ordnungen.

Von den vier Schwalben ist die Hausschwalbe mit ihrem langen Gabelschwanz und dem roten Köpfchen, sowie die Mehlschwalbe mit ihrer weißen Unterseite und dem wenig gegabelten Schwanz ein alljährlich überall gern gesehener Gast. In den Westalpen häufig, gegen Osten zu immer mehr abnehmend ist die Felsenschwalbe, die warme, der prallen Sonne ausgesetzte Felswände für ihre Brutkolonien sucht. Sie ist graubraun, unterseits eher gelblichweiß, der am Ende weißgefleckte Schwanz ist seicht ausgeschnitten. Die vierte unserer Schwalben, die Uferschwalbe, ist im eigentlichen Alpengebiet die seltenste, denn sie braucht als Brutstätte Sandwände, wie sie nur entlang der größeren Flußläufe, besonders im Donaugebiet vorkommen. Tiefer in die Alpen scheint sie nur in der Schweiz vorzudringen. Sie sieht der Felsenschwalbe recht ähnlich, unterscheidet sich aber von ihr vor allem durch ein breites graues Band, das sich quer über ihre Brust zieht. In der reinweißen Unterseite des Vogels fällt dieses Band sofort auf. Alle vier Schwalben sind Zugvögel.

Ein allbekannter Standvogel ist der Zaunkönig, von dem man sagt, er sei unser kleinster Vogel. Er ist es aber nicht: er sieht bloß so aus, weil er einen kurzen Schwanz hat. Er wiegt mit seinen 8—9 g um gut ein Drittel mehr als das Goldhähnchen, das mit 5 g den Leichtgewichtsrekord für Europa hält. Der Zaunkönig steigt in den Alpen so hoch, als es noch Gestrüpp gibt, in dem er sein Nest bauen kann. Selbst noch im Krummholz und Grünerlengebüsch kann man seinen frohen Trillergesang zu hören bekommen.

Abb. 19. Wasseramsel.

Fast bis 3000 m dehnt die Wasseramsel ihre Streifzüge aus. Es gibt wohl keinen schäumenden Bach vom Tal bis in die höchsten Höhen in den ganzen Alpen, an dem nicht einer dieser zierlichen schwarzen Vögel mit der weißen Brust regelmäßig jagen würde. Selbst im tiefen Winter, wenn diese Gewässer auf weiter Strecke vereist und verschneit sind, kann man an Stellen, wo das Wasser wieder auf ein paar Meter zutage tritt, und sei es auch hoch über der Baumgrenze, eine Wasseramsel ihren lerchenartigen Gesang üben hören.

Einen ausgesprochenen Hochgebirgsvogel stellt dagegen die Familie der Braunellen. Es ist dies die

Seite 164 f. ausführlich besprochene Alpenbraunelle, der Flüevogel. Ihr Verwandter im Tal lebt sehr scheu und verborgen, am liebsten in jungen Fichtenpflanzungen oder in mit Gesträuch verwachsenen Gärten, Parken und Mischwäldern. Nur während des kurzen, überaus rasch und mit leiser und hoher Stimme vorgetragenen Liedchens sitzt die Heckenbraunelle gerne frei auf erhöhten Plätzen. Dann kann man die kennzeichnende bleibgraue Farbe auf Kopf und Brust inmitten des sonst schön braunen Gefieders erkennen.

Neben den Finken ist die artenreichste Familie der Sperlingsverwandten die, von der die ganze Gruppe den Namen Singvögel hat, die Familie der Sänger und Drosseln. Dazu gehören zunächst drei Fliegenschnäpper, Zugvögel, die bei uns auf Laubwälder beschränkt sind. Im Frühling ist am auffälligsten der Trauerfliegenschnäpper, dessen Männchen oben schwarz, unterseits weiß ist. Im Herbst sind beide Farben längst abgestoßen und der dann fast einfarbig graubraune Vogel kaum wiederzuerkennen. Auch die im Frühling weithin auffallende blendend weiße Binde inmitten des schwarzen Flügels ist dann stark verwaschen. Der häufigste Fliegenschnäpper ist jedenfalls der graue oder gefleckte, der oberseits braungrau, unterseits weißlich ist und dessen Brust dunkle kleine Längsstriche aufweist. Seine scharfen, hohen Rufe scheinen kaum zu dem zarten Vögelchen zu passen. Der seltenste dieser Gruppe ist der Zwergfliegenschnäpper, der fast wie eine verkleinerte Ausgabe des Rotkehlchens aussieht. Er ist auf Buchenwälder beschränkt und fehlt den Westalpen völlig. Auch in den Ostalpen sind nur ganz wenige Brutplätze des Vögleins bekannt, so z. B. in der Nähe von Kufstein, wo ihn Professor Prenn entdeckt hat.

Häufiger dagegen sind wiederum die vier Laubsänger, Vögel, die nach ihrem Aussehen schwer auseinanderzuhalten sind. Mit Zuhilfenahme von Gesang und Aufenthalt geht es dagegen recht leicht. Der Bekannteste davon ist der Weidenlaubvogel, der nach seinem überaus kennzeichnenden Gesang den Namen Zilp-Zalp bekommen hat. Er ist in gemischten Wäldern, besonders Jungwäldchen recht häufig. An ähnlichen Plätzen ist auch der Fitis sehr häufig, dessen Lied manche Ähnlichkeit mit dem Schlag des Buchfinken aufweist. Das Fitislied ist nicht so schmetternd, ohne Roller und fast doppelt so lang, es klingt in sanft absinkende, schöne Pfeiftöne aus. Auffälliger ist der Waldlaubvogel, dessen Oberseite deutlich grün, dessen Bauch weiß ist und dessen Brust und Kehle hellgelb sind. Er bewohnt Laub- und Mischwälder und hält sich besonders gerne in Buchenwäldern auf. Sein Lied besteht aus einer absinkenden Reihe von 10 bis 12 weichen Pfeiflauten. Außerdem läßt er oft ein von mehreren, ziemlich starken und hohen sipp-sipp eingeleitetes Schwirren hören, das ihm auch den Namen Waldschwirrvogel eingetragen hat. Dabei zeigt er einen seltsamen Singflug von Ast zu Ast oder zum nächsten Baum. Ziemlich ähnlich ist der Berglaubsänger, der sich durch die völlig reinweiße Unterseite unterscheidet. Er hält sich in Bergwäldern, besonders den mit Wiesen durchsetzten Lärchenwäldern auf und macht den Wanderer durch seine etwas an den Ruf der Haubenmeisen erinnernden, fast klappernden Rufe aufmerksam. Manchmal, selbst noch im Hochsommer läßt er auch sein Lied hören: Zwei, drei Schwirrer, dann erhebt er sich lautlos und steil, pieperartig in die Luft und hebt dann mit einer Reihe schöner, absinkender Pfeiftöne an, die während des ruhigen Niederfluges vorgetragen werden.

An die Nähe von Wasser, Schilf und Binsen sind die Rohrsänger gebunden, die alle oben düsterbraun, unten lichter gefärbt sind und einen durch das Auge führenden dunkeln Streifen haben. Selbst von dem, der seine ganze Liebhaberei den Vögeln zuwendet, setzt ihre Unterscheidung viel Geduld und Aufmerksamkeit voraus. Zudem steigen sie in den Bergen kaum über 800 m hinauf und so kann ich es mir wohl ersparen, auf diese Gesellschaft näher einzugehen. Der Drosselrohrsänger ist es, von dem die Redensart kommt: Schimpfen wie ein Rohrspatz, denn unermüdlich und mit großer Taktfestigkeit läßt er seine laute, tiefe, wie Froschquarren klingende Stimme hören, an die sich hohe, quietschende Töne anschließen; das ganze klingt dann wie arrkihtkih oder arrearrekie. Daher hat dieser Rohrspatz vielfach auch den bezeichnenden Namen Karrekiet. Ebenfalls sehr taktfest und durch mehrere Minuten ohne Unterbrechung wechseln pfeifende und schnarrende Töne beim Teichrohrsänger, der davon (hauptsächlich in Niederösterreich) den sehr kennzeichnenden Namen Tirizeck erhalten hat. Äußerlich ist davon der Sumpfrohrsänger nicht zu unterscheiden. Sein Lied ist auch nicht leicht zu erkennen, denn er ist wohl unser bester heimischer Spötter. Während aber die Lieder der beiden vorigen wie mit dem Metronom einstudiert klingen, läßt der Sumpfrohrsänger jede Taktfestigkeit vermissen. Am ehesten ist noch der Schilfrohrsänger durch die zwei hellen Streifen am Kopf zu erkennen. Auch sein Lied ist recht abwechslungsreich und hat die Besonderheit, daß es meist mit einem Singflug verbunden vorgetragen wird.

Bis etwa 900 m verbreitet ist der Gartenspötter, ohne jedoch besonders häufig zu sein. Zur Zugzeit trifft man selbstverständlich auch von ihm, wie von allen anderen Singvögeln einzelne Stücke ganz bedeutend höher oben. Auch scheint diese Art in den Gärten und Laubwäldern der Ostalpen häufiger zu sein als im Westen. Seine Oberseite ist graugrün, seine Unterseite auffällig hellgelb. Für seinen sehr wechselvollen Gesang, der meist in ziemlich hoher Tonlage vorgetragen wird, sind die immer wieder eingestreuten hohen, schneidend scharfen Töne kennzeichnend.

Von den recht unscheinbar gefärbten Grasmücken kommen im Alpengebiet vier Arten als Brutvögel in Betracht. Am bekanntesten davon ist wohl die Mönchsgrasmücke, das Schwarzplattl, dessen Männchen eine schwarze, dessen Weibchen eine braune Kopfplatte hat. Dieser als Käfigvogel beliebte Sänger hat einen mittelstarken Vorgesang, dem ein sehr lauter, aus etwa einem Dutzend voller Pfeiftöne bestehender Überschlag folgt. Bei den minder beliebten Sängern dieser Art kann man diesem Überschlag trefflich die Silben bile-bile unterlegen. Von allen Grasmücken ist diese Art am wenigsten an Gebüsch gebunden. Ebenfalls sehr häufig ist die Dorngrasmücke, die ihren Namen von ihrem bevorzugten Aufenthaltsort, dem Dorngebüsch, hat. Sie ist oberseits braun, hat aber eine scharf abgesetzte weiße Kehle. Sie kann ihre Kopffedern zu einem zierlichen Häubchen sträuben. Sie hat ebenfalls ein zweistrophiges Lied, von dem der Vorgesang oft während eines flatternden Singfluges vorgetragen wird. Das aus etwa einem halben Dutzend rauher Töne bestehende Schlußstück wird aber erst nach dem Landen gebracht. Entlang der von undurchdringlichem Gebüsch eingesäumten Feldwege steigt die Dorngrasmücke recht hoch ins Gebirge hinauf. Die kleinste unserer Grasmücken ist die Zaun- oder Klappergrasmücke, die eine weiße Kehle, einen grauen Kopf und dazwischen ein deutliches dunkles Augenband hat. Auch diese Art geht ziemlich hoch hinauf. Ihr zweistrophiger Gesang schließt mit etwa sechs gleich hohen, rasch aufeinanderklappernden Tönen (daher auch der Name Müllerchen). Am einfachsten gefärbt ist die Gartengrasmücke, die weder eine abweichend gefärbte Kopfplatte, noch eine weiße Kehle hat. Ihr langes Lied wird laut, aber hastig vorgetragen und erinnert stark an Amsellieder, klingt aber etwas monoton und gurgelnd. Der Lockruf dieser vier Arten, die über Ost- und Westalpen ziemlich gleichmäßig verbreitete und wohl nirgends seltene Zugvögel sind, klingt so, als ob man zwei Bachkiesel aneinanderschlagen würde.

Systematisch stehen den Grasmücken die Drosseln recht nahe; der Vogelfreund wird die beiden Gattungen aber nie miteinander verwechseln. Es sind lauter größere, hochbeinige Vögel. Die bekannteste Art davon ist die Amsel, die nicht nur in Gärten, sondern auch in Wäldern bis etwa 1200 m hinauf vorkommt. Weiter oben wird sie dann von der Ringelamsel vertreten, die ebenfalls ein einfärbig schwarzes Kleid, aber dazu noch einen großen, halbmond- (schild-) förmigen, weißen Fleck an der Brust hat, der ihr den Namen gab. Sie hält sich besonders an der oberen Waldgrenze, selbst noch im Krummholz auf, geht aber manchmal, insbesondere bei Schlechtwettereinbrüchen, bis in die tiefsten Täler herab. Beim Weibchen ist der auffällige weiße Halsschild nicht ausgebildet, bei ihm ist diese Stelle vielmehr fahlbraun. Das im ganzen einer Singdrossel recht ähnliche Ringamselweibchen ist von dieser jedoch am Lockruf, der sehr oft zu hören ist, sofort zu unterscheiden: Die Singdrossel ruft hoch und kurz wie „zip", die Ringelamsel dagegen laut, bald ein-, bald mehrsilbig „däk". Ihre Liedstrophen sind kürzer als die der Amsel und werden regelmäßig mehrmals wiederholt. Noch kürzer sind die Tongebilde der Singdrossel, die ebenfalls alle öfter wiederholt werden. Sie hat eine helle Kehle und einen fast weißen Bauch, ihre Brust ist deutlich gefleckt. Die Oberseite ist nicht amselartig schwarz, sondern bräunlich. Nach ihrem Lockruf heißt sie vielfach Zippe. Sie ist vorwiegend ein Waldvogel. Ähnlich, nur größer und auf der Unterseite gröber gefleckt ist die Misteldrossel, die von ihrem schnarrenden Lockruf den Namen Schnärrer oder Schnarrezer bekommen hat. Das sehr laut vorgetragene Lied ist ganz einfach. Die Misteldrosseln halten sich meist in kleinen Scharen beisammen und gehen besonders in kleinen Waldlichtungen viel auf den Boden herab. Ein seltener Brutvogel ist endlich die Wachholderdrossel, der Krammetsvogel, der meist nur als Wintergast auftritt. Seine rostgelbe Brust ist kleinfleckig, die Oberseite dreifärbig, vom Kopf zum Schwanz der Reihe nach grau, braun und schwarz.

Infolge des rücksichtslos betriebenen Fanges ist in den nördlichen Alpen das als Käfigvogel beliebte Steinrötel bereits sehr selten geworden. In den Salzburger Alpen und weiter östlich konnte ein Brüten dieser Art bisher überhaupt noch nicht festgestellt werden. In den warmen südlichen Alpen dagegen ist dieser schöne rotbraune Vogel noch etwas häufiger. Er bewohnt felsige Gegenden und Steinbrüche.

Steiniges Ödland von der Ebene bis zur alpinen Stufe besiedelt der schwarzweiß-bunte Steinschmätzer, der in seinem munteren Benehmen viel an das Rotschwänzchen erinnert. Im Frühling sieht das Männchen recht prächtig aus; die Oberseite ist grau mit braun, Kehle und Brust sind hellrostfärbig, die Schwingen sind schwarz, der Schwanz ist schwarz und weiß. Außerdem besitzt das Männchen einen kräftigen schwarzen Wangenstreif. Das Weibchen ist fast einfärbig braun, ebenso das Männchen im Herbstkleid. Der weiße Bürzel und der weiße Grund der Schwanzfedern lassen den Vogel auch im Flug leicht erkennen. Lange Zeit rechnete man den braunkehligen Wiesenschmätzer, das Braunkehlchen, zur gleichen Gattung. Auch bei diesem ist die Schwanzwurzel weiß, der übrige Schwanz aber dunkelbraun. Kehle und Brust sind rostrot, über und unter dem Auge des Männchens ist je ein weißer Streif. Kaum ist auf den Wiesen im Frühling der Kerbel in Blüte, sind auch schon die Braunkehlchen da und lassen ihr kurzes, schönes Liedchen hören. Sie dringen in den Alpentälern bis über 1500 m vor.

Über die drei letzten Angehörigen dieser Familie sind weitere Worte wohl überflüssig. Jeder kennt das Gartenrotschwänzchen, dessen Männchen einen weißen Fleck auf dem schwarzen Kopf und eine rote Brust aufweist; und das Hausrotschwänzchen, dessen Männchen vorn fast ganz schwarz ist und auf den Flügeln einen weißen Längsfleck hat. Im Gebirge nahe der oberen Waldgrenze trifft man oft fast ganz schwarze Stücke. Diese „Brantelen" sind es, die als erste am Tage mit ihrem Gesange beginnen. Auch das Rotkehlchen ist allbekannt, dessen schwermütiges Lied noch spät am Abend zu hören ist. Endlich ist noch die Nachtigall zu erwähnen, die oben rostbraun, unten grauweiß gefärbt ist und einen ganz rostroten Schwanz hat. Sie ist in den nördlichen Alpen nur ziemlich selten in Parkanlagen, Gärten und an Laubwaldrändern als Brutvogel zu finden; häufiger schon im Süden. Zur Zugzeit aber trifft man sie hin und wieder in ganz erstaunlichen Höhen; so wurde vor einigen Jahren eine im Frühling nächst der Karlsruher Hütte (2900 m) in den Ötztaler Gletschern gefangen.

Weit verbreitet, soweit Dorngestrüpp die Feldwege begleitet, sind die rotrückigen Würger, die wegen ihrer Art, Insekten und andere Beute auf Dornen zu spießen, auch Dorndreher und Neuntöter heißen. Da sie sich auch gerne auf Fernsprechdrähte setzen, kann man sie leicht beobachten und ihren einfärbig braunroten Rücken und die gleichbraunen Flügel sehen, sowie die lichtrote Brust der Männchen und die fein braun-quergewellte der Weibchen unterscheiden. Das Männchen besitzt außerdem einen deutlichen schwarzen Augenstreif, der beim Weibchen braun ist. Unterhaltsam ist es auch, den seltsamen Zuckungen des Schwanzes zu folgen. Der große Raubwürger ist im Gebiet nur seltener Brutvogel, mehr sind nordische Gäste — die aber einer anderen Unterart angehören — den Winter über bei uns. Dieser über amselgroße Vogel ist oben hellgrau, unten weiß und hat auf den schwarzen Flügeln zwei weiße Flecken. Bei diesem Würger fällt der schwarze Zügelstreif wegen der sonst weißen Stirn besonders auf.

Es folgt nun die eigenartige, immer springlebendige Sippschaft der Meisen. Die größte Art ist die Kohlmeise, die als Artkennzeichen einen gelben Bauch aufweist, durch den ein schwarzer Längsstrich zieht. Sie wiegt etwa 18 g, während alle übrigen Arten ein Gewicht von ungefähr 11 g haben. Ihr Gesang ist das bekannte, staccato vorgetragene Zizipeh, doch hört man auch oft von ihr ein wie hähähä klingendes, fast meckerndes Zetern. Ebenfalls einen gelben Bauch, jedoch ohne Strich, hat die kleine Blaumeise, deren Oberseite bläulich gefärbt ist. Der Kopf ist blau und hat weiße Wangen. Ihr Lied klingt wie ein silberhelles Glöcklein; ein, zwei Anschläge, dann eine perlende Kette von etwa zehn hellen, ein wenig absinkenden Tönen, wie zi zi zirrrr. Der Schreckruf klingt wie ein in der Tohnhöhe ansteigendes Schnurren. Außerdem hört man noch häufig ein Liedchen, das wie zizidede klingt, abwechselnd zwei höhere und zwei bis drei tiefere Töne.

Während diese beiden Meisen Laubholz bevorzugen, und wohl nur selten über etwa 900 m ansteigen, sind die beiden nächsten fast ganz auf Nadelholz beschränkt. Da ist besonders die Tannenmeise bekannt, die im großen und ganzen grauschwarz gekleidet ist, weiße Wangen hat und inmitten des schwarzen Köpfchens einen weißen Nackenfleck besitzt. Ihr Lied besteht aus 10- und 20mal aneinander gefügten Gruppen von einem tieferen und einem höheren Ton ziwi ziwi... Ebenfalls im Nadelwald, doch meist erst über 1000 m, ist die Haubenmeise häufig, die an ihrem Häubchen unfehlbar erkannt werden kann. Ihr Sang hat etwas eigentümlich Schnurrendes und klingt wie zizigürr.

Abb. 20. Tannenmeise.

Dann gibt es noch zwei Meisen, die einem anfänglich recht ähnlich erscheinen: die Sumpfmeise, die eine glänzend schwarze Kopfplatte und ebensolche Kehle hat (ohne ein weißes Abzeichen, wie die Tannenmeise es besitzt), und die Alpen- und Weidenmeise, deren Kopfplatten matt schwarz, fast dunkelbraun sind. Diese haben einen großen schwarzen Kehlfleck. Die Sumpfmeise hat ein schnelles scharfes Gezeter, wie dädädä, das der beiden Mattkopfmeisen klingt gedehnter, mit einer kleinen Pause zwischen jedem Einzelton, also wie däh-däh-däh. Die Sumpfmeise ist eine insbesondere in Gärten tieferer Lagen recht häufige Art. Die Mattkopfmeisen setzen sich aus mehreren, für den Systematiker recht schwierigen Kleinarten zusammen, von denen die eigentliche Weidenmeise hauptsächlich in Auen bis zu höchstens Mittelgebirgshöhe hinauf vorkommt, während die Alpenmeise in den Gebirgswäldern, besonders in der Krummholzstufe lebt.

Nicht so eigentlich zu den richtigen Meisen gehören die weißlich gefärbten Schwanzmeisen, deren kleines, kugeliges Körperchen in so sonderbarem Gegensatz zu dem langen Schwanz steht, daß der Volksmund diesen Vögeln den Namen Pfannenstiel gegeben hat. Diese halten sich besonders in Fichtenwäldern auf und ziehen im Winter in stets lärmenden

Abb. 21. Die beiden Goldhähnchen: links das feuerköpfige Sommer- oder Augenstreifgoldhähnchen; rechts das gelbköpfige Wintergoldhähnchen.

Scharen durch Gärten und Alleen der Täler. Ihr auffälliger Lockruf klingt wie dschr.

Auch unser kleinstes Vögelchen gehört in diese Verwandtschaft, das Goldhähnchen. In allen Nadelwäldern häufig und z. T. Standvogel ist das Wintergoldhähnchen, so geheißen, weil es nicht nur im Sommer, sondern auch den Winter über bei uns ist. Sein überaus zartes und hohes Liedchen besteht aus unregelmäßigen, bald höheren, bald tieferen si-Lauten, die lückenlos aneinandergereiht werden und schließlich fast schwirrend absinken. Das Augenstreifgoldhähnchen hat als Gesang eine Reihe einfacher, meist gegen Ende an Tonhöhe und -stärke zunehmender Töne. An diesem ganz anderen, aber ebenfalls recht zarten Liedchen sind die beiden Arten leichter auseinanderzuhalten als an der Färbung. Da wäre das beste Merkmal der schwarze Strich, der mitten durch Auge und Wange zieht, über welchem sich noch ein weißer befindet. Eine solche Zeichnung fehlt dem Wintergoldhähnchen. Das „Augenstreifgoldhähnchen" ist Zugvogel, hält sich lieber im Laubwald und in Gärten auf und steigt nie so hoch wie das Wintergoldhähnchen.

Noch ein weiteres, recht nah verwandtes Artenpaar weist unsere Vogelwelt auf; zwei Arten, die lange Zeit nicht als verschieden erkannt wurden, die eigentlich erst seit man gelernt hat, auch die Stimme als Bestimmungsstücke heranzuziehen, öfters zur Beobachtung gelangen. Es sind dies die beiden

Abb. 22. Füße der beiden Baumläufer: links Garten-, rechts Waldbaumläufer.

Baumläufer. Beide sind mehr oder weniger mausfarbene, kleine Vögelchen, die an Baumstämmen aufwärts huschen, um der Kerftierjagd nachzugehen. Ist ein Stamm abgesucht, so fliegen sie den nächsten möglichst tief unten an und klettern daran wiederum hinauf. Der eine hat einen langen Schnabel und eine kurze Kralle an der Hinterzehe: es ist der kurzzehige oder Gartenbaumläufer; der andere dagegen besitzt eine lange Kralle und einen kurzen Schnabel: Wald- oder Langkrallbaumläufer. An diesem Merkmal lassen sich die Tiere nur bei genauer Untersuchung unterscheiden, wenn man sie in der Hand hat. Das Lied aber ist ein leicht erkennbares Merkmal. Kurz und bündig ist des Kurzkrallbaumläufers Liedchen; lang und silberklar ist des Langkrallbaumläufers Lied (Dr. H. Franke).

Das eine dauert etwa eine halbe Sekunde und umfaßt nur 6—8 Töne, zwischen welchen ein kleiner Triller vorkommt. Das andere dauert etwa 2—3 Sekunden lang und hat drei deutliche Strophen; eine Einleitung aus meistens drei hohen Tönen, einen an den Triller der Blaumeise erinnernden Hauptsatz, zehn, zwölf deutlich getrennte Töne, die abwärtsperlen und schließlich zum Abschluß ein paar laute Pfiffe, deren letzter sich aufwärts zieht. Der langkrallige Baumläufer ist recht häufig in Gärten, Pappelalleen, ja selbst in reinem Nadelhochwald. Der kurzkrallige dagegen ist im Alpengebiet eher selten und fast nur auf Gärten und Mischwälder niederer Lagen beschränkt.

Zu diesen Klettervögeln gehören noch der farbenprächtige Mauerläufer, dessen Lebensbild ich auf Seite 165 f. zu zeichnen versucht habe und der Kleiber oder die Spechtmeise.

Abb. 23. Kleiber.

In Gärten und Wäldern vom Tal bis zur Waldgrenze ist der Kleiber nirgends selten. Er ist der einzige unter allen unseren Vögeln, der auch kopfunter zu klettern vermag. Sein gedrungener, kurzbeiniger Körper ist oben blaugrau, unten gelbbraun, an den Seiten schön rostfarben und durch einen tiefschwarzen Augenstreif geziert. Der blaugraue Schnabel ist kräftig und lang. Er vermag damit recht heftig an den Bäumen herumzuklopfen. Bemerkenswert ist auch, daß er zum Brüten gerne schon vorhandene Baumhöhlen annimmt und deren Mündungen, wenn sie ihm zu groß scheinen, einfach zumauert. Besonders von seinem Nestbaum läßt er seine lauten und klangreinen Pfiffe weithin erschallen. Meist hört man ihn im ersten Frühjahr, bevor noch der Schnee ganz weggeschmolzen ist.

Nun folgt wiederum eine Singvogelfamilie, die nicht annähernd so, wie diese letzte, an die Bäume gebunden ist. Es sind dies die Pieper. Einer davon, der hochalpine Berg- oder Wasserpieper (siehe die ausführliche Schilderung Seite 169 f.) setzt sich überhaupt nie auf einen Baum. Auch der Wiesenpieper läuft meist in kleineren Scharen auf den Wiesen und Äckern umher. Wegen seines wie ist-ist klingenden Lockrufs heißt er vielfach Hister. Sein sehr langes, fast eine Viertel Minute dauerndes Lied wird meist während eines Singfluges vorgetragen. Dieser Flug führt vom Erdboden weg auf 10 oder 20 m Höhe, dann oft etwas geradeaus und wieder zur Erde zurück. Der äußerlich vom Wiesenpieper kaum unterscheidbare Baumpieper hält sich am liebsten an Rändern und Lichtungen von Laub- und Nadelwäldern oder bei einzeln stehenden Baumgruppen auf und bringt sein kurzes Liedchen entweder auf dem Baum sitzend oder während eines Singfluges vor, der vom Baum weg in die Höhe und dann in steilem Gleitflug wieder auf diesen oder einen anderen Baum zurückführt. Der Wiesenpieper singt hauptsächlich beim Emporflattern, während der Baumpieper hier schweigt und erst bei seinem Abwärtsgleiten, da er Flügel und Schwanz heftig auseinanderspreizt, mit seiner Strophe einsetzt. Beide sind bei uns Zugvögel, die kaum je über 1500 m emporsteigen.

Ausschließlich Bodenvögel sind die drei Stelzen, von denen die weiße Bachstelze, das Ackermännchen, wohl allbekannt ist. Sie ist besonders in der Nähe von Dörfern und Gehöften sehr häufig und durchaus nicht — wie der Name vermuten läßt — ausschließlich an Wasser gebunden. Sie ist nur schwarz, weiß und grau gefärbt. Der lange Schwanz ist fast stets in wippender Bewegung. Die gelbe Schafstelze hat einen etwas kürzeren Schwanz, grünen Rücken und niemals eine schwarze Kehle. Sie lebt mehr auf Wiesen und Äckern der Täler. Die graue Gebirgsbachstelze dagegen lebt fast ausschließlich an Gewässern der Bergregion. Ihr schwarzweißer Schwanz ist auffallend lang, der Rücken grau, doch ist im Gefieder viel und deutliches Gelb. Die Kehle des Männchens ist im Frühling und Sommer schwarz. Schafstelze und Gebirgsbachstelze haben die ganze Unterseite sattgelb.

Recht einheitlich und einfach gekleidet sind die drei Lerchen:[1] das Gefieder ist graubraun, nur die Brust ist gefleckt. Am leichtesten erkennbar ist die Haubenlerche, die am Kopf eine spitze Federhaube trägt, welche auch dann deutlich sichtbar bleibt, wenn die Federn nicht gesträubt sind. Dem Schwanz fehlt völlig jegliches Weiß. Diese Art hält sich am liebsten in der Nähe von Siedlungen auf; besonders im Winter kann man sie auf den Straßen der Dörfer und Vorstädte umhertrippeln sehen. Die ihres Singfluges wegen allbekannte Feldlerche hat einen stark ausgeschnittenen, weiß gesäumten Schwanz. Sie ist ein sehr häufiger Zugvogel, dem unsere Feldkultur, die weit und breit ihr zusagendes, steppenähnliches Gelände schafft, sehr zustatten kommt. Bedeutend seltener ist die Heidelerche, die einen sehr kurzen Schwanz hat und auf dem Kopf ein helles Kränzchen trägt. Sie bewohnt ausschließlich Heidelandschaft, Waldränder oder Lichtungen. Der Singflug der Feldlerche führt steil in große Höhen; die Heidelerche dagegen bringt ihren überaus weichen, seelenvollen Gesang vor, während sie in geringer Höhe im Kreise umherfliegt. Auch diese Art ist Zugvogel.

---

[1] Die Ohrenlerche fehlt in den Alpen völlig, wenn sie auch meist den Namen „Alpenlerche" führt. Sie ist ein Bewohner des höchsten Nordens der alten und neuen Welt.

Wie die artenreiche Familie der Sänger und Drosseln kennzeichnend und namengebend war für die Ordnung der Singvögel, so ist dies auch der Fall bei der ebenfalls recht formenreichen Familie der Finkenvögel, zu denen die Sperlinge gehören, von denen ja, wie bereits angedeutet, die Singvögel ihren wissenschaftlichen Namen „Sperlingsverwandte" bezogen haben. Vielfach wird diese Familie auch mit dem Namen „Kegelschnäbler" zusammengefaßt. Dieser kegelförmige Schnabel fällt besonders beim Kernbeißer auf, bei dem er 2 cm lang ist. Daran und an der im Fluge sichtbaren weißen Flügelbinde und weißen Endbinde des Schwanzes kann man diesen Vogel leicht erkennen, der ein rechter Strichvogel ist. Manchmal ist er zahlreich, in anderen Jahren wiederum nur spärlicher Wintergast. Als Brutvogel ist er überhaupt auf die tiefsten Lagen beschränkt.

Ebenfalls hauptsächlich in Parken und Gärten lebt der Grünling oder Grünfink, der jedoch noch bei etwa 800 m stellenweise recht zahlreich vorkommt. Er ist fast gleich groß, aber etwas plumper als unser Buchfink, grün gefärbt, mit — besonders am Flügelrand — etwas gelb. Kaum ist im Spätwinter die Sonne halbwegs warm, so übt der Grünling schon sein klingelndes Lied, dem er oft einen eigenartig gequetschten Laut, der wie zwunsch klingt, einfügt.

In Färbung und Aufenthalt recht ähnlich ist der bedeutend kleinere Girlitz, unser einheimischer Kanarienvogel. Der echte Kanarie der Azoren ist nur eine andere Unterart desselben Formenkreises. Zu sehen bekommt man den Girlitz bei uns meist nur im ersten Frühling, ehe die Allee- und Gartenbäume sich belauben, denn später ist dieser kleine, gelbgrüne Sänger im dichten Geblätt kaum mehr zu entdecken. Wohl aber kann man noch lange seinen unermüdlich vorgebrachten Gesang hören, ein recht einförmiges Schwirren. In den Alpen, in denen er kaum jemals über 800 m sich hinaufverfliegt, ist er zumeist Zugvogel, nur wenige Stücke bleiben in den südlicheren Teilen auch den Winter über am Platze.

Nicht nennenswert größer sind die Zeisige, von denen der Stieglitz durch seine bunten Farben, am Körper vorwiegend schwarz und gelb, im Gesicht auch rot, selbst im Fluge leicht zu erkennen ist. Sein Name kommt von seinem schlichten Gesang, der sich wie stigelitt anhört. Bei Dörfern, Schuttablagerungsstätten und Waldrändern streicht er, meist in Gesellschaft von Artgenossen und anderen Zeisigen, Futter suchend, umher. Vorwiegend in Nadelwald, im Herbst und Winter auch in Gärten und Auen, trifft man den Erlenzeisig, der in den hauptsächlich schwarz gefärbten Flügeln eine schöne gelbe Binde hat. Das Männchen ziert eine schwarze Kehle und Kopfplatte. Im übrigen ist das Gefieder grünlichgelb; der Gesang ist ein rasches Geschwätz, in dem immer wieder ein kreischendes, langgezogenes däh auffällt. Dieses Vögelchen, das gerne nach Meisenart an dünnen Zweiglein auch kopfunter herumklettert, dieses „Zeiserl" kommt in den Alpen bis hoch hinauf recht häufig vor. In Gärten und Feldern, jedoch kaum über Mittelgebirgshöhe ist auch der Hänfling oder Bluthänfling kein seltener Gast, ja im Herbst und Winter streicht er oft in ganz ansehnlichen Schwärmen umher. Sein Gefieder ist vorwiegend hellbraun, den Flügelrand entlang zieht sich ein weißer Streifen; auch die Schwanzfedern sind weiß gesäumt. Brust und Kopfplatte des Männchens sind von zartem Rot überhaucht. Sein ganz zeisigmäßiges Geschwätz ist daran kenntlich, daß er immer wieder ein recht hölzern klingendes gäk einflicht. An der oberen Waldgrenze, dort wo schütterer, mit Lärchen und Zirben durchsetzter Wald bis ins Krummholz hineinreicht,

dort kommt der ihm nicht unähnliche Lein- oder
Birkenzeisig vor. Auch sein Gefieder ist vorwiegend
bräunlich, die Kopfplatte aber ist bei beiden Geschlechtern (wenn auch beim Weibchen nicht so aus-
gedehnt) rot; beim Männchen sind außerdem Brust
und Bürzel rotgefleckt. Der dieser Art eigene Lockruf hat dem Vogel den Volksnamen Tschätscher gegeben. Nordische Verwandte davon sind übrigens
nicht seltene Wintergäste. Hauptsächlich westalpin,
in den Ostalpen kaum über Tirol hinausgehend ist
der Zitronenzeisig, der wie ein kleiner Grünling aus-

Abb. 24. Kopfumriß der beiden Kreuzschnäbel; links des gewöhnlichen
Fichten-, rechts des seltenen Kiefernkreuzschnabels.

sieht und bis zur Baumgrenze hinauf vorkommt, ja
sich mit Vorliebe in ihrer Nähe aufhält. Das Gefieder ist vorwiegend gelbbraun, die Unterseite fast
weißgelb und über die Flügel ziehen zwei hellere
Binden. Der Berghänfling, von dem manchmal die
Rede geht, daß er auch in den Alpen vorkäme, ist ein
nordischer Brutvogel, dessen Vorkommen in den
Alpen höchstens vereinzelt als Irrgast in Betracht
kommt.

Eine eigenartige Stellung innerhalb der Finkenvögel nehmen die beiden Kreuzschnäbel ein und
zwar wegen ihres Schnabels, der so stark gebogen
ist, daß sich die beiden Enden überkreuzen und auch
wegen ihrer Brutgewohnheiten: schlüpfen doch die
Jungen oft mitten im tiefsten winterlichen Schnee-
gestöber. Der gewöhnliche Fichtenkreuz- (oder

Krumm-) Schnabel, in den Alpen vielfach schlechtweg „Schnabel" geheißen, ist ein überaus beliebter Käfigvogel. Besonders die Innsbrucker sind bekannt als Liebhaber dieses bescheidenen Sängers. Er lebt nur im Nadelwald, geht da aber bis an seine obere Grenze. Im Winter zigeunert er in manchmal recht großen Schwärmen weit umher und hält sich dann in Wäldern mit reicher Samenbildung dementsprechend zahlreich auf. Das Gefieder ist im Gesamteindruck gelbgrün, alte Männchen werden vielfach auch völlig rot. Der bedeutend seltenere Kiefernkreuzschnabel mit fast doppelt so starkem Schnabel und größerem Kopf kommt manchmal auch im Krummholz vor. Seine Verbreitung ist im einzelnen noch nicht sichergestellt.

Besonders in den Nadelwäldern der Mittelgebirge, im Winter aber auch in den Gärten, lebt der Gimpel; ein verhältnismäßig großer Vogel mit graubraunem Gefieder, dessen Flügel, Schwanz und Kopfplatte schwarz sind. Brust und Bauch des Männchens sind rot; sieht man einen solchen Vogel etwa auf einem Föhrenwipfel sitzen, so wird der weitverbreitete Volksname „Dompfaff" sofort verständlich. Sein Pfeifen kann vom Menschen leicht nachgeahmt werden.

Von den Angehörigen der Gattung Fink ist der große Schneefink Seite 173 f. ausführlich behandelt. Der allbekannte Buchfink lebt in den Gebirgswäldern noch bei 1000 m recht zahlreich und steigt auch manchmal weit darüber hinauf. Der Bergfink, der in manchen Alpenländern den Namen Gaggezer (nach dem Lockruf) führt, ist Brutvogel im Norden, zwischen Norwegen und Kamtschatka; in den Alpen ist er nur Wintergast.

Die Gattung Sperling stellt für unser Gebiet vier Brutvögel bei, von denen der Allerweltsspatz na-

türlich auch in den Alpen nur an wenigen Orten
fehlt. Auch der etwas kleinere Feldsperling oder
Ringelspatz ist an geeigneten Orten nirgends selten.
Zur Unterscheidung der beiden Arten sei angegeben,
daß die Kopfplatte des Hausspatzen grau und die
Wange ungefleckt weiß ist; während der Ringelspatz
eine schöne, deutlich rotbraune Kopfplatte und inmitten der weißen Wange einen kleinen schwarzen
Fleck hat. Unterhalb dieses schwarzen Flecks zieht
sich das Weiß gegen den Nacken zu hin, so daß

Abb. 25. Die beiden Spatzen. Links Haus-, rechts Feldsperling.

ein vorn und hinten durchbrochenes weißes Hals-
ringlein entsteht. Außerdem erleichtert die Bestimmung der Umstand, daß der Haussperling seinem
etwas kleineren Vetter den Aufenthalt in geschlossenen Siedlungen meist nicht gestattet. Am Südhang
der Alpen, in Tirol etwa bei Bozen und weiter südlich wird unser Haussperling ersetzt durch den Rotkopfsperling, bei dem Oberkopf und Nacken kastanienbraun und die Wangen bedeutend reiner weiß
sind. Diese Form ist noch etwas größer. Vereinzelt
und sehr selten brütet in den Alpen auch der Steinsperling, dessen Kehle in beiden Geschlechtern zi-
tronengelb ist. Er wurde — für unser Gebiet —
erstmals in den Berchtesgadener Alpen durch Murr
entdeckt und seither noch an wenigen anderen Plätzen
aufgefunden. Sonst ist er noch als Standvogel in

Thüringen bekannt. Sein Hauptverbreitungsgebiet liegt aber weiter südlich.

Kräftige Kegelschnäbel haben auch die Ammern, von denen drei Arten im Alpengebiet Brutvögel sind. Vor allem bekannt ist der Goldammer, vielfach Ammerling schlechthin genannt, dessen Liedchen mit dem Vers: „wie, wiwiwie hab ich dich lie-ib!" verdolmetscht wird. Die Unterseite des Gefieders und besonders der Oberkopf sind gelblich, der Bürzel rostrot. Er ist an Waldrändern und auf Buschwerk in Feldern sehr häufig und kommt in strengen Wintern weit in die Städte hinein. Über Mittelgebirgshöhe allerdings wird er recht selten. Mehr im Süden, hauptsächlich soweit Weinbau getrieben wird, ist auch der Zippammer (nach seinem Lockruf so genannt) zu finden, dessen Kopf, Hals und Kehle blaugrau sind. Sein Lied erinnert sehr an das des Zaunkönigs. Er ist Zugvogel. Im Röhricht der Wiesenbäche und Teiche lebt der Rohrammer, der zunächst an dem weißen Streif zu erkennen ist, der sich vom Schnabel weg nach hinten zieht. Das Männchen hat einen rabenschwarzen Kopf und darunter einen weißen Nackenring. Die Rohrammern sind vorwiegend Zugvögel, doch überwintern manchmal ziemlich viele bei uns.

Als Vertreter einer eigenen Familie wäre hier der Star anzuschließen, der in windgeschützten Gegenden gerne die vom Menschen ihm angetragenen Brutkästen annimmt, dazwischen aber oft auf weite Strecken wieder fehlt. Zur Zugzeit jedoch, besonders im Herbst, schwärmt er in zahlreichen lärmenden Scharen über alle Wiesen unserer Täler.

Endlich sind als letzte Singvogelfamilie noch die Raben und Krähen kurz zu besprechen. Dem größten davon, dem echten oder Kolkraben, sowie den beiden Felsenkrähen (Alpendohle und Alpenkrähe) wurden als Hochgebirgsvögeln eigene Lebensbilder gewidmet (siehe Seite 177 f.). Ein ständiger und typischer Bewohner hochgelegener Gebirgswälder ist der Tannenhäher, wegen seiner bevorzugten Nahrung vielfach auch Zirbengratsch geheißen (Zirbe = Zirbelkiefer, Gratsch = Häher, nach dem kreischenden Ruf). Er ist nur wenig kleiner als der Eichelhäher, hat ein braunschwarzes Gefieder, das mit weißen Tröpfchen übersät ist, und besitzt am Ende des schwarzen Schwanzes eine schöne weiße Endbinde. Mit seinem Gekreisch begleitet er den Alpenwanderer bis hinauf zu den letzten Bäumen, manchesmal läßt er dazwischen auch recht klangvolle Pfiffe hören. Oft sieht man diese Vögel auf den Wipfeln der Bäume, besonders der Zirbeln, sitzen, ihr Gefieder schön machen und „singen". Sein Vetter der Täler und Mittelgebirge, der bunte Eichelhäher, ist zwar auch recht laut, lebt aber viel versteckter und meistens nicht in so großer Zahl beisammen. Beide Häher streichen auf der Suche nach guter Ernte umher und halten sich dann in samenreichen Revieren oft in großen Mengen auf. Ja in manchen Jahren ist sogar ein Verwandter unseres Tannenhähers aus Sibirien zu uns auf Besuch gekommen, um auch an dem reichbedeckten Tisch unserer Wälder teilzuhaben.

In Gebieten, die dem Eichelhäher zusagen, jedoch mehr den Wald meidend, lebt die bekannte Elster, die an ihrem schwerfälligen Flug sicher erkannt werden kann; dieser Flug macht fast den Eindruck als sei dem Vogel der lange, schwarzweiße und gestufte Schwanz viel zu schwer. Die Elster kann nie lange still sein; ihr schackschack macht schon von weitem auf sie aufmerksam.

Über die im Alpengebiet nirgends besonders häufige Dohle, die gerne auch in Schluchten und alten Bäumen nistet und durchaus nicht nur auf Schlösser und Türme angewiesen ist; sowie über die allbekannte Rabenkrähe, die überall gemeiner Brutvogel ist, brauche ich wohl weiter nichts zu sagen. Manche Vogelkundige wollen von der Rabenkrähe die Nebelkrähe nicht als eigene Art abtrennen. Sie unterscheidet sich auch nur durch Gefiederfarbe und Verbreitung. Kopf, Kehle, Flügel und Schwanz sind rabenmäßig schwarz, das übrige Gefieder aber aschgrau. Die Nebelkrähe ist ein östlicher Vogel, der im Draugebiet ziemlich weit in die Alpen hereinkommt. Als Wintergast ist diese Krähe so wie die Saatkrähe auch sonst im Alpengebiet zu beobachten. Im Draugebiet dringt auch die Mandelkrähe als Brutvogel etwas in die Alpen herein. Dieser bunte Vogel gehört jedoch nicht zu den Rabenvögeln, sondern in die Familie der Raken; er heißt nach seiner hauptsächlichen Gefiederfarbe auch Blaurake.

c) Lebensbilder der Hochgebirgsvögel.
1. Der Steinadler.
(Aquila chrysaëtos.)

Als der König der Alpentiere gilt gemeinhin der Steinadler. Er ist eine unserer herrlichsten Tiergestalten, in der sich Raubgier, Gewandtheit und Schnelligkeit vereinigen mit gewaltiger Muskelkraft und unmeßbarer Flugfähigkeit. Allein diese Eigenschaften, so sehr sie ihm bei der Suche nach Nahrung zustatten kommen mögen, brachten ihn in Widerstreit mit einem Stärkeren, dem Menschen, der ihm so oft seine sichere Beute mißgönnt. Es ist wohl nur eine Frage der Zeit, wann dieser ungleiche Kampf entschieden sein wird.

Ursprünglich war der Steinadler durchaus nicht an das Gebirge gebunden. Ehe ihn der Mensch vom bebauten Gebiete verjagte und ihn auf weite Strecken ausrottete, bewohnte er ebensogut auch alle Ebenen, soweit sie von Wald bestanden waren. Auch heute noch besiedelt er nahezu das ganze ebene Sibirien. Sonst aber konnte er sich nur halten in den großen Gebirgen, die ihm, wie manche Teile der Alpen, die nötige Ruhe, ein genügend großes Jagdgebiet und die erforderliche Menge an Beute gewährleisten. Wir treffen unseren Adler daher noch als Brutvogel an in den Karpathen und am Balkan, in den Gebirgen Spaniens und Nordafrikas, im westlichen Asien und in geeigneten Landschaften Nordamerikas, südwärts bis Mexiko. Die spanischen und afrikanischen Vögel, sowie manche Steinadler der Hochländer Asiens gehören allerdings anderen Rassen desselben Artkreises an.

Wo der Adler noch in Wäldern der Ebene brütet, baut er seinen Horst in den Kronen mächtiger Bäume. In den Hochgebirgen aber — so auch in unseren Alpen — horstet er in Felsenspalten und Nischen. Er wählt auch dort, wo er weit unterhalb der Waldgrenze seinen Horst erbaut, wie dies besonders am Alpenrand der Fall ist, niemals einen Baum dazu. Er ist, wie die meisten Alpenvögel, in den Gebirgen ein ausschließlicher Felsenbrüter geworden. Ein älteres Adlerpaar besitzt meist mehrere, oft drei und vier Horste, von denen jeder gewöhnlich mehrere Jahre hindurch benützt wird. Das Nistmaterial sind größere Äste, die jedoch selten mehr als etwa daumenstark sind und die in keiner Weise untereinander verflochten werden. Nur die Horstmulde wird von etwas feinerem Astwerk und Reisig erstellt, wozu gern auch frisches Grün — selbst Kräuter — mitbenützt wird. Alljährlich wird der Horst sorgfältig ausgebessert und sein Rand etwas erhöht und verstärkt. Der alte Schweizer Zoologe Tschudi schildert die eigenartige Weise, wie die Adler den Baustoff für ihre Horste gewinnen. Er erzählt, daß sie oft die stärksten Äste von den Bäumen abzubrechen vermögen, indem sie mit angelegten Flügeln aus hoher Luft sich herabstürzen, den ausersehenen Ast mit den Fängen packen und durch die Wucht des Stoßes losbrechen. In den Krallen tragen sie dann diese mühsam gewonnenen Äste dem Horste zu. Dieser Schilderung kommt freilich mehr dichterischer als tatsachenmäßiger Wert zu.

Schon früh im Jahr, Ende März, spätestens anfangs April beginnt in den Alpen das Adlerweibchen mit dem Brutgeschäft. Das volle Gelege besteht aus zwei, seltener drei Eiern. Diese sind mehr oder weniger weiß, ohne Glanz und häufig mit verhältnismäßig kleinen, braunen oder grauvioletten Flecken gezeichnet. Die Größe der Eier wird mit 77×60 mm, das Gewicht mit 140 g angegeben; sie werden gewöhnlich in einem Abstand von 2—3 Tagen gelegt und vom ersten ab bebrütet. Meist brütet das Weibchen, doch wird es vorübergehend auch vom Männchen abgelöst. Nach ziemlich genau 44 Tagen, also Anfangs Mai fallen die Jungen aus, die auffälligerweise fast 14 Tage lang blind bleiben. Erst 80 Tage nach dem Schlüpfen sind die Jungvögel soweit herangewachsen und erstarkt, daß sie den Horst zum erstenmal verlassen können. In den Alpen werden demnach um den 15. bis 20. Juli die ersten flüggen Steinadler beobachtet. Freilich schwankt die Zeit des Ausfliegens in recht weiten Grenzen. Von jüngeren Paaren gelangt nur ein Junges und auch von alten Paaren fast nie das Dritte zur Entwicklung. Beide Eltern, besonders aber das Weibchen halten sich nach dem Ausschlüpfen der Jungen viel am Horste auf. Sie bringen den Jungen ihre Nahrung, sorgfältig gerupft und mundgerecht zerteilt, gewöhnen sie aber möglichst früh an eine gewisse

Selbständigkeit im Zurichten des Futters. Dementsprechend bleiben späterhin die Eltern immer länger weg und entfernen sich immer weiter vom Horst. Zuletzt, wenn sie die halbflügge Brut mit Nahrung versorgt wissen, lassen sie sich zu Hause oft tagelang nicht mehr sehen. Dann sieht freilich der Horstrand bald aus, wie eine verwahrloste Schlachtbank. Trotzdem wurde wiederholt beobachtet, daß die Alten die Beutereste aus dem Horst entfernen und so für seine Reinhaltung sorgen. Als Beutetiere kommen vorwiegend Murmeltiere und Schneehasen in Betracht. Schnee- und Steinhühner, vereinzelt Auerhühner, aber auch da und dort ein Gemskitz, junge Ziegen oder Schafe und dergleichen fallen dem Adler zum Opfer. Besonders eifrig zieht er auf Jagd, wenn Junge im Horst sind, denn diese sind gewaltige Fresser.

Zu dieser Zeit am Horst angestellte Beobachtungen liefern den besten Einblick in seine Speisekarte. Und sie zeigten, daß der Schaden am Wildbestand oder Weidevieh meist gewaltig aufgebauscht wurde und daß in Anbetracht der ideellen Werte eine Verfolgung des Steinadlers als eines Schädlings durchaus nicht gerechtfertigt ist. Offenbar schlägt er nur sitzende oder laufende Beute und ist kaum imstande einen fliegenden Vogel zu greifen. Wohl aber jagt er gerne anderen Raubvögeln die Beute ab. Ja, er wurde selbst beim Heuschreckenfangen beobachtet und Reichenow fand in einem Adlermagen auch Kartoffeln! Im Winter geht er selbst an Aas. Beide Adler, Männchen und Weibchen, jagen meist gemeinsam und verzehren auch gemeinsam ihre Beute, freilich nicht, ohne daß es dabei manchmal Zänkereien setzt. Während ihr Jagdgebiet zur Sommerszeit bis in die höchsten Regionen der Alpen reicht, suchen sie im Winter auch die Abhänge tiefer gelegener Täler ab und streichen oft bis in die Ebene hinaus. Besonders die Jungadler, die ihre Geschlechtsreife noch nicht erreicht haben — dies ist ja erst im vierten oder fünften Lebensjahr der Fall — zigeunern weit umher.

Am Horst sind die Steinadler sehr scheu; sie verteidigen ihn nie gegen den Menschen. „Die in den Zeitungen immer wieder auftretenden grausigen Schilderungen über die Kämpfe der angeseilten Bergsteiger gegen das angreifende Adlerpaar sind glatt erlogen" (Heinroth). Ebenso halte ich auch die vielen Geschichten vom Kinderraub für unbewiesene Fabel.

Das Kleid des Steinadlers ist in der Jugend dunkelbraun, mit einigen weißen Flecken; es sieht ganz anders aus, als das Alterskleid, das nur ganz allmählich angelegt wird. Es dauert fünf bis sechs Jahre, bis der Adler ausgefärbt ist. Das Weiß des Jugendkleides verliert sich, es wird immer mehr rötlichbraun. Kehle und Nacken bleiben heller. Die Läufe sind bis an die Zehen befiedert; bei einer Spannweite von 190 bis 220 cm messen die Flügel des Männchens 60 bis 65, die des größeren Weibchens 65 bis 70 cm. Der Schwanz 30 bis 36, der Lauf 10 bis 12 cm und der Hornschnabel 39 bis 46 mm. Das Gewicht eines gut genährten Männchens beträgt oft etwas mehr als $3^1/_2$ kg, während die Weibchen leicht $4^1/_2$ kg erreichen. Übrigens sind die Weibchen nicht nur nach Größe und Gewicht, sondern offenbar auch an Zahl den Männchen überlegen. — Es wird vielfach behauptet, daß Steinadler 60 und 80 Jahre alt werden können. Verläßliche Beobachtungen darüber fehlen, wie dies ja leicht erklärlich ist. In der Gefangenschaft dauern sie selten länger als 20 bis 30 Jahre aus.

Auf freier Wildbahn sind die Steinadler kaum

mit anderen Vögeln zu verwechseln; dies schon wegen ihrer Größe. In ihrem Flugbild unterscheiden sie sich durch den kaum gerundeten, fast gerade abgeschnittenen Schwanz, sowie durch die fingerartig gespreizten Spitzen der Schwingen von den Geiern. Auch der Ruf, der etwa an den des Bussards erinnert, läßt den Steinadler sicher erkennen. Oft viertelstundenlang schwebt er ohne jede Bewegung, nur ausnahmsweise hilft er durch einen langsamen Flügelschlag etwas nach. So hat sein Flugbild etwas Majestätisches. Es ist jedenfalls ein erhebender Augenblick für den Alpenfreund, einen Adler oder gar eine ganze Familie hoch über den Bergen oder dem Gletschermeer seine weiten Kreise ziehen zu sehen und beobachten zu können, wie sie sich ohne jeden Flügelschlag immer höher schrauben, bis sie endlich den Blicken entschwinden. Möge ein zielbewußter Schutz verhindern, daß die Natur unserer Berge auch diesen herrlichen Vogel verlieren muß.

2. Steinhuhn und Schneehuhn.

(Alectoris graeca und Lagopus mutus.)

Von beiden Familien der mitteleuropäischen Hühnervögel weisen die Hochalpen je einen Vertreter auf: die Fasanhühner, zu denen man außer unserem Haushuhn z. B. noch Wachtel und Rebhuhn zählt, sind durch das Steinhuhn vertreten; die Rauhfußhühner, zu denen man auch Auer- und Birkhuhn rechnet, durch das Schneehuhn. Beide Alpenhühner sind fast auf den ersten Blick als Hühner zu erkennen, sowohl nach ihrer Gestalt, als auch in ihrem ganzen Gehaben. Doch sind diese beiden Vögel voneinander verschieden, soweit es nur ihre unverkennbare Verwandtschaft noch zuläßt.

Das Steinhuhn liebt die Wärme und felsiges, mit Grasflächen durchsetztes Gelände. An geeigneten

Südhängen scheut es sich nicht, in Höhen von 2500 m und mehr hinaufzusteigen; wo sich aber entsprechendes Gelände in tieferen Lagen vorfindet und dem scheuen Vogel die nötige Ruhe geboten wird, dort kann das Steinhuhn sicherlich ebenfalls angetroffen werden. Aus Innsbrucks Umgebung wurde es noch in jüngster Zeit vom Fuße der Martinswand, etwa 600 m, gemeldet und nach Goeldi kommt es im Wallis in den bei 500 m gelegenen Weinbergen vor. Für das Alpengebiet sind das zwei auffallend niedrige Standorte. Außerhalb der Alpen, in Italien, Griechenland und Bulgarien dagegen kommt dieses Huhn nahezu nur in Getreidefeldern der Ebenen vor und besiedelt die Gebirge dort nicht, obwohl diese sicher alles zum Gedeihen der Art Erforderliche zu bieten vermögen. Die Art ist (in 13 Unarten) überaus weit verbreitet; außer den gesamten Alpen und Karpathen, dem Apennin samt Sizilien, dem ganzen Balkan samt Cypern und den jonischen Inseln, gibt es noch Steinhühner von Kleinasien bis Persien und weiter östlich bis zum Himalaya, in Tibet und in China. Im 16. Jahrhundert kamen Steinhühner übrigens auch am Rhein (bei St. Goar) vor.

Abb. 26. Steinhuhn.

An der auffällig schwarz umrahmten hellen Kehle ist unsere Art leicht zu erkennen. Die leuchtend roten Füße und der ebenso gefärbte Schnabel sind im Freien nicht leicht zu sehen und im übrigen ist der Vogel recht hühnermäßig grau und braun gefärbt — eine Färbung, die ihn in der Sammlung fast bunt erscheinen läßt, im Freien aber nahezu unsichtbar macht. Die beiden Geschlechter sind am

Gefieder nicht zu unterscheiden; der Hahn ist nur an einer Spornwarze am Lauf zu erkennen. Ein abweichend gefärbtes Winterkleid, wie es das Schneehuhn so auffällig zeigt, tritt beim Steinhuhn wie bei allen anderen Hühnern, nicht auf. Bei einer Größe von ungefähr $3^1/_2$ dm wiegt der Vogel etwas über 400 Gramm.

Im Winter leben die Steinhühner oft gesellig in größeren Ketten, streichen auch manchmal in tiefer gelegene und besser geschützte Gegenden und suchen Wachholderbeeren, Blätter und Knospen von Alpenrosen, Gemsheide und anderen alpinen Ericazeen, begnügen sich aber auch mit Fichtennadeln. Ist aber erst des Winters Macht gebrochen und treten wiederum die verschiedenen Kerfe in größerer Zahl auf, so werden immer mehr diese zur Hauptnahrung. Zugleich lösen sich die Gesellschaften vollständig auf, nur die Pärchen bleiben treu beisammen. Das Steinhuhn lebt in strenger Einehe. Zum Brüten schreitet die Henne in den Alpen meist erst Anfang Juni. Eine einfache Mulde im Boden genügt ihr nach Hühnerart als Nest. Hier legt sie ihre geblichweißen fein gefleckten Eier. Die Größe der Eier wird mit 46 × 33 mm, ihr Gewicht mit 20 g angegeben. Beim Brutgeschäft der Steinhühner greift eine ganz eigenartige Arbeitsteilung Platz, die selbst dem alten hellenischen Naturforscher Aristoteles — in dessen Heimat ja die Steinhühner keine Seltenheit sind — schon bekannt war. Allerdings ist der ganze Vorgang so seltsam, daß man froh ist, diese Nachrichten in neuester Zeit von den kenntnisreichen und gewissenhaften Vogelforschern Heinroth bestätigt zu finden. Die Henne legt beiläufig zehn Eier in ihr Nest, verläßt es aber dann, um ein zweites aufzusuchen und auch in dieses ebensoviele Eier zu legen; nun kehrt sie in das erste zurück, das inzwischen fast

14 Tage lang unberührt dagelegen und beginnt hier zu brüten. Der Hahn bebrütet dann das zweite, oft einige hundert Meter entfernte Gelege. Nach 24 bis 26 Tagen fallen die Kücken aus und Hahn und Henne führen jede ihre Kinderschar gesondert. Wohl wird man, wenn man sich einer solchen vielköpfigen „Halbfamilie" nähert durch das fortwährende Locken, das wie „chazibiz-chazibiz" klingt, aufmerksam. Es ist aber gewiß nicht leicht, die Tiere zu Gesicht zu bekommen. Mit einem kennzeichnenden Pfeifen „pitschii-pitschii" wird gewarnt und ein leichter, geräuschloser Flug führt die Schar aus dem Bereich der Gefahr.

An den Seiten des Körpers finden sich Federchen von besonders bunter Färbung, die eine beliebte Zier bilden für den Hut des Bergjägers und der Bauernburschen. Auf blaugrauem Grund folgt eine schwarze, dann eine rostgelbe bis fast weiße Querbinde, dann wiederum eine schwarze und endlich an der Spitze ein kastanienbrauner Saum.

Lange Zeit schien es, als ob die Steinhühner in den Alpen knapp vor dem Aussterben stünden, doch nehmen sie jetzt überall an Zahl erheblich zu und besiedeln wieder Örtlichkeiten, an denen sie lange Jahre nicht mehr beobachtet wurden. Es ist wohl die Hoffnung berechtigt, daß sich diese seltsamen Vögel werden halten können. Beim Schneehuhn besteht diese Gefahr nicht; es ist zwar nirgends zahlreich, aber überall und allenthalben von der Latschenstufe aufwärts bis an die 3000 m, besonders in den Zentralalpen anzutreffen. Goeldi schätzte für die Zeit unmittelbar vor dem Weltkrieg den Schneehühnerbestand der ganzen Schweiz auf ungefähr 20 000 Stück. Einer der ältesten Alpenforscher, Josias Simler, schildert diesen Vogel in seinen 1633 erschienenen „Denkwürdigkeiten aus den Alpen" so: „Der Lagopus hat behaarte Füße wie der Hase und ist vollkommen weiß wie die Taube; er liebt die Berge so sehr, daß er zur Zeit der Schneeschmelze von den tiefer gelegenen Örtlichkeiten alsbald die höheren aufsucht, wo der Schnee liegen bleibt. Seine Weiße übertrifft die des Schnees; wenn er den Menschen gewahrt, verbirgt er sich im Schnee und verrät durch keinerlei Bewegung seine Anwesenheit, so daß er dem Schnee täuschend ähnlich ist." Dieses prachtvolle Weiß ziert die Hühner jedoch nur im Winter, etwa vom November an bis Mitte April. In den übrigen Jahreszeiten ist das Kleid braungrau und schwarzquergewellt; Beine, Bauch und ein breiter Rand der Flügel sind auch im Sommer weiß, doch zeigen sich von der Frühjahrsmauser an alle Übergänge, so daß das Sommerkleid jeden Monat anders aussieht. Diese Übergangsfarben passen sich in geradezu überraschender Weise dem Gelände während der Schneeschmelze an. Es ist allerdings nicht wahr, daß das Schneehuhn, wie man ab und zu hört, viermal im Jahr mausert. Die Federn färben sich im Herbst von der Wurzel weg allmählich aus; wohl aber „mausern" diese Hühner (nach Brehm) im Herbst ihre Krallen. Es ist übrigens bemerkenswert, daß der nächste Verwandte unseres Schneehuhnes, das schottische Moorschneehuhn, kein weißes Winterkleid besitzt.

Nicht selten kann der Skifahrer, wenn er im Frühling mit seinen Bretteln dem letzten Schnee nachgeht, ein sonderbares Knarren, wie von einer Karfreitagsratschen hören: Örrr Örrr. Ist dieser Skifahrer ein Wintersportler, wird er den Ton nicht beachten oder glauben, daß das Riemenzeug seiner Bindung knarrt. Hat er aber offene Sinne für alles, was in der Natur um ihn vorgeht, so wird es ihm auch bald gelingen, den Urheber dieses sonderbaren

Geräusches zu sehen. Ein geübtes Auge gehört jedoch dazu, das Huhn zu bemerken. Beim Hahn ist's vielleicht etwas leichter, denn der besitzt in der Augengegend, am „Zügel" einen schwarzen Streifen, der der Henne fehlt. Steil schwingt sich der Hahn in die Luft, so daß sich sein weißes Kleid prachtvoll vom tiefblauen Himmel abhebt — der Schneehahn balzt ja schon im März — und langsam schwebt er in Schraubenwindungen wieder zu Boden. Wie eine weiße Flocke, mit der der Wind spielt, sieht das aus. Wird er dabei vom unvorsichtigen Beobachter aufgescheucht, so flieht er mit lautem Quarren in niedrigem Flug um den nächsten Grat. Bei tiefem lockeren Neuschnee graben sich die Schneehühner, wenn sie sich verfolgt glauben, oft tief in das schützende Element und strecken dann in meterweiter Entfernung ihr Köpfchen wieder heraus, um frische Luft zu schöpfen und zu sehen, ob die Gefahr schon vorüber ist. Ist die Luft rein, so flattern sie oft übermütig hoch und lassen sich plötzlich wieder senkrecht in den weichen Schnee plumpsen.

Ihre bis an die Krallen dicht befiederten und mit starren Borsten versehenen Füße sind glänzend geeignet, im lockeren Schnee zu graben und zu wühlen. Im Winter sind die Zehen viel dichter und straffer befiedert als im Sommer; sie wirken dann wie richtige kleine Schneereifen. Aber auch als Ruder lassen sie sich trefflich gebrauchen. Dieses sonderbare Huhn liebt es nämlich, in Schneeschmelzlacken und Almseen zu baden und zu schwimmen! Nicht zuletzt sind diese Füße auch ein geeignetes Werkzeug, um nach Hühnerart im Schnee und am Boden nach Futter zu scharren. Die Nahrung ist die gleiche wie bei den Steinhühnern, doch werden Pflanzenstoffe auch im Sommer bevorzugt.

Die kunstlosen Nester sind nicht viel anderes als einfache Vertiefungen im Boden, meist verborgen unter Legföhren oder Alpenrosengebüsch. Hier legt die Henne Ende Juni, meist erst im Juli ihre Eier, 9 bis 10 Stück, manchmal auch ein paar mehr als ein Dutzend. Die Eier sind wenig kleiner als bei den Steinhühnern (44 × 31 mm), ebenfalls gelblichweiß, aber mit größeren, braunschwarzen Flecken. Die Brutzeit dauert beiläufig drei Wochen, die Jungen sind Nestflüchter. Der Hahn nimmt — im Gegensatz zu dem seiner Vaterpflichten wohlbewußten Steinhahn — nicht den geringsten Anteil am Brutgeschäft oder an der Führung der Jungen. Er ist überhaupt ein recht liderlicher Ehemann; doch bin ich überzeugt, daß der Vorwurf zu weit geht, daß er sich auch mit Spielhennen (Birkhennen) einlasse. Was als Bastard Schneehahn × Birkhenne ausgegeben wird, ist wohl immer reines Birkwild, das teilweise albinotische Erscheinungen aufweist.

Schneehühner besiedeln in mehreren Unterarten die Alpen und Pyrenäen, sowie den Norden von Europa, Asien und Amerika.

3. Der Alpensegler.
(Apus melba.)

Zu den Seglern gehören die schnellsten Flieger unter allen Vögeln: die Stachelschwanzsegler auf Madagaskar. Diesen steht der alpine Vertreter der Familie allerdings, was Schnelligkeit des Fluges anbelangt, erheblich nach. Dennoch wird der Alpensegler in dieser Hinsicht von keinem anderen europäischen Vogel erreicht. Er ist in allen seinen Lebensäußerungen vollkommen auf seinen rasenden Flug und sein Leben in der Luft eingestellt. Er ist das einzige befiederte Wesen, das nicht gehen oder laufen, das sich auf seinen Füßen nicht aufrichten kann, ja, das nicht einmal auf irgendeinem Gegenstand sitzen kann. Mühsam kriechend schiebt es sich am Boden dahin und ist dabei noch auf die Mithilfe der langen Flügel angewiesen. Nicht nur, daß er seine Nahrung — allerlei Kerbtiere — so, wie sein städtischer Verwandter, der Mauersegler, ausschließlich im Flug erhascht; er soll vielmehr auch manchmal die Begattung in der Luft vornehmen. Wenn dies wahr ist, so wird ihm dabei jedenfalls seine Fähigkeit, nach Art eines Turmfalken rütteln zu können, sehr zustatten kommen. Schon früh in der Morgendämmerung sind die Tiere auf Kerfjagd aus, höchstens, daß sie während der heißesten Mittagsstunden etwas ausruhen und schlafen. Und unermüdlich geht die Jagd weiter bis spät in die Nacht hinein. Ebenso unausgesetzt lärmen die Tiere, während des Fluges und bei der Rast. Ja selbst während der kurzen Stunden der Nacht„ruhe" in ihrer Nistkolonie hören sie nicht auf zu schreien und zu kreischen. Ihr Gesang aber hat kaum Ähnlichkeit mit dem schrillen „Srieh" der verwandten Turmschwalben, sondern erinnert vielmehr an das Trillern eines Kanarienvogels.

Die Alpensegler sind recht stattliche Tiere. Bei einer Flügellänge von 21 bis 23 cm wiegen sie ungefähr 100 g; sie sind reichlich amselgroß. Von den kleineren Mauerseglern unterscheiden sie sich auf den ersten Blick durch die weiße Unterseite, die durch ein graubraunes Kropfband etwas unterbrochen ist. Die graue und düsterbraune Oberseite weist oft einen metallischen Schimmer auf; der Lauf ist befiedert und sehr kurz; die Füße sind noch im Federkleid verborgen und alle ihre vier Zehen weisen nach vorn. Zum Klettern an senkrechten Wänden sind sie also recht gut geeignet. Der Schnabel ist kurz und weit gespalten, wie es bei seiner Ernährungsweise ja auch nicht anders erwartet werden kann.

Obwohl der Alpensegler ein ungeheuer weites Gebiet bewohnt, sind wir über seine Lebensgewohnheiten nur sehr mangelhaft unterrichtet. In mehreren Unterarten bewohnt er das ganze, auch das tropische Afrika, die Mittelmeerinseln, Kleinasien, Südrußland, Südwestasien samt den Gebirgen von Südindien und Ceylon, sowie den ganzen Himalaya. In Europa besiedelt er die Pyrenäen und Alpen. Nordwärts der Alpen scheint er nicht vordringen zu wollen. Auch innerhalb derselben nimmt seine Zahl von Westen nach Osten zu ganz beträchtlich ab. In den Alpen der Westschweiz ist er ein allverbreiteter Brutvogel. Auch im Tiroler Hochgebirge ist er immerhin nicht selten bis hinauf zur Schneegrenze; aber schon in Salzburg ist er kaum mehr bekannt. Nur im Stubachtal (hohe Tauern) soll er noch regelmäßig beobachtet werden. Er langt hier bis Mitte April ein: doch immer nur in kleineren Flügen, nie die ganze Belegschaft einer Kolonie auf einmal. Längstens in der zweiten Hälfte des September, oft selbst schon im August, ziehen sie wieder fort, ebenfalls nie alle zugleich. Wo sie eigentlich während unseres Winters sich aufhalten, scheint durchaus noch nicht aufgeklärt.

In steilen unzugänglichen Felswänden, oder in geschützten Mauerlöchern von Ruinen und Türmen bauen die Alpensegler ihr Nest. Sie leben gesellig in Kolonien bis zu 100 Paaren. Die Nester sind daher oft recht eng aneinander gedrängt. Wenn sie auch ziemlich kunstlos sind, so wird doch immerfort, selbst wenn schon die Jungen darin sind, daran herumgebaut. Der wichtigste Baustoff ist dabei der zähklebrige Speichel der Tiere, mit dem sie alles, was ihnen gerade in den Wurf kommt, überziehen.

Selbst Eierschalen und Körper zugrunde gegangener Artgenossen werden auf diese Weise in den Nestbau einbezogen. Dabei erscheinen die Nester für die rasch heranwachsenden Jungen viel zu klein. Der Durchmesser beträgt durchschnittlich bloß 10 cm. Mitte Mai beginnt die Paarung, bei der es ganz der ungestümen Wesensart des Vogels entsprechend, recht wild hergeht. Anfangs Juni werden die beiden Eier gelegt. Selten nur trifft man ein Dreiergelege an. Die walzenförmigen Eier (19×31 mm) sind mattweiß. Sie werden recht sorglos bebrütet und gar nicht selten durch irgendwelche ungestüme Bewegungen zerbrochen. Nach fast drei Wochen schlüpfen endlich die Jungen aus, die erst nach 7—8 Wochen, also um Mitte August, flügge werden. Aber schon 14 Tage nach dem Schlüpfen ist die volle Körpergröße erreicht. Gefüttert werden die Jungen mit walnußgroßen Futterballen, die die Alten auf einmal in den fürchterlich weit aufgesperrten Schnabel der Jungen entleeren. L. Zehntner, dessen Schilderung ich hier folge, gelang es öfters solche Futterballen zu bekommen. Sie waren vollständig von zähflüssigem Speichel umhüllt. Legt man einen solchen auseinander, so hat man eine förmliche kleine Insektensammlung vor sich — nie findet sich etwas anderes darin als Insekten. Diese sind zum größten Teil noch lebendig; alles zappelt und krabbelt und sucht aus der unbequemen Lage zu entkommen. Gewöhnlich sind aber die Flügel verklebt und die Beine ineinander verstrickt. In einem solchen Ballen zählte Zehntner 156 Kerbtiere, darunter 25 Bremsen und ebensoviele Schwebefliegen. Durchschnittlich enthalten sie 80 bis 100 Tiere. Bei gutem Jagdwetter hat ein Alpensegler in einer Viertelstunde einen solchen Ballen voll Futter beisammen. Dabei jagen diese Vögel täglich mindestens 10 Stunden lang! Es läßt sich leicht ausmalen, was für eine ungeheure Menge von Kerfen eine Alpenseglerkolonie im Laufe eines Sommers zu vernichten in der Lage ist.

4. Der Flüevogel oder die Alpenbraunelle.
(Prunella collaris.)

Gleichmäßig verbreitet über die Hochgebirgsstufe der ganzen Alpen, aber auch des Riesengebirges, der Karpathen, des Apennin und der sizilischen Bergwelt, der Pyrenäen und der südspanischen Gebirge ist die Alpenbraunelle. In etwas abweichenden Formen kommt die Art noch vor am Balkan, in Kleinasien und weiter ostwärts im Kaukasus, in Persien, Turkestan, Tibet und Sibirien bis nach Japan. Überall in diesen weiten Gebieten, wo oberhalb der Holzgrenze begrünte Steinhalden und rasendurchsetztes Felswerk sich findet, sucht sie ihre Nahrung und läßt sie ihr lerchenähnliches Liedchen hören. In den Alpen ist sie Standvogel bis zu 3000 m Seehöhe. Im Sommer steigt sie häufig noch beträchtlich höher. Im Winter aber muß sie wohl oder übel den Schneemassen der größeren Höhen weichen. Die alten Vögel trifft man aber auch in strengen Wintern kaum unter 1000 m, während jüngere Stücke oft beträchtlich tiefer gehen, ja selbst überhaupt das Alpengebiet verlassen. Solchen kleinen winterlichen Wandergesellschaften gehören jedenfalls die Stücke an, die man einmal im Schwarzwald, ein andermal bei Besançon fing. Entsprechend der baumlosen Landschaft in ihrer hohen Heimat sind die Alpenbraunellen ausgesprochene Bodentiere, die auch im Winter sich nie auf einen Baum, nur selten auf niedriges Gebüsch setzen. Am liebsten hält sich der Vogel auf einzeln stehenden oder sonstwie vorragenden Steinblöcken auf, oder er hüpft eilig am Boden zwischen den Blöcken umher. Dabei frißt er so ziemlich alles, was ihm unterkommt, besonders Insekten, Spinnen und allerlei Sämereien. Von Zeit zu Zeit erhebt er sich in die Luft, streicht rüttelnd und schwebend über den Boden hin, schwingt sich aber auch dann und wann singend steil in die Höhe: nach Aussehen und Anhören überraschend ähnlich unserer Feldlerche. Der Name Steinlerche, den die Alpenbewohner unserem Vogel gegeben haben, erweist sich als überaus treffend. Der Lockruf ist meist ein etwas trillerndes trui oder ein einfaches, spatzenähnliches Schilpen.

Der verhältnismäßig große Vogel — bei zirka 18 cm Länge wiegt er 40 g — ist leicht zu sehen und an der weißen, dunkel betropften Kehle und den rotbraunen, weißlich gestreiften Seiten sicher zu erkennen. Im übrigen ist die Färbung mehr oder weniger grau.

Sobald es die Schneeverhältnisse auf den Höhen erlauben, kehrt der Flüevogel von seinen Streifereien zurück und beginnt mit dem Brutgeschäft. Ist dies in günstigen Lagen und milden Jahren schon im Mai möglich, so erfolgt meist noch eine zweite Brut. Am Boden zwischen Steinen, in der Nähe von Almen selbst in den sogenannten „Viehgangeln", vielfach auch in Felsenlöchern, wird das große Nest untergebracht. Aus Moos und Grashalmen ist es in ziemlich nachlässiger Weise gebaut; Federn und Haare füllen die Mulde aus. Zum vollen Gelege gehören fünf von den blaßen, grünblauen Eiern. Ein Ei mißt 17 × 23 mm.

5. Der Mauerläufer.
(Tichodroma muraria.)

Der farbenprächtigste unter allen unseren Alpenvögeln ist unstreitig der Mauerläufer; freilich prahlt er nicht mit seiner Schönheit, sondern zeigt sie immer nur auf kurze Augenblicke. Seine Oberseite wirkt mit ihrer mausgrauen Farbe betont einfach. Die Kehle ist im Sommer schwarz, im Winter fleckenlos weiß. Die Flügel weisen, wenn sie entfaltet sind, ein ganz prächtig abstechendes karminrot auf. Einzelne Flügel- und alle Schwanzfedern besitzen noch größere weiße Flecken. Unverkennbar trägt der Mauerläufer ein „exotisches" Prunkgefieder und stellt sich damit in eine Reihe neben Eisvogel und Blaurake. Ein solches Gefieder konnten nur die sonnendurchglühten Gebirgsstöcke eines südlicheren Gürtels hervorbringen. In der Tat stimmt die Verbreitung der Art mit dieser Vermutung überein. Ohne in Unterarten aufzuspalten besiedelt unser Vogel alle Hochgebirge Mittel- und Südeuropas und kommt auf allen Gebirgen Asiens vor bis weit in die Mongolei hinein. In unseren Alpen ist er noch bei 3500 m keine Seltenheit; in Westtibet hat ihn Zugmayer noch über 4500 m angetroffen. Wo immer in diesen weiten Gebieten kahle Felsen sind, ist der Mauerläufer anzutreffen; je kahler und steiler die Wände, desto lieber ist es ihm. Grasbänder besucht er nur selten und nur um der Kerfjagd nachzugehen; auch Bäume fliegt er nur in ganz seltenen Ausnahmefällen an.

Seine Nahrung besteht aus kleinen Spinnlein und zarten Kerfen, gegebenenfalls verschmäht er auch deren Eier und Larven nicht. Doch frißt er nach den Beobachtungen der beiden Heinroth nie viel auf einmal und legt auch nicht, wie das sein Verwandter, der Kleiber, zu tun pflegt, Vorratshäufchen an. Mit seinem langen, etwas gebogenen Schnabel weiß er die Beute treffsicher aus den Spalten des Gesteins herauszufischen und auch, wenn sich das ausersehene Opfer in letzter Hoffnung vom Felsen fallen läßt, aus der Luft aufzufangen Die Zunge vermag der Mauerläufer zwar nicht weit vorzustrecken; mit ihren

Widerborsten an der Spitze ist sie dennoch ein vorzügliches Jagdgerät. Damit sucht er die Wände fleißig von unten nach oben ab, oben angelangt, wirft er sich in kühnem Bogen, hin und wieder sich dabei sogar überschlagend, in die Luft hinaus und fliegt den unteren Teil der Wand neuerdings an. So gehts in einemfort; so ein Mauerläufer ist so gut wie immer in Bewegung. Dabei ist er jedoch nicht in der Lage, kopfunter zu jagen, er benützt auch nie seinen Schwanz als Stütze. Er läuft vielmehr recht eigentlich gewandt hinan; bei jedem Satz benützt er die großen breiten Flügel in der Weise, daß er sie halb öffnet und blitzschnell wieder an den Körper zieht. In diesen kurzen Augenblicken zeigt sich das prächtige Weiß und Rot der Flügel. Hat er's besonders wichtig, so läßt er zugleich mit jedem solchen Flügelschlag einen kurzen Kehlton hören. Muß er unterwegs anhalten, so hält er mit weitentfalteten Flügeln still. Dann sieht er mehr einem großen bunten Schmetterling gleich als einem Vogel; in der kahlen Felsenöde ein märchenhaftes Bild. Dabei ist er mit seinen 16 cm Länge und 20 g Gewicht durchaus kein kleiner Vogel. Im übrigen folgt er einer genau eingeteilten Tagesordnung. Erst wenn der Tag schon ziemlich vorgeschritten ist, kommt er aus seiner Schlafhöhle und zeitig am Nachmittag verkriecht er sich wieder in seinen gewohnten Winkel.

In Felsspalten hoher Wände, die selbst geübten Kletterern nicht recht zugänglich sind, baut er sein Nest. Der Nistplatz ist nach dem ganzen Gehaben des Vogels ja nicht schwer zu finden; aber ganz hinzukommen ist im allgemeinen kaum möglich. Das Nest ist (nach Girtanner 1867) auffällig groß und leicht gebaut. Es birgt in einer Hülle, geflochten aus Moos, Samenwolle von Zwergweiden und feinem Gefäser ein warmes Bettchen aus Tierhaaren. Darin liegen Ende Mai, Anfangs Juni vier trübweiße Eierchen, die besonders um den stumpfen Pol herum dicht schwarzbraun überpunktet sind. Ein solches Ei mißt 14×21 mm. An besonders günstig und tief gelegenen Orten der Südalpen (z. B. Savoyen) wurden übrigens schon Ende April volle Gelege beobachtet. In den Hochalpen erfolgt jährlich nur eine Brut; ja, nach strengen Wintern sind noch spät im August gefütterte Junge zu sehen. Mit hellem Pfeifen betteln diese ihre Eltern an, auch wenn sie schon längere Zeit flügge sind. Der Kot der Nestjungen ist in eine dünne kalkreiche Haut eingeschlossen und sieht einem nicht voll ausgebildeten Ei recht ähnlich. Diese Kugel wird von den Alten mit der Schnabelspitze aufgenommen und aus dem Neste getragen — wie das ja von den meisten Singvögeln längst bekannt ist.

Es sei hier noch kurz vermerkt, daß der Mauerläufer nach Girtanner sich zur Nachtruhe in Felsenspalten zurückziehe, auf deren Grund er ganz wie ein brütender Vogel auf dem Bauche liegend schlafe. Brehm hat diese Nachricht übernommen und hält sie für recht glaubwürdig, da nur so der Vogel Gelegenheit habe, seine untertags ohne Unterlaß benützten Flatter- und Kletterwerkzeuge gehörig ausruhen zu lassen. Heinroth jedoch berichtet, daß sein Mauerläufer, den er zwei Jahre lang gepflegt hatte, nie irgendwelche besondere Schlafstellung eingenommen habe.

Das Weibchen ist etwas kleiner als das Männchen, unterscheidet sich aber sonst im Gefieder nur durch das Fehlen der kennzeichnenden Kehlfärbung. Im Winter haben die Männchen nämlich eine rein weiße, im Sommer eine schwarze Kehle. Wohl aber ist der Vogel je nach der Jahreszeit auch sonst etwas verschieden gefärbt. Die Gesamtmauser findet zumeist

Mitte Juni statt, Mitte September und im Frühling macht er noch zwei kleine Gefiederwechsel mit. Während er sich den Sommer über in den höchsten Höhen der Alpen aufhält und selbst auf Felsblöcken, die mitten auf den Gletschern liegen der Jagd nachgeht, muß er im Spätherbst sich langsam an tiefer gelegene Standorte zurückziehen. Da kommt er dann gerne in die Ortschaften herab und beehrt das Mauerwerk der Kirchen mit seinem Besuch. Alljährlich ist er gern gesehener Gast an der Hofkirche in Innsbruck, am Dom in Salzburg und anderwärts. Manchmal verirrt er sich auch in das Innere dieser Gebäude. Folgt aber eine kurze Reihe sonniger Wintertage, eilt der Mauerläufer sofort wieder der Höhe zu und erst die wiederkehrende Kälte führt ihn ins Tal zurück. So kam es, daß man ihn einmal Mitte Jänner am oberen Grindelwaldgletscher lebend fing.

Noch während seines Talaufenthaltes beginnt er seine Stimme zu üben. Stilles Geplauder, starähnliches Dichten, kann man von ihm hören und kurze, mit überraschendem Wohlklang vorgetragene und ziemlich laut erklingende Strophen mit meist aufsteigender Melodielinie. Oft entspricht das Liedchen genau dem c-Moll-Dreiklang.

6. Der Berg- oder Wasserpieper.

(Anthus spinoletta.)

Allenthalben im Hochgebirge, wo es reichliche Wasserläufe gibt, auf Almböden, in geröligen Karen, wenn sie nur etwas begrünt sind, bis hinauf an die Grenze des ewigen Schnees — überall erklingt hier des Berg- oder Wasserpiepers metallisches Lied. Kein anderer Alpenvogel singt dort so viel wie er, höchstens der Flüevogel kommt ihm darin nah.

Überall steigen sie auf, fliegen rüttelnd und schwebend in die Luft und singen, singen was aus der Kehle geht. Dennoch erklingt seine Strophe gleichgültig und leidenschaftslos, so wie auch sonst sein ganzes Wesen zu der leisen Schwermut seines Aufenthaltsortes paßt. „Er singt nur im Flug. Während der Einleitung schlägt er mit den Flügeln eilig wie eine Lerche, mehr oder weniger langsam vorwärts strebend. Mit dem die Einleitung beendigenden accelerando crescendo beginnt er zu schweben und schwebt bis zum Ende des Liedes. Während aber Feld- und Haubenlerche in der Luft hin- und herfliegen, die Heidelerche ihre flachen Bögen beschreibt, der Wiesenpieper nach langem Rütteln schließlich irgendwo herabschwebt und dicht über dem Boden gleitend weitersingt, fliegt der Bergpieper nach einem Ziel. Auf der Cenise, einem zirka 1800 m hoch gelegenen Almgebiet in Savoyen, sang vielleicht ein Dutzend Wasserpieper, jeder von ihnen hatte seine persönlichen Eigentümlichkeiten im Singen und man konnte jeden einzelnen bald an seinem besonderen Gesang unterscheiden. Jeder Pieper hatte sein bestimmtes Revier, das er singend in gerader Linie durchflog: von einem bestimmten Stein sich aufschwingend, fiel er in einiger Entfernung an einer anderen Stelle wieder ein und kehrte nach einiger Zeit ebenso zu seinem Ausgangsort zurück. Niemals sang einer auf dem Boden, sitzend oder laufend, auch nicht auf Bäumen. Der Wasserpieper ist ein ausgesprochener Balzflieger. Dabei drängt sich förmlich die Beobachtung auf, daß die Dauer, die Länge des einzelnen Liedes abhängt von der durchflogenen Strecke" (Stadler 1928). Von seinen Lockrufen, den eintönigen oft in längeren Reihen hintereinander gebrachten iss oder gssi hat er vielleicht den Namen Gibser erhalten.

So auffällig das Benehmen des Vogels im Frühling und den ganzen Sommer durch ist, so unscheinbar ist sein Äußeres. Die graubraune, trüb und undeutlich gefleckte Oberseite und die gelblichweiße Unterseite entbehren jeden besonderen Kennzeichens. Der braune, hellgesäumte Streif in der Augengegend ist im Freien kaum zu erkennen. Um so mehr als der Bergpieper bei Beunruhigung schon auf große Entfernungen die Flucht ergreift und erst nach längerem Flug seinen Ruf ertönen läßt, so daß man oft auf ihn erst aufmerksam wird, wenn er schon fast außer Sehweite ist. Das Weibchen ist etwas kleiner als das Männchen und die Jungen haben meist eine mehr braune Farbe, so wie sie die Alten im Winterkleid zeigen.

Schon Ende August werden die Vögel unruhig und im Frühwetter ziehen die Bergpieper sich aus den Hochlagen zurück und wandern nach dem Süden, wo sie sich selbst in den nassen Reisfeldern der Poebene aufhalten. Eine große Anzahl von Wasserpiepern, vielleicht hauptsächlich die Männchen, flüchten nicht so weit, sondern bleiben in den Alpentälern in Tiefen von 600 m und darunter zurück. Es kommt aber auch vor, daß sie sich mitten im Winter, wenn unten der Talnebel, auf den Höhen aber sonniges und mildes Wetter herrscht, den Bächen entlang wieder auf kurze Zeit in die Berge zurückziehen. Sobald das Wetter aber sich ändert, eilen sie wieder zu Tal, doch halten sie sich auch hier nie lange an ein und derselben Stelle auf, ständig streichen sie den Wasserläufen entlang umher.

Anfangs April verläßt er die Ebenen und sucht die bergigen Gegenden wieder auf. Meist kommt er dort in kleineren Gesellschaften an. Tag für Tag folgt er dem zurückweichenden Schnee bis er endlich seine Brutplätze wieder erreicht. Zumeist treffen die Männchen hier zuerst ein. Anfang Mai haben sich die Paare zusammengefunden und gleich beginnen die Weibchen mit dem Nestbau, während die Männchen sich eifrig und unermüdlich dem Gesange widmen. Das recht kunstvolle, sorgfältig mit Tierhaaren ausgepolsterte Nest wird unter Gras oder zwischen Steinen angelegt und ist nur schwer zu finden, wenn es auch unmittelbar neben vielbegangenen Wegen liegt. Ende Mai, spätestens Juni liegen 5—6 Eier darin. Sie sind, so wie das Federkleid der Alten, recht unscheinbar: grau, mit feinen dunkleren Flecken. Sie messen meist 16×21 mm.

Zu dieser Zeit gibt es aber in jenen Höhenlagen, die die Bergpieper bewohnen, noch recht häufig Wetterumschläge, die für unsere Vögel oft geradezu vernichtende Wirkung haben. Ohne Zweifel haben von allen Alpenvögeln die Bergpieper am meisten unter der rauhen Witterung des Hochgebirgsfrühlings zu leiden. Wie oft begräbt der späte nasse Schnee das Nest samt der Brut! Die Weibchen müssen die Eier verlassen, schon geschlüpfte hilflose Jungvögel müssen elend verklammen und die Alten flüchten nochmals auf kurze Zeit ins Tal. Sind die Brutplätze wieder bewohnbar geworden, beginnt der Nestbau auf neue, doch enthalten diese zweiten Gelege meist nur mehr 4 Eier.

Unermüdlich bringen die Alten den endlich geschlüpften Jungen die Nahrung herbei. Alle zwei bis drei Minuten fliegen sie heran, den ganzen Schnabel voll von Insekten. Dabei benehmen sie sich selbst in nächster Nähe des Nestes durchaus nicht scheu. Sie schleichen sich nicht, wie es die anderen Erdbrüter tun, vorsichtig und auf Umwegen heran. Selbst in allernächster Nähe der Jungen jagen sie; bald im Flug, bald im überraschenden Sprung erhaschen sie ihre Beute. Außer allen geflügelten Kerfen nehmen sie auch Räupchen an; ja selbst kleine Schnecken werden samt dem Gehäuse gefressen.

Der Bergpieper bewohnt in der Alpenrasse noch die Sudeten und den Schwarzwald, brütete früher auch im Harz und dem Thüringer Wald. In anderen Unterarten ist er noch in den Hochgebirgen Spaniens und Italiens, der Karpathen, des Balkans und Kleinasiens, weiter in den Gebirgen Zentralasiens und des subarktischen Nordamerikas und endlich an den Küsten Nordeuropas zu finden.

7. Der Schneefink.
(Montifringilla nivalis.)

Am meisten Wetterfestigkeit besitzt von allen Alpenvögeln wohl der Schneefink. Im Sommer und im Winter, immer hält er sich weit oberhalb der Waldgrenze auf. Selbst bei ärgstem Stürmen und Schneien weicht er nicht vor der Gewalt des Winters. Irgendwo findet sich doch immer eine freigewehte Stelle, wo etwas Grünzeug, ein paar Halme oder kümmerliche Körner zur Nahrung dienen können. Und da der Schneefink mit seinen auffallend langen Flügeln ein guter Flieger ist, sind ihm geeignete Futterplätze immer erreichbar.

Bei Skihochtouren kann man der Vögel leicht ansichtig werden; noch leichter an recht heißen Sommertagen, wenn man z. B. an einer hochgelegenen Quelle Vorpaß hält. Die Schneefinken baden gern, allerdings nicht nur im Wasser, sondern auch im Sand und Schnee. Da sieht man dann die munteren Tiere ohne jede Scheu in fast greifbare Nähe herantrippeln. Der aschfarbene Kopf, der braune Rücken, die (im Sommer) schwarze Kehle heben sich schön von der gelblichen Unterseite des Körpers ab. Deutlich erkennt man auch den orangefarbenen Schnabel; nur das geschlechtsreife Männchen besitzt einen schwarzen. Der große weiße Spiegel ist am ruhenden Tiere teilweise verdeckt, macht aber den fliegenden Schneefinken schon von weitem auffällig und leicht kenntlich. Ein eindrucksvolles Bild ist ein Schwarm von Schneefinken bei Flugübungen, wenn dem Beobachter aus der dunkeln Schar die weißen Flügelfelder entgegenblinken.

Anfangs Mai bauen die Schneefinken ihr Nest. Als Nistplatz werden Felsenspalten, die kleinen Höhlen gleichkommen, bevorzugt. Das warme Nest ist groß und recht dicht gefüllt. Wie bei allen Höhlenbrütern — und im Gegensatz zu den übrigen Finken — sind die Eier braunweiß. Zu einem vollen Gelege gehören 4—6 Stück davon; ihre Größe beträgt zumeist 17×24 mm. Die Jungen werden mit kleinen Insekten gefüttert.

Obwohl der Schneefink größer und kräftiger ist als der Buchfink, ist seine Stimme doch überraschend leise. Meist läßt er ein Liedchen hören, das dem Schlag der Kohlmeisen sehr ähnlich ist; oder er lockt mit einigen rasch aneinandergereihten brürr, die wiederum stark an die Haubenmeise erinnern. Außerdem hört man noch als Lockruf ein einsilbiges Quäken.

Die Schneefinken bewohnen außer den Hochregionen der Alpen noch die Pyrenäen und den Apennin. In anderen Unterarten besiedeln sie die Hochgebirge Asiens bis hinauf nach Kamtschatka und zu den Bergen Nordchinas. Auch in den Nordamerikanischen Gebirgen fehlt er nicht.

8. Der Kolkrabe.
(Corvus corax.)

In gleicher Weise, wie der Steinadler kein echter Hochgebirgsvogel ist, ist das auch der Kolkrabe nicht, obwohl er in den Alpen fast ausschließlich ober

Holz horstet. Als Art ist er, wenn auch in zahlreichen geographischen Formen über ein ungeheures Gebiet verbreitet: Europa samt Island; Sibirien bis Kamtschatka und Mandschukuo; Palästina, Persien, Indien, Himalaya; ferner Nordafrika, die kanarischen und kapverdischen Inseln; Mittel- und Nordamerika, sowie Grönland. Dabei scheut der Kolk in Sibirien den Menschen so wenig, daß er — wie Brehm berichtet — mit Nebelkrähe und Dohle zusammen nicht allein Straßen und Feldwege, sondern auch Dörfer und Städte besucht, ja gerade hier auf den Kirchtürmen regelmäßig nistet. Auch in Schleswig-Holstein und Hannover war er bis vor einem Jahrzehnt noch in befriedigender Menge zu finden, doch ist sein Bestand infolge des den Krähen zugedachten Giftbrockenlegens gewaltig zusammengeschmolzen. Es ist begreiflich, daß sich diese Tiere vor den Verfolgungen durch den Menschen zu retten suchten und sich in Hochwälder und Gebirge zurückgezogen haben. Dabei erwiesen sie sich als überaus anpassungsfähig. Raben, die sich in Waldgebiete zurückgezogen haben, horsten auf Bäumen; nie wurde beobachtet, daß sie dort ihren Horst in Felswänden errichtet hätten. Die Kolkraben des Alpengebietes haben sich ganz an das Leben im baumfreien Hochgebirge gewöhnt und errichten ihren Horst auch dann nicht auf Bäumen, wenn sie einmal eine felsige Schlucht unterhalb der Waldgrenze als Wohngebiet sich ausgesucht haben; — auch in dieser Hinsicht ähnlich den Steinadlern. Ohne Zweifel ist der Kolkrabe in den Alpen recht selten geworden, gegenüber jenen Zeiten, da Galgen und Schindanger ihm regelmäßig Nahrung boten. Eifersüchtig hütet er sein Jagdgebiet, das der Größe und Gefräßigkeit des Vogels entsprechend recht groß ist und wehe dem artfremden oder artgleichen gefiederten Raubgesellen, der es wagt, in seinem Revier zu wildern; unnachsichtlich wird er verfolgt und hinausgejagt. Deswegen sieht man bei uns in den Alpen die Kolkraben immer nur vereinzelt oder in ganz wenigen Stücken beisammen. Er scheint daher noch seltener zu sein als es tatsächlich der Fall ist.

Dem aufmerksamen Naturfreund kann der Rabe kaum entgehen. Von weitem schon hört er die überaus kennzeichnenden Rufe. Das tiefe kolk und krokk, manchmal zusammengesetzt, daß es wie gogg-i-gogg klingt, lassen ihn aufhorchen und bald wird er das herrliche Flugbild des großen Raben am Himmel entdeckt haben. Bei dem fast angeborenen Mißtrauen des Vogels genügt eine scheinbar ganz geringfügige Störung, um ihn zu raschem Höhersteigen zu veranlassen und in kurzer Zeit ist er nur mehr als kleiner Punkt am weiten Himmel sichtbar oder ganz den Blicken entschwunden. Leichter zu beobachten ist sein kluges aber überaus scheues Wesen beim Ansitz am „Luder" (Aas). Des Raben einzige Waffe, sein kräftiger 7—8$^{1}/_{2}$ cm langer Schnabel macht es ihm kaum möglich, gesunde Tiere zu schlagen und so ergötzt er sich zumeist am Aas, sei es nun von welchen Wirbeltieren immer. Mäuse, Maulwürfe, Schlangen und derlei Getier fängt er sich meist lebend. Auch jagt er gern anderen Raubvögeln, selbst dem Wanderfalken, die Beute ab.

Seine Balzzeit fällt in den ersten Vorfrühling. Wem immer es gelungen ist, etwas davon zu sehen oder zu hören, dem wird das stets ein unvergeßliches Erlebnis bleiben. Schon im März liegen 4 bis 5 grünliche, dicht braungefleckte Eier — 29×42 mm messend — im Horst. Dieser ist zumeist an hohen Felswänden, sehr selten in altem, verlassenen Gemäuer angelegt. Er besteht aus kleinem Astwerk, dürren Blättern und Wurzeln, vielfach wird auch Moos mitverarbeitet. Das ganze wird durch eine Art Mörtel zusammengehalten. Die Mulde ist mit allerlei Haaren ausgekleidet.

Interessant ist eine Erscheinung, auf die manche Beobachtungen hindeuten, die besonders auffällig wäre bei einem Vogel, der so ungesellig lebt wie der unsere und der nie weite Reisen unternimmt wie die Zugvögel. Es scheint nämlich, daß bei den Kolkraben, ähnlich dem vielbeschriebenen und so selten gesehenen „Storchengericht" eine Art Volksversammlung eingeführt wäre; doch ist hier durch sorgfältige Beobachtung noch nahezu alles erst festzustellen.

Es ist wohl überflüssig, das Kleid des — wenigstens vom Hörensagen — allbekannten Kolkraben zu beschreiben. Es ist einheitlich glänzend schwarz und besitzt manchmal einen metallischen Schimmer. Die Flügellänge beträgt 42 bis 45 cm gegen 30 bis 32 cm bei der Rabenkrähe; der Schnabel ist fast doppelt so lang als bei dieser und sein Gewicht mit einviertel Kilo entspricht ungefähr dem von $2^1/_2$ Krähen. Das Weibchen des Kolkraben ist höchstens durch die etwas geringere Größe unterschieden.

9. Die beiden Felsenkrähen.
(Pyrrhocorax.)

die rotschnäbelige Alpenkrähe, Pyrrh. pyrrhocorax und die gelbschnäbelige Alpendohle, Pyrrh. graculus.

Äußerlich in vielem ähnlich, werden die beiden alpinen Vertreter der Gattung Pyrrhocorax oftmals miteinander verwechselt. Eigenartigerweise kommt diese Verwechslung im Schrifttum noch weit häufiger vor, als in der freien Natur. Dies kommt hauptsächlich von der heillosen Verwirrung in der wissenschaftlichen Namengebung, der „Nomenklatur" dieser Gattung her. Während es im allgemeinen Gott sei Dank

tatsächlich zutrifft, daß die lateinischen Namen die
eindeutigen sind gegenüber der Fülle von mehr oder
weniger volkstümlichen deutschen Namen, ist es hier
umgekehrt; besonders wenn man im deutschen Namen
noch die Schnabelfarbe angibt, ist ein Zweifel nicht
mehr möglich. Dagegen führte die Alpenkrähe
früher, d. h. noch vor etwa 25 Jahren ganz allgemein
jenen lateinischen Namen, mit dem man heute die
Alpendohle bezeichnet und verstand man damals unter
dem heutigen Namen der Alpenkrähe die Alpendohle!

Wie schon angedeutet ist die Schnabelfarbe das
sicherste Unterscheidungsmerkmal der beiden Arten;

Abb. 27. Links gelbschnäbelige Alpendohle, rechts rotschnäbelige Alpenkrähe.

der rote ist länger als der Kopf und in schönem
Schwunge gebogen, der gelbe dagegen kürzer und
ziemlich gerade. Die Alpenkrähe ist zudem um ein
geringes größer als der Gelbschnabel. Beide Arten
haben dunkelrote Füße, die schon von weitem erkennbar sind und ein verläßliches Merkmal beider Felsenkrähen gegenüber unseren übrigen Rabenvögeln bilden. Insbesondere im Winter kann man nämlich nicht
selten Vertreter beider Gruppen nebeneinander finden. Der Besucher der Ostalpen braucht sich jedoch
nicht weiter mit diesen Unterschieden aufzuhalten:
er wird ja doch kaum das Glück haben, dem Rotschnabel zu begegnen. Schon in Tirol ist er äußerst
selten; insgesamt liegen nicht einmal ein halbes
Dutzend von Meldungen aus diesem Lande vor. Die
drei Meldungen dieser Art aus Oberösterreich und
Salzburg hält der ausgezeichnete Kenner der Alpenvögel V. von Tschusi für unglaubwürdig. Anders

dagegen in den Westalpen; dort brütet der Vogel noch, und zwar verhältnismäßig am häufigsten in den Bergen des Berner Oberlandes. Früher soll er in Graubünden auch recht häufig in den Glockenstuben der Kirchtürme höher gelegener Berggemeinden gebrütet haben. So fand ihn Baldenstein (1821) fast in allen Dörfern des Oberhalbstein und Domleschg. Seit den Sechzigerjahren ist er jedoch nahezu ganz aus der Umgebung menschlicher Bauten verdrängt worden. Heute nistet er nur mehr an steilen, hoch gelegenen Wänden in Spalten und Löchern. Im Gegensatz zur geselligen Alpendohle hält er sich meist vereinzelt. Die Eier, deren meist fünf zu einem Gelege gehören, messen 25—29 × 35—44 mm und sind Anfang Mai vollzählig da. In der zweiten Hälfte des Juni werden die Jungen flügge.

Der Rotschnabel nährt sich von Würmern, Spinnen, Käfern und Tausendfüßlern; auch werden Schnecken nicht verschmäht und hie und da auch eine kleine Eidechse oder eine junge Maus verspeist. Mit dem langen Schnabel stochert diese Krähe fleißig im Boden herum und weiß ihre Beute geschickt aus der Erde oder unter Steinen herauszuziehen. Kleinere Steine hebt sie auch in die Höhe, um leichter nach den gesuchten Kleintieren fahnden zu können. In der Notzeit des Winters geht sie auch an Beeren und Körner, ja selbst an Aas.

Außer den Westalpen besiedelt der Rotschnabel noch die Gebirge Nordafrikas und Zentralasiens. Im Himalaya steigt er bis weit über 6000 m.

Ganz im Gegensatz zur rotschnäbeligen Alpenkrähe ist die Alpendohle im ganzen Zuge der Alpen verbreitet und überall häufig. Sie bewohnt außerdem noch alle höheren Gebirge des südlichen Europa, sowie von West- und Zentralasien.

Während die Alpenkrähe vorwiegend Einzelgänger ist, tritt die Alpendohle immer gesellig auf. Sie baut ihr Nest in Felsspalten und kleinen Höhlen auf unzugänglichen Gesimsen und nistet kolonienweise. Die ziemlich großen Nester werden recht kunstfertig aus kleinen Würzelchen und feinem Heu geflochten und auf einen Unterbau von Wurzeln und kleinem Geäst gestellt. Die Mulde wird mit weichen Haaren noch warm gepolstert. Zu einem vollen Gelege gehören vier bis fünf der schlanken, weißen, grau gefleckten Eier. Deren Maß wird mit durchschnittlich 26 × 39 mm angegeben. Anfang Juni fallen die Jungen aus.

Die Alpendohlen halten sich zumeist oberhalb der Waldgrenze auf und sind leicht bis hinauf an die Grenze des ewigen Schnees zu beobachten. Es ist überaus reizvoll diesen schwarzen Flugkünstlern zuzusehen, wie sie in geschlossenen Gruppen exerzieren, sich mitten in reißende Windwirbel stürzen oder über scharfen Graten den Aufwind auszunützen verstehen, so daß sie minutenlang ohne jeden Flügelschlag an derselben Stelle sich in der Luft halten können. In der Nähe von Schutzhütten und Bergbahnen haben sie sich derart an den Menschen gewöhnt, daß sie wie Möven ihnen zugeworfene Nahrungsbrocken in der Luft erhaschen. Ja, es braucht nicht einmal viel Geduld, um einen solchen Schwarzfrack dazu zu bewegen, ein Stück Käse oder Wurst aus der Hand zu fressen. In Bezug auf die Nahrung sind diese Dohlen keineswegs wählerisch, wenn auch im Sommer Kerbtiere und Schnecken — samt Gehäusen — offenbar bevorzugt werden. Doch werden Beeren, Knospen und andere Pflanzenteile nicht verschmäht. Bei schlechtem Wetter, besonders bei Schneefällen streifen sie in dunklen Scharen hinab in die Täler und suchen hier auf schneefrei gebliebenem Gelände ihren stets hungrigen Magen zu füllen. Auch im Hochsommer besuchen sie gerne frisch gemähte Wiesen und suchen diese ganz planmäßig nach Heuschrecken ab. Gleichmäßig schreitet der Schwarm die Wiese ein paar Schritte weit bergaufwärts ab, dann fliegt die letzte Reihe der ganzen Schar auf und setzt sich als erste wieder zu Boden, um aus dem Vollen schöpfen zu können. Doch bald setzt sich ihnen eine neue Schwarmlinie vor die Nase. So dauert es nicht lange und sie sind wiederum die Letzten und sie müssen neuerdings an die vorderste Front fliegen. Hat sich so der Schwarm bis ans obere Ende der Wiese richtig fortgewälzt, so erhebt sich die ganze Gesellschaft in die Lüfte und nach einigen Gruppenschwenkungen wird mit dem Absuchen eines neuen Streifens begonnen oder die Tiere schrauben sich in die Höhe, bis sie, immer in geschlossener Gesellschaft durcheinanderfliegend, den Blicken entschwunden sind.

5. Die Säugetiere des Alpengebietes.

a) Allgemeines, ausgestorbene Arten.

In einem so kurzen Überblick, wie er hier gegeben werden soll, kann man, ohne der wissenschaftlichen Einteilung nach Verwandtschaftsgraden besonders Gewalt anzutun, vor allem zwei Gruppen von Säugetieren unterscheiden: einerseits die großen allbekannten Arten, deren jede einzelne für den Laien einen besonderen Typ darstellt — wie Hase, Wolf, Hirsch usw., und andererseits die sogenannten Kleinsäuger, von denen der Laie meist nur die Familien als Ganzes kennt; deren Artenunterscheidung ihm auch gar nicht zugemutet werden kann, da sie sogar den Fachmann oft vor recht beträchtliche Schwierigkeiten stellt. Es leuchtet wohl auch ein, daß wir über die geschichtliche Entwicklung der Kleinsäugerwelt im Alpengebiet — der Mäuse, Spitzmäuse und Fledermäuse — nicht so gut unterrichtet sind, wie dies bei den großen Arten der Fall ist. Wohl sind uns von manchen nacheiszeitlichen Fundstätten sicher bestimmbare Reste von Kleinsäugern erhalten, doch soll im Folgenden versucht werden, bloß an Hand der großen Formen einen kurzen Abriß der Säugetierwelt der Nacheiszeit zu geben.

Kaum eine andere Gruppe unserer artenreichen Tierwelt zeigt sich in solchem Maße abhängig von dem Einfluß der menschlichen Kultur, wie die der großen Säuger. Trotzdem ist natürlich auch eine Abhängigkeit von dem in steter Wandlung befindlichen Klima nicht zu verkennen. Nach dem Höhepunkt der letzten Eiszeit, in der, wie schon früher dargelegt, nicht bloß die Alpen, sondern auch weite Gebiete des Vorlandes mehr oder weniger tief mit Eis bedeckt waren, folgt jene der Gegenwart in mancher Beziehung recht verwandte Zeit, der die Waldbedeckung ihr Gepräge gibt. Dazwischen liegt eine lange Übergangszeit, die länger währte, als die ganze Waldzeit; in der möglicherweise auch schon bedeutende Klimaschwankungen stattgefunden haben, die wieder mancherlei Veränderungen im Floren- und Faunenbild zur Folge hatten. Eine immerhin noch recht kalte Zeit mit Silberwurz und Zwergbirke als charakteristischen Vertretern der Pflanzendecke ging der sogenannten Waldzeit voraus. Doch stieg dann die Durchschnittstemperatur immer weiter an: es kam zu einer ausgesprochenen Wärmezeit, in der es warme und trockene Sommer, sowie milde Winter gab; man nennt diese Zeit das Boreal. Es entspricht der mittleren Steinzeit der menschlichen Vorgeschichte. Zu dieser Zeit gab es in den Alpen bereits die Fichte und in schweren Mengen Haselnußsträucher. Darauf folgte eine feuchtwarme Zeit, das

Atlantikum; dieses entspricht der jüngeren Steinzeit. Damals gab es in den Alpentälern ausgedehnte Weißtannenwälder, Eiben und Stechpalmen; damals breiteten sich besonders im Vorland Buche und Bergahorn aus. In diese üppigen Wälder konnte der Mensch nur schwer eindringen; er baute seine Siedlungen daher hauptsächlich an den Rändern der Seen, selbst in diese hinein. Dagegen konnte sich in dieser Pfahlbauzeit ein reiches Leben der großen Säuger entwickeln. Nun folgt, der Bronzezeit entsprechend, eine trockenere und wärmere Periode, das Sub-Boreal. Ein überraschend dichtes Verkehrsnetz überzog damals die Alpen und zahlreiche Spuren vorgeschichtlichen Bergbaues datieren aus dieser Zeit. Die ältere Hallstätterkultur gehört z. B. hierher. Die Gletscher hatten sich jedenfalls weit hinter ihren gegenwärtigen Stand zurückgezogen. In der Zeit vom 9. bis zum 5. Jahrhundert v. Chr. erfolgte dann ein folgenschwerer Klimasturz. Er bezeichnet das Subatlantikum, das bei uns der Eisenzeit entspricht. Die Buche ist der Charakterbaum dieses Zeitraums. Je näher wir so der Gegenwart kommen, desto deutlicher zeigt sich, daß auch alle die eben genannten Zeitabschnitte nicht durchaus einheitlich und scharf begrenzt sind, doch würde es natürlich weit aus dem hier gesteckten Rahmen fallen, auf Einzelheiten einzugehen.

Es sei nur noch kurz auf die Trockenzeit des 14. und 15. nachchristlichen Jahrhunderts hingewiesen, da diese gut die Folgen von derartigen Klimaänderungen zu beleuchten vermag. Nicht nur in Asien und Osteuropa, sondern auch inmitten der Alpen (Walser!) verursachte sie beträchtliche Völkerbewegungen. Selbst in Mitteldeutschland wurden damals viele Siedlungen aufgegeben; Gradmann schätzt deren Zahl auf anderthalb Tausend. Krieg,

Hunger und Seuchen gingen nebenher. Solche Klimaänderungen besiegeln natürlich gar oft auch das Schicksal selbst großer und mächtiger Tiergestalten und es dauert dann nur kurze Jahrzehnte, bis auch die letzten und widerstandsfähigsten Vertreter der Art für immer von der Bildfläche verschwinden. Da und dort mag es vielleicht einen geschützten Winkel geben, wo sich ein paar Stücke in eine bessere Zeit hinüberzuretten vermögen, so daß diese dann den Herd einer Wiederbesiedelung darstellen können (Steinböcke!). Doch ist das durchaus nicht die Regel.

Aus der Pfahlbauzeit kennen wir von Bewohnern des Alpengebietes, um nur eine kleine Auswahl namentlich anzuführen, folgende Säuger: Auerochse, Wisent (= Bison), Elch, Gemse, Hirsch, Reh, Wildschwein, Torfschwein (im Gegensatz zum allesfressenden Wildschwein ein ziemlich ausgesprochener Pflanzenfresser), Bär, Dachs, Fischotter, Fuchs, Wolf, Wildkatze, Biber usw. Andere Arten, die während der Eiszeit sich weit ins Vorland hinaus wagen mußten, haben sich nun wieder weit ins Hochgebirge hinauf zurückgezogen: Schneehase, Murmeltier, Schneemaus, Steinbock usw. Ein Vergleich der artenreichen Säugerwelt von damals mit der heutigen drängt uns die Überzeugung auf, daß es sich bei dieser nur mehr um Reste und letzte Zeugen einer untergehenden Welt handelt. Vorübergehend hat sich ja ein Gleichgewichtszustand herausgebildet. Aber noch vor fünf Jahrhunderten lebten unter uns eine stattliche Anzahl von Säugern, die wir heute vermissen — und was sind 500 Jahre bei den langen Zeiträumen, von denen eben die Rede war!

Das Torfschwein ist längst vollständig verschwunden. Aber auch das Wildschwein kommt heute in freier Wildbahn als Standwild nur noch im Leithagebirge und im Bachergebirge vereinzelt vor. Sonst wird es noch in Gehegen da und dort gehalten; so sollen z. B. im Lainzer Tiergarten gegenwärtig bei 90 Stück leben. In den Ostalpen wurde das Schwarzwild wegen seiner Schädlichkeit auf Befehl der Kaiserin Maria Theresia ausgerottet. Nur an ganz unzugänglichen Stellen konnte sich Schwarzwild bis ans Ende des 18. Jahrhunderts halten, so z. B. in den sumpfigen Etschniederungen bis 1767.

Vom Elch, der heute auf die moorigen Wälder Ostpreußens, Nordeuropas, und Nordasiens beschränkt ist, fanden sich ziemlich zahlreich fossile Reste in den Alpen. Am wenigsten weit in die Vorzeit zurück reichen die Elchfunde vom Spullersee an der tirolisch-vorarlbergischen Grenze, der Tonionalpe in der Steiermark, beide in zirka 1800 m Höhe gelegen, sowie von der Schusterlücke bei Gosau.

Bis ans Ende des 18. Jahrhunderts lebte in manchen Urwäldern Europas noch der Wisent (Bison bonasus), der sich selbst über den Weltkrieg hinaus infolge des tatkräftigen Schutzes der deutschen Heeresleitung im Gebiete von Bialowies (Litauen) halten konnte. Heute gibt es von diesem eigenartigen Wildrind kein einziges Stück mehr auf freier Wildbahn und kaum ein halbes Hundert davon fristet sein Leben in verschiedenen Tiergärten. Einstmals aber, in vorgeschichtlich ferner Zeit gab es den Wisent auch im Alpengebiet, wie uns Reste davon beweisen. Solche sind z. B. erhalten aus dem Toten Gebirge und von der schon genannten Höhle bei der Tonionalpe; auch in den Westalpen kam er vor. Ungleich zahlreicher sind dort Überreste vom Urstier oder Auerochsen (Bos primigenius) erhalten, der aber, wie mir scheint, im Ostalpengebiet der seltenere war. Bemerkenswert ist, daß in den alten Tischgebeten des Klosters St. Gallen, die die Fleischlieferanten der

Mönche preisen, beide Wildrinder noch genannt werden.

Dort wird selbstverständlich auch des Bibers gedacht, der seinerzeit im ganzen Alpengebiet gar nicht selten und besonders als Fastenspeise hoch geschätzt war. Noch 1825 bestand eine große Biberkolonie an der Traun nicht weit von Wels; 1867 unweit Werfen; bis 1750 in der Steiermark an Mur und Mürz; bis in die Vierzigerjahre des 19. Jahrhunderts im Tirolischen Lechgebiet. Heute ist dieser seltsame Baumeister nur mehr im Gebiet der Elbe zu Hause; 1919 zählte man dort etwa 230 Stück.

Auch zwei katzenartige Räuber beherbergt das Alpengebiet, von denen der eine, der eigenartigerweise immer der seltenere war, vielleicht sogar heute noch in ganz wenigen Stücken lebt, wenigstens sollen noch 1927 im steirischen Bezirk Deutschlandsberg und 1928 bei St. Josef bei Stainz (ebenfalls Steiermark) echte Wildkatzen (Felis silvestris), nicht etwa verwilderte Hauskatzen, erlegt worden sein. Ebenso sind noch 1927 mehrere Wildkatzen in den Karawanken vorhanden gewesen. Auch für die Schweiz gibt sie Göldi 1914 als vereinzelt noch lebend an; doch ist wohl leider kein Zweifel mehr möglich, daß wir das endgültige Aussterben dieses prächtigen Tieres, wenigstens als Alpenbewohner, miterleben. Überall in den Alpen war dagegen der Luchs recht häufig. In der Gegend um Lilienfeld wurde der letzte 1841 erlegt; bei Ebensee 1792; bei St. Lambrecht in der Steiermark 1864; in Tirol scheint er besonders zahlreich gewesen zu sein. In den Jahren 1521 bis 1589 wurden für 645 in Tirol erlegte Luchse Prämien gezahlt; im Winter 1820 auf 1821 wurden in der Umgebung von Ettal (Oberbayern) 17 Luchse erlegt. Der letzte Ostalpenluchs fiel am 3. Mai 1872 am Piz Lat, wo heute die

Grenzen von Österreich, Schweiz und Italien aneinanderstoßen.

Über die Urbarmachung des Gebietes um den Pillersee ist uns ein nun bald tausend Jahre alter Bericht (aus dem Jahre 955) erhalten, in dem die Gegend als fürtrefflich zur Weide geeignet gerühmt wird; nur kämen dort leider viel „pern, wölff und groß tieger" vor. Diese letzteren sind zweifellos die Luchse; daß auch Bären und Wölfe dort häufig waren, nimmt uns für die damalige Zeit nicht wunder. Heute sind die Wölfe als Standwild im ganzen Alpengebiet natürlich längst ausgerottet. Nur äußerst selten einmal kommt noch ein versprengter „Bauernschreck" vor — wie der von 1914 im Gebiete der Koralpe, der so großes Aufsehen erregte. Bis fast zur Mitte des vorigen Jahrhunderts konnte er sich an vielen Orten halten. Ähnlich ist es mit dem Bären, der als seltenes Standwild nur noch in einzelnen Tälern Südtirols und Graubündens lebt. Im heutigen Österreich ist er endgültig ausgerottet. Als Wechselwild wird er ja auch in Zukunft noch da und dort gesehen und beschossen werden. Der bislang letzte wurde 1915 bei Nauders in Tirol erlegt.

Schließlich sei noch eines Hochgebirgstieres Erwähnung getan, das in nicht allzuferner Zeit noch manche Gebiete der Ostalpen bewohnte: des Steinbocks. Jedenfalls gelangte auch er während der Eiszeit aus den Gebirgen Asiens herüber in die Alpen. Fossile Reste aus dieser Zeit sind nicht selten. In den Schweizer Alpen konnte er die Pfahlbauzeit nicht überdauern. In den Ostalpen aber erhielt er sich bis weit in die geschichtliche Zeit; am längsten davon in Nordtirol. Pitz-, Kauner- und Radurscheltal einerseits und die einsamen Gründe des inneren Zillertals andererseits waren — neben anderen — seine hauptsächlichsten Wohngebiete.

1680 wurden in den Zillergründen noch über 300 Stücke gezählt, 1694 nur mehr 179 und 1706 wurden die letzten 12 Stücke gefangen; damit war dieses eigentümliche Alpentier auch aus den Ostalpen verschwunden. Heute lebt er in natürlichen und ursprünglichen Verhältnissen nur mehr in den grajischen Alpen (Italien) im Gebiet des Gran Paradiso. In diesem streng gehüteten Revier des Königs von Italien, das heute Staatseigentum ist, lebten um die Mitte des vorigen Jahrhunderts etwa 600 Stück. Gegenwärtig sollen es dank der sorgsamen Hege bereits wieder fast 4000 sein. Von dieser letzten Zufluchtsstätte gehen auch die zahlreichen, allerdings nur selten von dauerndem Erfolg begleiteten Versuche aus, das kostbare Steinwild wieder einzubürgern.

Ich kann mir nicht versagen, hier noch im Auszug und in etwas geänderter Rechtschreibung jene lebendige Schilderung des Steinwildes mitzuteilen, die Franziskus Negrinus in seinem 1704 in Leipzig erschienenen Buch „die von Natur wohl verschantzte und fast unüberwindliche gefürstete Grafschaft Tyrol" gibt:

„Der Steinbock ist das herrlichste Hochwild in den Alp-Gebürgen. Die Ybschgeiß ist des Steinbocks Weiblein oder Gespan. Deren Wohnung ist in aller Höhe auf den unwandelbarsten Felsen bey dem Firn; dann dieses Thiers Natur erfordert Kälte oder es erblindet. Es ist ein schön Thier, schwer von Leibe, beinahe von Gestalt wie ein Hirsch, doch nicht in solcher Größe, hat aber auch raue Schenkel und einen kleinen Kopf wie der Hirsch. Seine Augen seynd schön und klar, von Farb ist er grau und hat scharff gespaltene Klauen wie die Gemsen. Er trägt ein gar schwehr Gehörn oder Geweyh auf seinen Kopff, welches hinterwerts hinaustehet, solche Hörner sind knotticht und haben viele Knöpfe, welche sich mit dem Alter vermehren und jährlich zunehmen, biss endlich ein Horn ungefehr zwantzig und mehr knöpffe überkommet. Eyn recht gross Gewey eines alten Steinbocks soll in die 16 oder 18 Pfund wägen. Es ist ein wunderlich Thier und übertrifft mit Springen die Gembsen soweit, daß es ein Unerfahrener kaum glauben mag. Kein Fels im Gebürg ist so jäh und hoch, der Steinbock kommt in etlichen Springen hinauf, so anderst der Stein so rauh und gut ist, daß er mit seinen Klauen daran hafften kan." —

Als augenfällige Erkennungszeichen für die Säugetiere kommen zunächst die Fährten in Betracht, von denen einige wichtige in Abb. 28 auf der nächsten Seite gezeigt werden. Außer den Fährten lassen die Tiere oft noch andere Visitkarten zurück, aus denen der Erfahrene gar manches über Art, Geschlecht, Lebensweise und Befinden des betreffenden Tieres herauszulesen vermag. Mit einem Weidmannswort bezeichnet man diese Verdauungsrückstände als „Losung". Ausgehend von der Jagdtierkunde hat sich in letzter Zeit eine ganze Wissenschaft von den Losungen entwickelt, die bereits über ein recht erkleckliches Schrifttum verfügt. Es ist natürlich hier nicht möglich, in Einzelheiten der Losungskunde einzugehen. Dazu sind die Umstände, die eine Veränderung des Normalbildes bewirken zu verschiedenartig. Geformt werden die Exkremente im letzten Abschnitt des Darmes, dem Dickdarm. Dieser hat bei vielen Tierarten ganz bestimmt gebaute Falten und Taschen, die der Losung ihre bald mehr wurst-, bald mehr kugelförmige Gestalt geben. Freilich hängt die Formung auch noch von der Stärke der Wasseraufsaugung, von der Art und Kraft der Peristaltik und anderen physiologischen Vorgängen ab. Vor allem aber die Nahrung selbst beeinflußt stark die Formbarkeit der

Abb. 28. Säugetierfährten, Erklärung nebenstehend.

Kotmasse und ihre Farbe. Bei Jungtieren z. B. ist durchwegs die Kotfarbe graugelblich, offenbar infolge der Milchnahrung. Auch jahreszeitliche Unterschiede sind festgestellt worden: Im Winter sind beispielsweise bei Hirsch und Reh die einzelnen Kotstücke ziemlich trocken, im Frühjahr aber wasserreicher und weicher, wodurch sie sich im Darm stärker aneinander pressen lassen und eine mehr gestauchte Form annehmen. Sie werden dann auch meist in zusammenhängenden Ballen abgesetzt. Dementsprechend ist also das Aussehen der Exkremente von Allesfressern am meisten starken Schwankungen unterworfen. Bei reinen Fleisch- und ausschließlichen Pflanzenfressern sind sie viel einheitlicher und typischer.

Der Mäusekot kann als allbekannt vorausgesetzt werden. Die Losung der Spitzmäuse ist recht ähnlich, kennzeichnend für sie sind feinste, glitzernde Chitinteilchen und die Gewohnheit der Spitzmäuse, ihren Kot womöglich an glatte Wandflächen, Steine und Baumstämme in oft 3 bis 5 cm Höhe anzukleben. Der Dachs setzt seine Losung in der Nähe des Baues in eigens dafür gestochene Löcher ab. Die Losung der Marder schwankt besonders je nach der Nahrung: Bei Fleischfutter ist sie hart und trocken, nach Brotfütterung teigig; Blut verleiht ihr schwarze Farbe, Milch gelbweiße und Eier eine hochgelbe. Die Losung der beiden Marderarten ist der Form nach nicht zu unterscheiden, wohl aber nach dem Geruch. Beim Steinmarder ist sie geruchlos oder hat bloß den üblichen Geruch des Fleischfresserkotes; beim Edel-

---

Erklärung zu Abb. 28 (nebenstehend).
1 Eichhörnchen. 2 Vorstehhund. 3 Fuchs, langsam schnürend. 4 Fuchs, flüchtig. 5 Katze, schnürend. 6 Dachs, Schrittspur. 7 Fischotter, Schrittspur. 8 Edelmarder, Fluchtspur. 9 Steinmarder, Fluchtspur. 10 Iltis, Fluchtspur. 11 Großes Wiesel = Hermelin, Fluchtspur. 12 Igel.
(Aus: Brohmer-Ehrmann-Ulmer, Tierwelt Mitteleuropas, Band 7.)

marder dagegen tritt — im einigermaßen frischen Zustand — ein stark aromatischer Geruch auf, der bald an Moschus, bald an Veilchen erinnert. Die einzelnen Stücke sind gestreckt wurstförmig und etwa 3 cm lang. Beim verwandten Iltis sind die Stücke eigenartig spiralig aufgedreht. Fuchslosung ist spitz ausgezogen, wurstförmig und mindestens 8 bis 10 cm lang. Die Stücke enthalten viele Haare und oft kleine Knöchelchen und je nach Jahreszeit auch Chitinreste. Die Losung wird gern an erhöhten Stellen, bei Steinen und Holzstöcken abgesetzt, worauf mit den Hinterbeinen eine dünne Erdschicht dar-

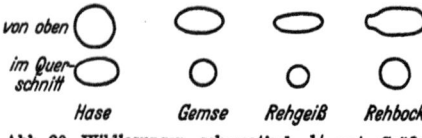

Abb. 29. Wildlosungen, schematisch. ¹/₂ nat. Größe.

übergekratzt wird. Die pillenförmigen Kotstückchen der Hasen sind wohl hinreichend bekannt; sie werden meist einzeln abgesetzt, ihr Durchmesser beträgt im Durchschnitt 12 bis 14 mm. Nach Angabe mancher Jäger lassen sich die Pillen von Feld- und Schneehasen unterscheiden, doch scheint mir das sehr wenig verläßlich zu sein. Hasenlosung sowie die von Gemse und Reh sind abgebildet. Hirschlosung ist bedeutend größer, aber sonst sehr ähnlich der vom Reh. Ein Einzelballen eines kapitalen Hirsches mißt bei etwa 13 mm Durchmesser reichlich 2 cm. Reh und Gams erreichen dagegen selten 13 bis 14 mm Länge.

Bei dieser Gelegenheit sei nachtragsweise noch kurz erwähnt, daß bei Raubvögeln die Beute mit Haut und Haaren verschlungen wird, worauf die unverdaulichen Haare und Federn usw. wieder ausgewürgt werden. Diese Ballen haben dann manchmal etwas Ähnlichkeit mit Losungen von Säugetieren, besonders von Fuchs oder Hund, doch lassen sie sich bei genauerer Betrachtung verläßlich davon unterscheiden. Besonders die reichliche Menge von grauen und kurzen Mäusehaaren, die meist die Gewölle einhüllen, geben da einen deutlichen Hinweis. Zerzaust man so ein Gewölle, so trifft man vielfach eine unglaubliche Menge von blanken, kleinen Knöchelchen, oft von ganzen Mäuseschädeln: es handelt sich dann um ein Eulengewölle. Die Tagraubvögel verdauen die Knochen zur Gänze, so daß man in deren Gewöllen nur Haare, Federn und Chitinteile antrifft.

Schrifttum.

P. Brohmer, Säugetiere. In: Brohmer, Ehrmann und Ulmer, Tierwelt Mitteleuropas, Band 7, 1929. — J. Krumbiegel, Säugetiere. In: P. Schulze, Biologie der Tiere Deutschlands, Teil 52, 1931. — H. Rebel, Die freilebenden Säugetiere Österreichs. Wien, Österr. Bundesverlag, 1933 (ein ebenso handliches als billiges Büchlein, das kurzgefaßte Bestimmungstabellen und biologische Angaben, sowie reiche Literaturhinweise enthält).

b) Die Säugetiere des Alpengebietes nach ihren äußeren Merkmalen.

Die in den Alpen lebenden Säugetiere gehören fünf Ordnungen an, deren erste, die der **Insektenfresser**, außer den Spitzmäusen noch zwei allbekannte Tiergestalten umfaßt. Es sind dies der Igel und der Maulwurf. Der Igel ist allenthalben recht häufig, selbst noch in der Krummholzstufe; doch gelangt er infolge seiner nächtlichen Lebensweise nicht leicht zur Beobachtung.

Ähnlich ist es mit dem Maulwurf, der noch in 2400 m (Gschnitztal, Tirol) beobachtet wurde und selbst sumpfigen Boden nicht meidet. Man darf jedoch seine mehr oder weniger kegeligen, stets feinerdigen Hügel nicht verwechseln mit den grobschollingen, oft mit Grasbüscheln vermengten Haufen der Schermaus, die ebenfalls recht weit verbreitet ist, im Gebirge aber offenbar die Nähe von Wasser scheut. Der Maulwurf zählt übrigens in den meisten Alpenländern zu den geschützten Tieren.

Recht häufig kommt dem Alpenwanderer auch die eine oder andere Art der Spitzmäuse zu Gesicht. Es sind dies jene „Mäuse", die von den Katzen oft gefangen, aber — offenbar wegen eines ihnen unangenehmen Geruches — nie gefressen werden. Die Familie als solche ist an dem rüsselförmig verlängerten Schnäuzchen leicht zu erkennen; die einzelnen Arten zu unterscheiden erfordert aber, wie bei allen Kleinsäugern, genaue Untersuchung, womöglich mit Berücksichtigung anatomischer Merkmale; doch kann auf diese letzteren hier natürlich nicht eingegangen werden.

Übersicht der alpinen Spitzmäuse.

1. Die großen Ohren überragen den Pelz, die 28 Zähne haben weiße Spitzen. Die Tiere meiden ängstlich feuchte und sumpfige Orte: Haus- und Feldspitzmaus (Gattung Crocidura).
— Die kleinen Ohren sind ganz im Pelz versteckt, alle 30 oder 32 Zähne haben braunrote Spitzen .... 2.
2. Schwanz auf der Oberseite gleichmäßig kurz behaart, auf der Unterseite längs der Mitte mit einem Kiel längerer, steifer Borstenhaare; Füße und Zehen an den Seiten mit steifen Borsten bewimpert. Lebt im Sommer fast nur im Wasser, kommt aber im Winter vereinzelt auch in feuchte Ställe: Wasserspitzmaus (Gattung Neomys).
— Schwanz gleichmäßig mit gleich langen Haaren besetzt, Füße und Zehen mit kurzen, weichen Haaren bedeckt. Lebt in feuchten Wäldern und dichten Gebüschen in der Nähe von Wasser, auch auf Äckern und Wiesen: Echte Spitzmaus (Gattung Sorex).

Die Hausspitzmaus, Crocidura russula = araneus, mißt ohne Schwanz (also bloß Kopf und

Rumpf) 7 cm, der Schwanz ist mit 5 cm länger als der halbe Körper. Pelz oben braungrau, in der Jugend dunkler, unten hellgrau, jedoch gehen die Farben an den Weichen ineinander über. Die Ohren ragen aus dem Pelz vor. Die Hausspitzmaus bevorzugt die Nähe menschlicher Siedlungen und ist bis 1200 m ziemlich verbreitet.

Die Feldspitzmaus, Crocidura leucodon, wird oft bloß als Unterart der Vorigen gewertet. Kopf und Rumpf 7—8 cm, Schwanz 3 cm, daher kürzer als der halbe Körper. Pelz oberseits dunkelgrau bis braunschwarz, unterseits scharf abgesetzt weiß. Die Ohren überragen den Pelz. Die Feldspitzmaus ist im ganzen Gebiete nicht selten, insbesondere in Gärten, Feldern und trockenen Gräben und steigt wie die Vorige bis 1200 m.

Die Wasserspitzmaus, Neomys (auch Crossopus genannt fodiens, unterscheidet sich von den Angehörigen der Gattung Sorex am sichersten durch die Zahl der Zähne: Neomys hat 30, Sorex 32. Kopf und Rumpf 7—9 cm, Schwanz 5—6. Färbung stark veränderlich, jedoch ist die meist dunkelbraune Oberseite von der mehr weißlichen Unterseite immer scharf getrennt. Die Ohren sind im samtigen Pelz ganz versteckt. Hinter dem Auge ist ein kleiner weißer Fleck. Das raublustige Tier schwimmt und taucht vorzüglich und vermag auf dem Grunde der Gewässer zu laufen, ohne daß der Pelz besonders naß wird. Die Wasserspitzmaus ist nicht selten bis 2000 m zu finden.

Eine Form, die anscheinend weniger an das Wasser gebunden ist als die Vorige, ist Neomys Milleri. Dieser Form fehlt der Borstenkiel auf der Unterseite des auffallend kurzen Schwanzes; sie ist auch etwas kleiner als die Wasserspitzmaus, in der Färbung aber kaum davon zu unterscheiden. Diese Art ist, wenn auch nur selten und zerstreut, bereits aus dem ganzen Alpengebiet bekannt geworden und offenbar durchaus nicht, wie man anfänglich annahm, auf das Hochgebirge beschränkt. Ist sie doch auch bereits in der Stadt Salzburg aufgefunden worden.

Die Alpenspitzmaus, Sorex alpinus, mißt nach Kopf und Rumpf $7^1/_2$ cm, der Schwanz 7 cm. Dieser ist ungefähr eineinhalbmal so lang als der Rumpf allein. Pelz grauschwarz mit bräunlichem Anflug, unterseits kaum heller; Ohren im Pelz versteckt. Sie bewohnt den oberen Wald- und Krummholzgürtel und bevorzugt die Nähe von kleinen Wasserläufen. Die Alpenspitzmaus ist im ganzen Gebiet zwischen 1000 und 2300 m häufig.

Die Waldspitzmaus, Sorex araneus, lebt in den Alpen in der Form tetragonurus. Kopf und Rumpf $7^1/_2$ cm, Schwanz 5 cm, dieser also kürzer als der bloße Rumpf. Der maulwurfseidige Pelz hat längs der Weichen einen rötlichen Streifen, ist oberseits schwarzbraun und unterseits weißlichgrau. Diese Art, die unter Gebüsch und Gestrüpp und an Gewässern bis 2000 m ansteigt, hält einen tiefen Winterschlaf.

Im Gebüsch feuchter Wälder, hauptsächlich der Steiermark, Tirols und Graubündens, hält sich nicht gerade selten die der Waldspitzmaus ähnliche Zwergspitzmaus (Sorex minutus) auf, die höchstens $^3/_4$ dm lang wird, wovon aber 3—4 cm auf den Schwanz treffen, der also verhältnismäßig lang ist. Sein Ende ist im Gegensatz zu dem der anderen Sorexarten, etwas gebuscht; die Oberseite ist glänzend graubraun, die Unterseite aschgrau, die kleinen Füße sind weiß. Scharfe Grenzen zwischen den Farben fehlen aber. Die Ohren ragen aus dem Pelze vor. Ich fing diese Zwergspitzmaus einmal Anfangs Dezember, als schon alles tief verschneit war, in 1500 m Höhe im Fotschertal.

Die im Alpengebiet vorkommenden **Fledermäuse** verteilen sich auf zwei Familien; die Hufeisennasen und die Glattnasen. Von der erstgenannten Familie kommen alle zwei mitteleuropäischen Arten auch in den Alpen vor.

Die große Hufeisennase, Rhinolophus ferrumequinum, hat eine Spannweite von 35—40 cm und eine Länge von 6 cm, dazu kommt noch der Schwanz mit 4 cm. Die Oberseite des Männchens ist graubraun, die des Weibchens mehr rötlich; die Unterseite blaßgrau. Das Hufeisen (der Außenrand des Nasenaufsatzes) ist ganzrandig, nicht gekerbt. Das Tier fliegt niedrig, ungewandt, erst bei Dunkelwerden und lebt tagsüber in Höhlen und Kellern. Es steigt bis 2000 m und ist in den Südalpen häufiger als in den Nordalpen. Im heutigen Österreich ist diese Art überhaupt noch nicht sicher nachgewiesen.

Die kleine Hufeisennase, Rhinolophus hipposideros, hat eine Spannweite von 25 cm und mißt nach Kopf und Rumpf 4 cm, Schwanz 3 cm. In der Färbung von der vorigen kaum zu unterscheiden. Das Hufeisen ist am Rande gekerbt. In höheren Lagen lebt auch eine dunkelbraunschwarze Varietät. Der Flug ist wie bei der vorigen; das Tier lebt aber viel geselliger, oft zu hunderten in Dachböden und Kellern. Es erscheint wie die vorigen zeitig im Frühjahr und steigt ebenfalls bis zu 2000 m. Die kleine Hufeisennase ist häufiger zu finden als die große und nicht so kältescheu.

Die Familie der Glattnasen weist Tiere auf, die keinen Nasenaufsatz, dafür aber einen vielgestaltigen Ohrdeckel haben, dessen Form von systematischer Bedeutung ist. Man kann schon im Fluge deutlich zwei Gruppen unterscheiden: die Schmalflügler, deren Flug mit dem der Schwalben ganz gut zu vergleichen ist, mit langen schmalen Flügeln, deren dritter Finger anderhalb bis zweimal so lang ist, als der fünfte. Zu dieser Gruppe gehören kräftige Tiere, die wenig empfindlich sind gegen Sonnenlicht und gegen Kälte. Sie erscheinen früh am Tage und früh im Jahre und jagen noch zu einer Tages- und Jahreszeit, da die Breitflügler schon längst der Ruhe pflegen.

Diese, die Breitflügler, sind kenntlich am unbeholfen flatternden Fluge, der dem unseres flugungewohnten Hausgeflügels zu vergleichen ist. Der dritte Finger ist fast gleich lang wie der fünfte. Die zarten Tiere sind empfindlich gegen Licht, Kälte und Nässe. Sie fliegen nur in warmen, windstillen Sommernächten, wenn das Tageslicht schon längst verschwunden ist.

I. Schmalflügler:

Die Mopsfledermaus hat eine Spannweite von 27 cm und eine Länge von 4 cm für Kopf und Rumpf und 5 cm für den Schwanz. Die kopfgroßen Ohren sind am Scheitel verwachsen. Körper oben dunkelschwarzbraun, unten hellbraun. Sie fliegt schnell mit raschen Wendungen, lieber an Waldrändern als in geschlossenen Ortschaften. Jagt am längsten von allen Fledermäusen, auch bei Wind und Regen, erscheint sehr zeitig im Frühjahr, oft schon an warmen Wintertagen und verkriecht sich erst wieder gegen den November. Die Mopsfledermaus, steigt, wenn auch ziemlich selten, bis 1800 m und lebt immer einzeln. Sie überwintert in Kellern und Felshöhlen, wobei sich die Männchen frei hängen, während sich die Weibchen gerne in Ritzen und Löcher verkriechen.

Die Speckmaus oder der Abendsegler ist die größte unserer Fledermäuse. Kopf und Körper 5 cm, Spannweite 35—45 cm; oben rostbraun, unten wenig heller. Das einzelne Haar ist an der Wurzel heller als an der Spitze. Sie fliegt überaus rasch und in kühnen Wendungen, bald nahe dem Erdboden, bald bis in 10 m Höhe. Ruht in Baumhöhlen und Holzhütten, hat einen langen Winterschlaf und lebt gesellig. Diese Art steigt bis 1200 m und ist in den nördlichen Alpen häufiger zu finden als in den Südalpen.

Die rauharmige Fledermaus ist kleiner als die vorige. Kopf und Rumpf 4 cm, Schwanz 8 cm; Spannweite 28 cm. Oben rötlichbraun, unten gelblich. Das einzelne Haar ist an der Wurzel dunkler als an der Spitze. Fliegt oft schon am Mittag und ist bis 2000 m nicht selten.

Die Zwergfledermaus, Pipistrellus pipistrellus ist die kleinste europäische Art. Kopf und Rumpf 3 cm, Schwanz 4 cm, Spannweite 15—20 cm. Körper oben rostbraun, unten heller gelbbraun. Im Hochgebirge findet sich eine schwarzbraune Abart (Var. nigricans). Diese Art fliegt hoch und rasch, erscheint als erste von allen im Frühjahr und ist die letzte, die sich zurückzieht. Sie erscheint wie der Abendsegler auch an warmen Wintertagen. Sie steigt bis 2000 m und überwintert gesellig, aber nach Geschlechtern getrennt.

In den niedrigeren Bergen Südtirols und der Südschweiz findet die in Südeuropa häufigste Fledermaus, die Weißrandfledermaus, Pipistrellus kuhli, ihre Nordgrenze. Sie fliegt sehr rasch und wendig und hält sich hauptsächlich in den Ortschaften auf. Die schwarze Flughaut ist zwischen Hinterfuß und fünftem Finger hell gerandet, wovon sie ja auch ihren Namen hat.

Die rauhhäutige Fledermaus, Pipistrellus abramus = Nathusii hat eine Länge von 4 cm, wozu noch der Schwanz mit 5 cm kommt. Spannweite 23 cm.

Pelz oben dunkel rauchbraun, unten gelblicher und gegen die dicke rauchschwarze Flughaut zu mehr rostfarben. Zwischen Schulter und Ohr ein undeutlich begrenzter schwarzer Wisch. Dieser gewandte und ausdauernde Flieger erscheint schon früh im Jahr, ist aber nur vereinzelt und selten bis 1000 m zu finden.

Der Bergflatterer oder die Alpenfledermaus, Pipistrellus savii = maurus hat eine Spannweite von 25 cm und eine Länge von 5 cm und dazu noch 3 cm Schwanz. Pelz oben dunkelbraun, unten heller mit goldgelbem Schimmer, der durch die charakteristisch gefärbten Haare hervorgerufen wird. Diese sind an der Wurzel schwarzbraun und an der Spitze rostgelb bis rostbraun. Der Pelz ist an der Unterseite weißlichbraun. Diese Art steigt am höchsten von allen, selbst bis 2600 m und ist noch über der Baumgrenze recht häufig anzutreffen. Sie fliegt besonders in den Zentralalpen an hellen Stellen, Almweiden und Waldrändern und ruht unter den Dächern von Almhütten und Bergkapellen, aber auch in Felsklüften. Zu ermitteln wäre erst, wo sie den Winter verbringt und wie tief sie in die Täler herabgeht.

Die nordische Fledermaus, Eptesicus Nilssoni, hat eine Spannweite von 25 cm. Kopf und Rumpf 4 cm, Schwanz 5 cm. Der oben schwarzbraune, unten hellere Pelz sieht wegen der gelbbraunen Haarspitzen wie mit Gold gepudert aus. Am Hals ist die dunkle Farbe der Oberseite von der helleren der Unterseite scharf geschieden. Dieser wenig kälteempfindliche und geschickte Flieger führt größere Wanderungen aus und steigt in den Alpen bis 2000 m. Er überwintert nicht frei hängend, sondern in die Spalten der Holzhäuser eingezwängt.

In ebenen und höchstens hügeligen Gegenden ist die spätfliegende Fledermaus, Eptesicus serotinus, eine der gemeinsten Arten; ins Alpeninnere scheint sie jedoch nur selten vorzudringen. Sie ist recht wetterscheu und erscheint überhaupt erst sehr spät am Abend und flattert dann scheinbar ziemlich unsicher in Alleen, über Gärten, manchmal auch in Waldblößen. Die letzte Spitze des Schwanzes steht frei vor. Sie ist mit ihrer Spannweite von 32 bis 35 cm die größte mitteleuropäische Art. In Körperbau, Flug und Lebensweise steht sie zwischen den Lang- und Breitflüglern. Sie ist aber, wie schon angedeutet, im Alpengebiete nur sehr selten, am ehesten noch in Südtirol und im Tessin anzutreffen. Am Gotthard wurde übrigens einmal die sonst nur aus den Karpathen bekannte, der spätfliegenden bis auf die geringere Größe sehr ähnliche Fledermaus Eptesicus sodalis gefangen.

Die zweifarbige Fledermaus, Vespertilio murinus = Vesperugo discolor, hat eine Spannweite von 28—30 cm. Kopf und Rumpf 5 cm, Schwanz ebenfalls 5 cm. Die an der Spitze weißlichen Haare geben dem an der Ober- wie an der Unterseite dunkelbraunen Pelz einen weißlichen, wie Puder aussehenden Reif. Die einzelnen Haare sind nur an der Kehle und zwischen den Hinterbeinen einfarbig weiß. Die zweifarbige Fledermaus gleicht der nordischen in der Lebensweise, sie ist im Alpengebiet nicht selten und steigt bis 2000 m.

II. Breitflügler:

Das Großohr oder die Ohrenfledermaus, Plecotus auritus, ist durch die Ohren, die doppelt so lang als der Körper sind, hinreichend gekennzeichnet. Spannweite 25 cm, Kopf und Rumpf 4 cm, Schwanz 5 cm. Pelz oben graubraun, unter schmutzigweiß. Fliegt mit Vorliebe in der Nähe menschlicher Wohnungen und lichter Waldstellen. Das Großohr ist die einzige

Fledermaus, die zu „rütteln" versteht. Sie ruht in hohlen Bäumen und in Gebäuden, im Winter auch in Höhlen und verlassenen Stollen. Sie ist bis 1500 m verbreitet und nicht selten.

Die Südgrenze ihres Verbreitungsgebietes erreicht in unserem Gebiete die gefranste Fledermaus, Myotis nattereri, die eine Spannweite von höchstens 25 cm und eine Länge von 8 cm erreicht, wovon aber die Hälfte auf den Schwanz entfällt. Sie ist oberseits dunkelbraun, die Spitzen der Haare sind an der Oberseite hell rotbraun, an der Unterseite weiß. Die Flughaut, die zwischen den Schenkeln ausgespannt ist, sieht wegen der kurzen und steifen Haare, die sie umsäumen, wie gefranst aus. Diese Art wurde bisher ein paarmal in Nordtirol (bei Schwaz und Innsbruck) und in der nördlichen Schweiz beobachtet.

Das Mäuseohr, Myotis myotis, auch gemeine oder Riesenfledermaus genannt, hat eine Spannweite von 38 cm. Kopf und Rumpf 6 cm, der Schwanz ebenfalls 6 cm. Pelz oben rauchbraun, roströtlich überflogen, unten grau. Im Hochgebirge findet sich eine Var. alpinus mit reinweißer Pelzunterseite. Das Mäuseohr scheut, wie alle Breitflügler, die Kälte und das Tageslicht und erscheint daher nur zwischen Abend- und Morgendämmerung. Es jagt gerne in der Nähe menschlicher Wohnungen und ruht unter hohen Dächern. Den langen Winterschlaf, den es auch bei warmem Wetter nicht unterbricht, hält es in Höhlen und verlassenen Stollen. Es duldet dabei in seiner zänkischen und bissigen Art keine anderen Fledermäuse in der Nähe, lebt aber gerne gesellig mit Angehörigen der eigenen Art. Steigt bis 1700 m und ist ziemlich häufig.

Die Bartfledermaus, Myotis mystacinus, hat im Gegensatz zu allen anderen Arten das zweite Glied des dritten Fingers gleich lang wie das dritte. Kopf und Rumpf 4 cm, Schwanz 4 cm, Spannweite 22 cm. Pelz langhaarig, oben schwärzlich oder dunkelrotbraun, unten blaß- bis schwarzgrau. Kommt im Frühling bald zum Vorschein und fliegt rasch und in geringer Höhe, besonders in der Nähe von Gewässern. Erscheint kurz nach Sonnenuntergang und bleibt bis zur Morgendämmerung auf der Jagd. Ruht in Häusern und hohlen Bäumen; besonders gern in der Nähe von stehendem Wasser. Ist vereinzelt in den nördlichen Alpen bis zu 1200 m zu finden.

Die Wasserfledermaus, Myotis Daubentoni, hat eine Spannweite von 25 cm. Kopf und Rumpf 4 cm, Schwanz 5 cm. Pelz oben rötlichgraubraun, unten trübweiß. Fliegt schon bald nach Sonnenuntergang unmittelbar über dem Wasserspiegel. Ruht unter Brücken und auf überhängenden Baumästen. Lebt an stehenden und langsam fließenden Gewässern; nicht selten und gern gesellig. Sie steigt bis 1300 m.

Schließlich sei noch erwähnt, daß die außerordentlich flugfähige Landflügelfledermaus, Miniopterus Schreibersi, deren Verbreitungsgebiet bis Madagaskar und Australien reicht, offenbar als Irrgast auch schon einige Male in den Alpen (Steiermark, Südtirol, vielleicht auch Graubünden), gefangen wurde. Sie steht an Schnelligkeit und Gewandtheit ihres Fluges einer Schwalbe nicht nach.

Bei der nun anschließenden Ordnung der Raubtiere kann ich mich wiederum kürzer fassen. Bär, Wolf, Luchs und Wildkatze sind entweder längst verschwunden oder doch schon so selten geworden, daß ihnen der Alpenwanderer wohl kaum begegnen wird. Den über ganz Europa verbreiteten und auch in den Alpen bis 2000 m und darüber nirgends seltenen Fuchs kann ich wohl als allbekannt voraussetzen. Ebenso den Dachs, der überall im Hügel- und Gebirgsland vorkommt, wenn er auch nirgends häufig ist. Er steigt bis zirka 1200 m auf. Allerdings sind beide Arten so vorsichtig und scheu, daß es sicherlich nicht wenige Leute gibt, die diesen beiden Tieren überhaupt noch nie begegnet sind.

Der Fischotter ist durch die andauernde Verfolgung bereits recht selten geworden, kann aber hier nicht gut übergangen werden, da er, der sich hauptsächlich an den Ufern der Gewässer aufhält, manchmal selbst über hohe Bergrücken wandert und dann weitab von jedem Fischwasser angetroffen werden kann. Er führt eine vorwiegend nächtliche Lebensweise.

Die beiden Vertreter der Gattung Marder und die drei Wieselartigen dagegen verdienen wohl eine ausführlichere Besprechung der Artkennzeichen.

Der Steinmarder mißt ungefähr $3/4$ m, wovon ein Drittel (etwa 23 cm) auf den Schwanz entfallen. Der Pelz ist graubraun, das einzelne Wollhaar ist einheitlich hellgrau. Die Brust ziert ein rein weißer Kehlkopf, der am unteren Ende gegabelt ist und sich mit beiden Spitzen bis etwa zur Mitte der Innenseite der Vorderbeine erstreckt. Die Sohlen sind unbehaart. Zum Aufenthalt bevorzugt der Steinmarder die Nähe menschlicher Wohnungen. In Ställen, Scheunen oder Almhütten hält er sich tagsüber verborgen und beginnt erst mit Einbruch der Dunkelheit seine nächtlichen Raubzüge. Er steigt bis zur Waldgrenze empor.

Der Edelmarder ist etwas kleiner als der Steinmarder. Der Pelz ist kastanienbraun, das einzelne Wollhaar zweifarbig: nahe der Wurzel rötlichgrau, nahe der Spitze hellrostgelb. An der Kehle ist ein großer gelber Fleck, der gegen den Körper zu abgerundet ist (Merkhilfe: Steinmarder: weißer Kehlfleck, Edelmarder: gelber Kehlfleck). Bei alten Tieren ist das Gelb des Kehlfleckes allerdings oft ziemlich verwaschen. Die Form desselben bietet jedenfalls ein sichereres Kennzeichen. Die Sohlen des Edelmarders sind behaart. Der Edelmarder hält sich mit Vorliebe in Wäldern, fern von menschlichen Wohnstätten auf und liegt tagsüber in hohlen Bäumen, Felsspalten, verlassenen Vogelnestern und Eichkatzelkobeln. Er steigt bis über 1000 m. Von Wert wären übrigens Beobachtungen darüber, ob und inwieweit sich die beiden Marder gegenseitig ausschließen.

Der Iltis ist kleiner als die beiden Marder. Kopf und Rumpf messen ungefähr 4 dm, der Schwanz 1,5 dm. Der Iltis ist im Körperbau den Mardern sehr ähnlich, aber leicht zu unterscheiden durch den Mangel des Kehlfleckes, in der Nähe auch an seinem Gestank. Der Iltis ist „verkehrt gefärbt", das heißt, er ist am Rücken heller, rostfarbig bis braun, als auf der schwärzlichen Unterseite. Die Flanken sehen oft wie verwaschen aus. Er hält sich den Sommer über in Erdlöchern usw., auch über der Baumgrenze auf, im Winter aber lieber in Almhütten und bewohnten Holzbauten. Schädlich wird er wohl nur selten durch Beraubung von Geflügelställen oder durch Reißen von Satzhasen. Gewöhnlich nährt er sich von Nagetieren aller Art, von Schlangen und Fröschen, ja sogar von Würmern und großen Insekten.

Das Hermelin oder große Wiesel mißt 30 cm, der Schwanz außerdem noch 8—10 cm. Der Pelz ist im Sommer oben rotbraun, unten weiß, im Winter ganz weiß. Der Schwanz hat im Sommer und im Winter eine schwarze Spitze. Das Hermelin wohnt über Tag in Steinhaufen, Erdlöchern, Felsspalten, auch in leerstehenden Almhütten und jagt vorwiegend nachts. Es steigt bis zur Schneegrenze.

Das kleine Wiesel, auch Mauswiesel genannt, mißt 2 dm, wozu noch etwa $1/2$ dm für den Schwanz kommt. Der Pelz ist im Sommer oben rotbraun, unten weiß; im Winter wird das Tier rein weiß, selbst die Schwanzspitze verfärbt sich weiß. Allerdings verfärben nicht alle Stücke und man kann in tiefen Lagen im Winter Tiere finden, die gleich wie im Sommer gefärbt sind. In Aufenthalt und Lebensweise wie das Hermelin, aber auch untertags sehr lebendig. Seine Verbreitung reicht weit über den Krummholzgürtel hinaus.

Die erste Familie der nächsten, für das Alpengebiet in Betracht kommenden Säugetierordnung der Nagetiere vertritt das Eichhörnchen, das in seiner roten und schwarzen Spielart bis zum Krummholzgürtel und untertags, auch im Winter, vereinzelt noch höher emporsteigt. Zur selben Familie gehört auch das Murmeltier, von dem an anderer Stelle (Seite 233 f.) ausführlich die Rede ist. Auch vom Biber, der heute im Alpengebiet ausgerottet ist, wurde bereits gesprochen (Seite 186).

Eine weitere Familie der Nagetiere bilden die Schläfer oder Bilche, von denen hier vier Arten zu nennen sind. Die Haselmaus ist die kleinste Art. Sie mißt 15 cm, davon entfallen 7 cm auf den Schwanz. Das Pelzlein ist einfarbig zimtbraun. Kehle, Brust und Zehen sind weiß. Das lebhafte Tier lebt besonders im Laubholzgürtel und baut sein kugeliges Nest im Gebüsch bis 2 m über dem Erdboden. Es steigt bis ungefähr 1500 m Höhe und hält einen Winterschlaf.

Der Gartenschläfer, dessen Pelz oben rötlichgrau, unten scharf abgesetzt weiß ist, steigt bis fast 2000 m Höhe. Ein schwarzes Band zieht von der Schnauze über das glänzende Auge bis hinter das Ohr. Die großen Ohren sind fast unbehaart. Der lange Schwanz (10 cm von den 22 cm Körperlänge entfallen auf ihn) ist an der Spitze weiß. Der Gartenschläfer, der wie die Haselmaus ein Kugelnest baut und einen Winterschlaf hält, ist besonders in den Zentralalpen verbreitet.

Der Tiroler Baumschläfer hat eine aschgraue bis gelblichbraune Oberseite; Oberlippe, Wange und Unterseite sind scharf abgesetzt weiß. Das schwarze Kopfband zieht von der Schnauze über das große Auge bis vor das Ohr (beim Gartenschläfer bis hinter das Ohr). Der Tiroler Baumschläfer ist kleiner als der Gartenschläfer und mißt 18 cm, davon entfallen noch 8 cm auf den Schwanz. Dieses interessante Tier ist bisher nur aus Südtirol, dem Pustertal, Salzkammergut, Steiermark und dem nördlichen Italien bekannt, sowie aus dem Engadin. Seine horizontale und vertikale Verbreitung ist noch nicht ganz klargestellt.

Der Siebenschläfer ist auf Laubwälder und Parkland beschränkt und daher im Alpengebiet recht selten. Am häufigsten ist er noch in den Buchenwaldungen der Steiermark. Sein Pelz ist oben grau, unten weiß; die Ohren, die nicht ganz halb so lang sind als der Kopf, bleiben unbehaart; der zweizeilig behaarte Schwanz wirkt recht buschig. Von den fast 30 cm seiner Länge entfallen etwa 13 cm auf den Schwanz. Er ist daher unser größter Vertreter der Familie.

Die artenreichste Familie der Nagetiere ist die der Mäuse. In diese gehört u. a. auch der Hamster (Cricetus cricetus). Er ist ein im großen und ganzen östliches Tier der Ebene, dessen äußerste Vorposten manchenorts gerade noch die Grenzen unseres Gebietes erreichen. Die übrigen Angehörigen dieser Familie sammelt man in die Gruppe der echten Mäuse (Murinae) mit spitzer Schnauze und körperlangem, nur schuppig behaartem Schwanz und andererseits in die Gruppe der Wühlmäuse (Microtinae), die eine stumpfe Schnauze und einen kurzen, nie die Körperlänge erreichenden, aber ziemlich dicht behaarten Schwanz haben.

Zu den echten Mäusen gehören die beiden Ratten, die schon allein an ihrer recht bedeutenden Größe zu erkennen sind. Die Wanderratte, jener unangenehme Begleiter der menschlichen Siedlungen, ist sicher zu bestimmen an den nackten Ohren, die etwa ein Drittel der Kopfeslänge groß sind und an dem Schwanz, der kürzer ist als der Körper. Samt Schwanz mißt so ein Vieh gut und gern einen halben Meter.

Ist das Ohr von halber Kopfeslänge und der Schwanz länger als Kopf und Rumpf, so handelt es sich um die gute alte Hausratte, die seit dem 18. Jahrhundert fast überall von der angriffslustigen und starken Wanderratte vertrieben wurde und sich höchstens noch in Ställen, trockenen Speichern (Tennen) und Dachräumen halten konnte. Bevor die Wanderratte, deren Heimat in Nordchina liegt, über England nach Europa kam — es soll dies 1732 gewesen sein —, war die Hausratte noch unumschränkte Herrscherin. Aber Gott sei Dank gehen beide kaum weit in die Seitentäler hinein.

Die allbekannte Hausmaus ist im ganzen Gebiet häufig und steigt so hoch, als der Mensch seine Siedlungen, wenn auch nur vorübergehend, bewohnt. Der Schwanz der Hausmaus ist so lang oder länger, als Kopf und Rumpf. Der Pelz oben dunkel und unten heller grau, die Farben gehen unmerklich ineinander über. Die Füße sind grau, die Zehen fleischfarbig. Die großen grauen Ohren sind unbehaart. Der einfarbige Schwanz hat 180 Schuppenringe. Von diesem Allesfresser sind zahlreiche Abarten bekannt und beschrieben.

Die Waldmaus mit dem oben gelblichgrauen, unterseits weißlichen Pelz ist ebenfalls sehr häufig und steigt bis 2000 m, manchmal auch darüber. Die Waldmaus ist auffällig durch ihre hüpfenden Bewegungen. Sie ist gekennzeichnet durch einen dunklen Fleck an der Ferse, der aus dem Weißen sich deutlich abhebt. Bei manchen Waldmäusen zieht quer über die Kehle ein rostgelber Streifen. Von ihr sind zahlreiche Abarten beschrieben worden, die z. T. auch im Gebiete vorkommen, deren Bedeutung aber vielfach noch recht umstritten ist. Das ist z. B. der Fall mit der Gelbhalsmaus, die ein rostfarbenes Halsband besitzt. Diese Maus wird von den einen als gute Art (Apodemus flavicollis) aufgefaßt, was aber wieder von anderen (z. B. Professor Wettstein) ebenso bestimmt bestritten wird.

Die dickköpfigen Wühlmäuse des Alpengebietes lassen sich (nach der Zusammenstellung von Rebel) am bequemsten folgendermaßen unterscheiden:

1. Körperlänge (Kopf und Rumpf) bis 20 cm, Schwanz nicht seitlich zusammengedrückt 2
— Körperlänge über 25—29 cm, Schwanz seitlich zusammengedrückt, Lebensweise biberartig ..Bisamratte
2. Körperlänge 13—17 cm, Ohr fast in dem einfarbigen Pelz verborgen, hintere Fußsohle mit 5 rundlichen Schwielen .... Schermaus
— Körperlänge meist unter 13 cm, Ohren deutlich, hintere Fußsohle mit 6 (nur die Gattung Pitymys hat 5) Schwielen 3
3. Schwanz Hälfte der Körperlänge, behaart. Auch die Ohren behaart. Körperlänge 9—12 cm ......Rötelmaus
— Schwanz nur $1/3$—$1/4$ der Körperlänge 4
4. Sohle der Hinterfüße mit 5 Schwielen, Augen und Ohren sehr klein, Schwanz nur $1/4$ der Körperlänge: Die nur schwer unterscheidbaren kurzohrigen Erdmäuse (Pitymys)
— Sohle der Hinterfüße mit 6 Schwielen, Augen größer, Schwanz ca. $1/3$ der Körperlänge 5
5. Schwanz deutlich zweifarbig, Pelz oberseits dunkelgraubraun, Gesamtlänge bis 20 cm, davon 4 cm Schwanz .... Erdmaus

— Schwanz nicht zweifarbig, unten nur trübweißlich 6
6. Oberseite gelblichbraun, Gesamtlänge ca. 14 cm, davon 3 cm Schwanz ....Feldmaus
— Oberseite rauchgrau, Länge 18—19 cm, davon 6—7 cm Schwanz ....Schneemaus

Die Rötelmaus oder Waldwühlmaus ist in den Alpen durch mehrere Formen vertreten. Sie ist durch den behaarten, mittelgroßen Schwanz und durch die behaarten, ein wenig vorragenden Ohren gekennzeichnet. Sie steigt in den Alpen bis 2200 m, ich fand sie im Karwendel sogar noch bei 2500 m. Der Pelz ist am Kopf hellbraun, hat am Rücken einen schmalen dunkel- bis zimtbraunen Streifen, ist an den Seiten braungrau und am Bauch scharf abgesetzt weiß mit einem gelblichroten Ton. Die Füße sind weiß, Länge 12 bis 14 cm. Die von Burg benannte Varietät intermedius steigt im Engadin und Bergell bis 2700 m, ihr Kopf ist grau, der Pelz oben fuchsig, an den Seiten hellgrau, unten weiß mit einem Stich ins Hellrote. Der 5—6 cm lange Schwanz ist oben schwarzviolett, unten schmutzigweiß, an der Spitze einfarbig dunkelgrau. Auffällig ist für diese Form ein schwarzes Knöchelband. Die von Fatio beschriebene Varietät bicolor wurde bis jetzt nur aus dem Berner Oberland bekannt, wo sie über 1800 m vorkommt. Die Wangen dieser Form sind gelbrot, der Pelz ist oberseits breit dunkelrot gefärbt, die Flanken sind blauschwarz, unterseits ist er reinweiß.

Die Schneemaus steigt von allen Säugetieren am höchsten, bis zur Schneegrenze und noch darüber hinaus. Sie wird an anderer Stelle dieses Buches noch ausführlicher behandelt (Seite 230 f.).

Die Feldmaus geht nicht ganz so hoch, ist aber bei 2000 m mancherorts noch recht zahlreich. Ihr Pelz ist oberseits gelbgrau, an den Seiten heller, unten weißlichgrau. Die Art ist aber überaus veränderlich. Zuverlässig ist eigentlich nur eine Besonderheit des Gebisses. Stücke aus dem Tal sind kleiner und heller; je höher, desto mehr neigt sich die Farbe zu Graubraun. Der Schwanz ist knapp von ein Drittel Körperlänge und undeutlich zweifarbig. Die Feldmaus lebt auf Wiesen und Feldern, oft in ungeheurer Zahl und durchlöchert den ganzen Grasboden. Sie hält gleich der Schneemaus keinen Winterschlaf.

Der Pelz der Erdmaus ist oberseits dunkelbraungrau, fast schwärzlich; die weiße Unterseite ist im Gegensatz zur vorigen von der Oberseite gut abgesetzt. Der deutlich zweifarbige Schwanz ist im Verhältnis länger als ein Drittel des Rumpfes. Kopf und Rumpf 13 bis 16 cm, Schwanz zirka 4 cm. Die Erdmaus bewohnt die Wälder und nicht die Wiesen; Wettstein sieht diese als Gebirgstier seltene Maus als Eiszeitrelikt an, das auf versumpftem Gelände seine Gänge in dichtestem Graswuchs gräbt, im Gebirge (Gschnitztal in Tirol) aber auch trockenen Moränenboden besiedelt.

Die Schermaus wird auch Wasserratte oder Wühlmaus genannt. Ihre Ohren sind fast ganz im Pelz verborgen. Dieser ist oben dunkelbraun mit dunklerer Mittellinie, unterseits schiefergrau. Die Färbung ist allerdings nicht gleichmäßig. Kopf und Rumpf 13 bis 17 cm, Schwanz bis 10 cm. Im Wasser lebt die Abart amphibius, in ganz trockenen Gegenden terrestris und in Sümpfen die schwarze Form paludosus. Wettstein nimmt an, daß die jungen Tiere es sind, die die Wiesen, Felder und Gärten bewohnen und daß sich erst die ganz erwachsenen, alten Stücke dem Wasserleben anpassen; doch dürften wahrscheinlich auch diese zur Wurfzeit wieder trockenes Gelände aufsuchen.

Eine noch wenig erforschte Gruppe sind die kurzohrigen Erdmäuse, von denen es erst in den letzten Jahren dem Erforscher der ostalpinen Kleinsäuger, Wettstein, gelungen ist, zwei neue gute Arten zu entdecken. Es ist dies die Kupelwieserische Erdmaus, dem Stifter des biologischen Institutes in Lunz am See zubenannt. Diese subalpine Art ist bislang nur aus Nieder- und Oberösterreich bekanntgeworden. Die zweite ist die Wettsteinische Erdmaus (Pitymys incertoides), eine hochalpine Art, die — soweit

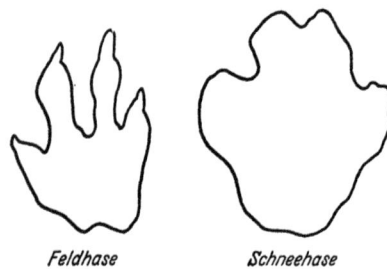

Feldhase *Schneehase*

Abb. 30. Trittspuren der beiden Hasen. ¹/₃ nat. Größe.

bis jetzt bekannt — geröllige Hänge des Gschnitztales (Brennergebiet) zwischen 2000 m und 2300 m bewohnt. Nur aus der Gegend von Zermatt bekannt ist die von Mottaz 1909 entdeckte und dem Altmeister der Schweizer Wirbeltierforschung, Viktor Fatio zubenannte Pitymys fatioi. Auf die südwestlichen Alpen beschränkt ist die schon länger bekannte gelbbraune Pitymys druentius. Ein Bewohner feuchter Wiesen und Gärten, der anscheinend nur im Gebiet der Koralpe höher ins Gebirge aufsteigt, ist Pitymys subterraneus.

Endlich darf nicht die größte der europäischen Wühlmäuse vergessen werden, die Bisamratte, deren Heimat in Kanada ist und die, seit sie im Jahre 1905 vom Fürsten Colloredo-Mansfeld südlich von

Prag ausgesetzt wurde, sich immer weiter ausbreitet und seit einigen Jahren auch da und dort in die Ostalpen eingedrungen ist. Sie wandert da offenbar den größeren Flüssen entlang.

Von den bisher besprochenen Nagetieren werden oft als eigene Ordnung der „Doppelzähnigen" die Hasen unterschieden. Die beiden, in den Alpen vorkommenden Vertreter dieser Gruppe lassen sich folgendermaßen unterscheiden:

1. Schwanz einfarbig weiß, kürzer als die Hinterfüße; die Ohren erreichen, angedrückt, die Schnauzenspitze nicht; Sommerpelz oben graubraun bis grau, Winterpelz weiß, in der Mitte des Rückens gewöhnlich schwach grau. Ohrspitze auch im Winter schwarz. Fährte gedrängter, die einzelnen Stapfen aber größer. Hält sich in und über dem Krummholzgürtel auf: der Seite 226 f. näher besprochene ....Schneehase
2. Schwanz zweifarbig, oben schwarz, unten weiß, gleich lang wie der Hinterfuß. Pelz mehr bräunlich, verfärbt im Winter nicht. Die Ohren erreichen, angedrückt, die Schnauzenspitze: der allbekannte
Feldhase

Die letzte Ordnung der Säugetiere, die der Huftiere, kann wohl von allen am kürzesten abgetan werden, denn sie umfaßt lauter bekannte Gestalten,

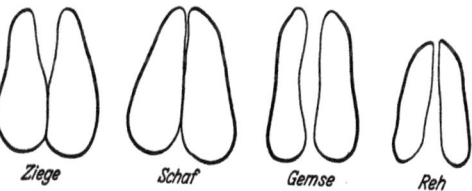

Abb. 31. Einige Huftierfährten. $^1/_3$ nat. Größe.

die übrigens sämtliche zur Unterordnung der Paarzeher gehören. Es sind dies: das Wildschwein, von dem schon Seite 184 kurz die Rede war; ferner von den

Wiederkäuern der Alpensteinbock, bei dem ich ebenfalls auf Seite 187 f. verweisen kann; dann die Gemse, der ein eigenes Lebensbild gewidmet ist; und endlich die beiden, über ganz Deutschland verbreiteten und als jagdbares Wild geschätzten und allbekannten Arten Hirsch und Reh, von denen sich eine Beschreibung wohl erübrigt. Es sei nur kurz erwähnt, daß die zoologische Kleinforschung von diesen beiden Tieren verschiedene Unterarten unterscheidet, von denen aber der echte Alpenhirsch infolge der jagdlichen „Aufbesserungen" mit Karpathenhirschen und anderen nur mehr in wenigen Gebieten rein zu finden ist.

c) Lebensbilder der Hochgebirgssäuger.
1. Die Gemse.

Ganz allgemein gilt als das Hochgebirgstier unserer Alpen die Gemse. Mit größter Anteilnahme beobachtet jeder Alpenwanderer immer wieder diese Tiere, wenn sich ihm dazu Gelegenheit bietet. Sei es ein in den Alpen selbst heimischer Tourist oder gar ein fremder Bergfreund, auf jeden wirkt es wie ein geheimer Zauber, wenn er, vielleicht durch leichten Steinschlag aufmerksam gemacht, ein paar aufgescheuchte Gemsen blitzschnell über die steilsten Hänge hinauf flüchten sieht; oder wenn er in einem einsamen Kar eine Schar dieser reizvollen Tiere ruhig hingelagert beobachten kann. Jeder Wandertag im Hochgebirge gewinnt an Reiz und Erinnerungskraft, wenn einem das Glück hold war und diese Lieblinge auch nur auf kurze Augenblicke gezeigt hat. Sie erscheinen als der Inbegriff alles Lebens im Hochgebirge, seiner herben Freiheit und des steten Kampfes mit den Unbilden der Witterung und tausenderlei Gefahren. Selbst der nüchterne Naturforscher vermag sich diesem Reiz nicht zu entziehen, unwillkürlich stockt auch ihm das Herz auf einen kurzen Augenblick, wenn er dieser Tiere ansichtig wird. Dem kann es keinen Eintrag tun, daß ihm die Tatsache längst geläufig ist, daß es Gemsen auch außerhalb der Alpen und auch außerhalb der Hochgebirgsregion gibt.

Während der Steinbock näher mit unseren Ziegen verwandt ist, gehört die Gemse in die Verwandtschaft der Antilopen. Die Hauptmenge der Familie wohnt in Ostasien, eine Gattung bewohnt Nordamerika und eine Gattung, eben unsere Gemse, besiedelt die europäischen Gebirge. Hier in den Alpen war sie schon den Römern bekannt, die sie Rupicapra, Felsenziege, benannten. Erst bedeutend später konnte man feststellen, daß es auch in den Abbruzzen, den Pyrenäen, den Karpathen, in den dalmatinischen, bulgarischen und griechischen Gebirgen, ja selbst in Kleinasien im Taurus und drüben im Kaukasus ebenfalls Gemsen gibt, die sich nur ganz unwesentlich von unseren Alpengemsen unterscheiden. So benennt man z. B. die Rasse der Abbruzzen, die etwas kleiner ist und auf Nase und Zügel einen fast isabellblauen Fleck hat, den das dunkle Augenband, das sich gegen den Hals zu verlängert, schön umrahmt, als Rupicapra ornata, die Rasse der Pyrenäen als R. pyrenaica, die Etruriens als R. faesula. Die Rasse R. asiatica lebt in Dagestan, Erivan und Kars. Die Kaukasusrasse endlich heißt R. caucasica. Versuche, die Gemse in Norwegen einzubürgern, sind bisher stets mißlungen. Wohl aber gibt es seit 1907 Gemsen in Neuseeland, die dort natürlich nicht einheimisch sind. Sie wurden vielmehr von Kaiser Franz Josef als Gegenleistung für eine Bereicherung des Schönbrunner Tiergartens gespendet. Man fing zu diesem Zwecke in den österreichischen Alpen

mehrere Tiere, von denen dann zwei Böcke und sechs
Geißen auf umständliche Weise, aber gesund und
munter hinübergebracht werden konnte. 1920 wurde
dort bereits ein Rudel von 70 Stück und vielen Kitzen
gemeldet. Sie halten sich in Neuseeland nicht nur
im Hochgebirge bei 3000 m und darüber auf, sondern
es steigen einzelne Stücke oft und gern in etwa
Mittelgebirgshöhe hinab. Auch aus Bosnien wird berichtet,
daß dort Gemsen bei 500 m bis 600 m Standwild
seien. In den Alpen können sie sich in diesen
niederen Lagen begreiflicherweise nirgends lange
halten, da sie alle viel zu früh irgendeinem Schützen
zum Opfer fallen. Dennoch werden z. B. seit Jahrzehnten
regelmäßig frühsommerliche Einwanderungen
einzelner Gemsen im mittleren Murtal bis
hinab nach Graz beobachtet. Daueransiedlungen
hatten nur bei entsprechender Schonung einigen Erfolg
bei Peggau und Rein. 1930 zeigten sich vor den
Toren der Landeshauptstadt Graz bei Gratkorn
schon im Frühjahr 4 Gemsen, nämlich 1 Bock, 2 Geißen
und 1 Kitz. Die Erwachsenen waren bis August
„endlich" alle glücklich erlegt worden, nur das Kitz
blieb am Leben und wurde von einer Rehgeiß angenommen.

In der Regel bewohnen die Gemsen aber die
Höhenstufen nahe der oberen Waldgrenze, den
Krummholzgürtel und darüber hinaus die Hochgebirgsregion
bis 3000 m. Aus den nicht gerade häufigen
Fossilfunden darf man schließen, daß sie früher
noch mehr als heute die Gebirgswälder besiedelt
haben.

Ihr Heimatgebiet haben die Gemsen offenbar —
ähnlich wie ich das Seite 56 von den Hochgebirgsvögeln
geschildert habe — in den Gebirgen Zentralasiens.
Von dort sind sie nach Europa eingewandert,
zu einer Zeit, die sehr weit zurückliegt, wohl gegen

Ende des Tertiär. Nur so kann man sich erklären, daß die europäischen Gemsen ausreichend Zeit finden konnten, um sich in ihrem Körperbau derart den hiesigen Verhältnissen anzupassen und zugleich von den heute in Asien lebenden Formen so zu unterscheiden, wie sie dies tatsächlich tun.

Ungefähr weiß wohl jeder, wie eine Gemse aussieht. Ich möchte mich daher darauf beschränken, hier die kurze Beschreibung wiederzugeben, die Rebel in seinem Büchlein über die freilebenden Säugetiere Österreichs bringt. „Gehörn schwarz, bis 30 cm lang, fast senkrecht stehend, mit nach rückwärts gekrümmten Endhaken, an der Basis rund und geringelt, sonst glatt, in beiden Geschlechtern vorhanden. Sommerbehaarung kürzer, oberseits bräunlichgelb, nach unten auch an den Beinen braunschwarz. Ein schmaler Rückenstreifen und eine solche Binde ober dem Auge sind schwärzlich. Im Winter länger und dichter behaart, dunkler, einfarbiger schwarzbraun, mit hellerer Unterseite. Länge bis 110 cm, Widerristhöhe 75 cm, Schwanz zirka 8 cm lang. Gewicht bis 45 kg."

Das Gewicht ist selbstverständlich ziemlich verschieden, je nach der Höhenlage, in der das Tier seinen gewöhnlichen Aufenthalt hat; es kommen da Unterschiede bis zu 6 kg ganz regelmäßig vor. Die Gemsen der Karpathen und Pyrenäen sind größer und schwerer als die Alpentiere.

Bemerkenswert ist vielleicht, daß den Augen der Gemse, die schön braun sind, eine Tränengrube, wie sie z. B. der Hirsch hat, fehlt. Anatomisch ist die Gemse von Schafen und Ziegen unter anderem durch das Vorhandensein von vier Zitzen an den Eutern verschieden.

Die Behaarung ist wie bei den meisten Säugern eine zweifache. Das Wollhaar ist kurz, fein und gekräuselt und meist mehr oder weniger verfilzt. Anders dagegen das Deckhaar. Das ist entweder gewellt und gegen seine Spitze zu etwas verdickt: man nennt diese Haare Grannen; oder länger als die Grannen und gerade: das Leithaar. Alle diese Haare sind spröde und trocken, gegen die Wurzel zu blasser. Im Winter ist der Pelz dichter und länger, da sind die Leithaare oft bis zu 16 cm lang. Diesen warmen Pelz trägt das Tier etwa $8^{1}/_{2}$ Monate lang. Ende Mai bis etwa Mitte August hat es einen Sommerpelz, dessen Haare nur an wenigen Körperstellen eine Länge von über 4 cm erreichen. Die Gemse verhärt also zweimal im Jahre. Selbstverständlich vollzieht sich der Haarwechsel nur sehr allmählich; das voll ausgefärbte, rostbaune Sommerkleid und das braunschwarze Winterkleid wird immer nur sehr kurze Zeit getragen.

Die wertvollsten Haare wachsen entlang dem Rückgrat, sie bilden den von Jägern und Nichtjägern so sehr geschätzten Gamsbart. Diese Haare haben an der Spitze meist einen weißen Reif, der allerdings manchmal auch fehlt (dann ist der Bart „blind") oder gar doppelt vorhanden ist. Manchmal ist er auch ausgesprochen rötlich. Nicht nur die Böcke tragen einen Bart, auch von den Geißen kann man einen solchen von 8 und 9 cm Länge gewinnen. Wie für alles, was einigermaßen Wert hat, gibt es auch für Gamsbärte einen Ersatz. Dazu werden heutzutage meist die Schwanzhaare von Antilopen oder von Skunks (Stinktier, Mephitis) verwendet; früher fälschte man auch oft mit Haaren vom Fuchs oder Hirsch.

Das für den Jäger Wertvollste aber bleibt der Kopfschmuck, die Krucken. Bock und Geiß haben solche, die der Geißen sind meist schwächer und neigen bedeutend weniger zur Hakenbildung. Schon beim etwa 3 Monate alten Tier reichen die geraden Spitzen des Gehörns über die Decke hinaus; sie sind dann etwa 1½ cm lang. Bis Neujahr wachsen sie auf eine Länge von etwa 4 cm heran und zeigen dann bereits eine leichte Rückwärtskrümmung. Bei etwa zwei Jahre alten Tieren, da die Sehnenhöhe der Krucken 12 cm schon überschritten hat, lassen sich (allerdings nur vom Fachmann) schon die Geschlechter am Gehörn unterscheiden. Erst mit 4½ Jahren etwa sind die Krucken voll ausgewachsen. Von da an beträgt der jährliche Zuwachs nur mehr 1 mm oder ½ mm darüber oder darunter.

Zur Altersbestimmung lassen sich nach dem Gesagten am besten die Krucken verwenden. Bei Hirsch und Reh ist dies natürlich nicht so leicht möglich, da diese ja ihr Geweih alljährlich abwerfen und wieder neu bilden. Bei diesen sind die Zähne der bessere Altersweiser. Bei den Gemsen ist das Milchgebiß, dessen Zähne um fast die Hälfte schmäler sind als später, mit etwa 2 Monaten fertig ausgebildet. Die Ersatzzähne sind im Alter von 3½ Jahren alle da. Bei ganz alten Tieren erhalten übrigens die Mahlzähne einen metallischen Glanz wie von Goldbronze. Solche Zähne haben wohl manchmal den Anlaß zu den Sagen von Goldbrünnlein und ähnlichem geboten. In Wirklichkeit ist er aber nichts anderes als Zahnstein. Solche goldzähnige Gemsen dürften um die 20 Jahre alt sein, ein Alter, das diese Tiere allerdings nur recht selten erreichen.

Das Gebiß ist überaus scharf und dauerhaft. Das ist auch nicht weiter verwunderlich, denn die Nahrung, die den Gemsen zur Verfügung steht, ist oft recht spröd. Die bevorzugtesten Futterpflanzen sind das Alpenrispengras, der Felsenschwingel, der Windhalm (Schmelchen), das Blaugras; dann die Edelraute, die Mutterwurz, auch Madaun genannt und der Alpenwegerich. Die zahlreichen Alpenpflanzen, deren Name mit dem Beiwort Gemse gebildet wird, zählen deswegen noch lange nicht zu den von ihr geschätzten Futterkräutern. Besonders scheinen Fluren, auf denen die Zwenke, ein auf Dolomitböden nicht seltenes Gras den Ton angibt, dem Wachstum der Gemsen nicht förderlich zu sein. Ähnliche Beobachtungen hat man auch bei Reh und Hirsch machen können.

Während das Gamswild, wie gesagt, früher in den Alpen allgemein recht verbreitet gewesen sein dürfte, ist es derzeit eigentlich nur mehr auf gewisse Gebiete derselben beschränkt. Selbstverständlich hat die unglaubliche Verwilderung, die nach dem Kriege bei der Bevölkerung einsetzte, auch diesem Wild starken Eintrag getan. Ist es doch bekannt, daß es sich durchaus nicht um Einzelfälle handelt, wenn Wilddiebsgenossenschaften mit aus der Abrüstung verbliebenen Maschinengewehren auf Treibjagden gingen. Den gesamten Gamsbestand der Ostalpen kann man derzeit vielleicht auf 18 000 bis 20 000 Stück schätzen. Vernünftige und pflegliche Jagd vermag diesen Stand leicht auf gleicher Höhe zu halten, da und dort aber auch zu verbessern. Krankheiten entvölkern die Gemsreviere nicht besonders. Bandwürmer, Lungenwurm und Leberegel treten selten in gefährlichen Mengen auf. Vereinzelt gibt es noch andere Krankheiten, die aber stets sehr selten und noch kaum erforscht sind, wie z. B. die angebliche Schneeblindheit, die in ihren Ursachen jedenfalls in keiner Weise verwandt ist mit der Schneeblindheit, die manchen Menschen solche Schmerzen bereitet. Nur eine Krankheit hat sich zu einer ganz gefährlichen Seuche ausgewachsen: die Gemsräude vermag mit dem Bestand ganzer Gebirgsstöcke fast völlig aufzuräumen. Mit ungeheuren Kosten hat man quer durch die ganzen Ostalpen einen Zaun gebaut, um ein Weitergreifen dieser Seuche von Osten nach Westen zu verhindern. Daran, daß es gelungen ist, die jagdlich doch so wenig interessierte Öffentlichkeit aufzurütteln, um dieses Werk von fast amerikanischen Ausmaßen auszuführen, daran kann man ermessen, welchen Schaden die Gemsräude zu stiften vermag. Diese Krankheit wird durch Milben übertragen, die als Schmarotzer an Ziegen und Schafen längst bekannt waren. Sie heißen Acarus siro var. caprae, werden aber vielfach auch als Sarcoptes scabiei oder S. caprae bezeichnet. Deren Weibchen bohren sich in die Haut der Gemsen ein. In den Gängen legen sie 20 bis 30 Eier ab, aus denen junge Milben schlüpfen, die schon nach 4 Wochen wiederum geschlechtsreif sind. Die befallenen Tiere gehen nach langem und qualvollem Siechtum elend zugrunde, ohne daß ihnen der Mensch anders zu helfen vermag, als daß er versucht, durch eine barmherzige Kugel das Leiden etwas abzukürzen.

Unter ursprünglichen Verhältnissen wäre die Gemsräude nie zu solchem Verhängnis geworden, denn der Steinadler ist ein durch keinerlei Jagdschlauheit ersetzbarer Vernichter kranker und schwächlicher Stücke, die zur Fortpflanzung wenig geeignet sind und die Erhaltung eines lebenstüchtigen Stammes doch nur gefährden. Der Jäger ist beim besten Willen nicht in der Lage, durch seinen Abschuß alles Kranke auszumerzen. Statt einer gesunden, widerstandsfähigen Art erzielt man auf diese Weise schließlich eine, die jeder Seuche zum Opfer fällt. Der Adler erwischt nur körperlich oder geistig minder wertvolle Stücke. Starke, gesunde und kluge Gemsen vermögen ihm zu entgehen. Wem also die Gemsen lieb sind, der muß den Adler schonen. „Da aber in unseren Gegenden der Steinadler bereits zu den Seltenheiten zählt, so vermag er, obwohl ihm gegenwärtig vernünftigerweise Schutz zuteil wird, keinesfalls mehr die an ihm begangenen Sünden wettzumachen. Die Ausrottung des Steinadlers und das mittelbar damit verbundene Überhandnehmen der Gemsräude sind mahnende und augenfällige Beispiele dafür, was der Unverstand der Menschen im natürlichen Geschehen anzurichten vermag. Denn die kurzsichtige, auf krasser Unkenntnis fußende Beurteilung der Lebewesen nach Nützlichkeit und Schädlichkeit ist der größte Unsinn, den der Mensch in die Welt gebracht hat. Diese Unterscheidung gibt es in der Natur nicht; jedes Wesen, ob es sich von Fleisch oder von Pflanzen ernährt, hat im Haushalt der Natur seine Aufgabe zu erfüllen" (Tratz).

Die Fährte der Gemse ist nicht schwer zu erkennen. Die scharfkantigen und harten Schalenränder, die in gewisser Hinsicht wie Steigeisen zu wirken haben, drücken sich deutlich ab; die Sohle dagegen ist nur bei Fährten auf weichem Boden etwas zu sehen. Die beiden Schalenhälften berühren sich nicht (das und die Schlankheit der ganzen Fährte [Abb. 31] ist der beste Unterschied gegenüber den Fährten von Schafen und Ziegen); der Zwischenraum, der zwischen den beiden Schalenhälften verbleibt, mißt ungefähr soviel, als die Breite einer einzelnen Schale. Manchmal stehen sogar die beiden Schalen in weitem Winkel zueinander; die Gemse vermag nämlich ihre Hufe stark zu spreizen. Besonders auf Schnee kommt ihr diese Fähigkeit sehr zu statten.

Die Lebensgeschichte der Gemse ist die. Ende Mai, Anfang Juni, wenn Auerhuhn und Haselhenne ihre junge Schar schon flügge haben, dann hat die Geiß ihr Neugeborenes. Es ist dies meist im fünften Sommer, den die Gams erlebt. Späterhin gibts manchmal auch zwei Kitzlein. Zwei, drei Tage lang muß

sie das unbeholfene Ding pflegen und lecken, dann
macht es die ersten zaghaften Schrittlein; aber noch
sind zwei Wochen nicht vorüber, da ist das junge
Ding voll von Übermut und hüpft und tollt, daß man
sich nicht sattsehen kann daran. Sind etwa im „Gams-
hoamatl" mehrere Kitzlein beisammen, dann geht es an
ein Haschen und Fangenspielen und lustiges Necken;
oft springen die jungen Gemslein mit allen Vieren
gleichzeitig hoch und können sich von überschäumen-
der Lebenslust kaum fassen. Und gar, wenn noch
eine nicht allzu steile Rinne mit schönem tragendem
Altschnee da ist; da lernen sie, zaghaft zuerst, dann
mit stets wachsendem Eifer wie Menschenbuben das
Abfahren am Schnee. Manchmal setzt es einen Sturz
und dann kollert das kleine Tier weit ins Geröll, aber
bald gehts wieder hinauf und wieder hinab. Ja
selbst die alten, stets wachsamen Tiere kriegen Lust,
wieder jung zu sein und tun eifrig mit beim lustigen
Spiel.

Trotz aller fröhlichen Ausgelassenheit aber vergessen die Gemsen nicht, sorgsam auf ihre Umgebung zu achten. Mit wachen Sinnen prüfen sie
immer wieder die Nachrichten, die ihnen der Wind
zuträgt, stets haben sie Aug und Ohr offen, bereit,
sofort das Spiel zu unterbrechen, wenn irgendwie
drohende Gefahr sich ankündigt. Nicht etwa, daß sie
eine Geiß zum Postenstehen bestimmt hätten, die nun
abseits des tollen Gehabens, vielleicht auf weithin
sichtbarem Felsvorsprung stehend, aufopfernd für
die anderen Wache hält. Nein, alle sind sie gleicher-
maßen auf ihre Sicherheit bedacht. Die gemein-
schaftliche Vorsicht aller bürgt dafür, daß die Annäherung eines Feindes rechtzeitig erkannt wird.
„Die immer wieder auftretende Fabel von der Wach-
gemse, die förmlich als Sicherheitskommissärin das
Rudel beschützen soll, ist auf die ungeteilte Auf-

merksamkeit aller Rudelmitglieder zurückzuführen"
(Hauber).

Ist irgend etwas im Gebiet nicht ganz geheuer, so prüft das Tier, das zuerst aufmerksam wird, mit schief gehaltenem Kopfe aufmerksam die Umgebung, verrät manchmal seine Unruhe durch leichtes Scharren und Aufstampfen mit einem Vorderlauf und schließlich pfeift es eigenartig heiser durch die Nase. Bei gutem Wind ertönt dies Warnungszeichen oft schon auf 600 bis 800 m vom Wanderer entfernt. In rascher Flucht stürmt dann das Rudel dahin, um sich in Sicherheit zu bringen. Doch ist diese Flucht nie kopflos. Immer wieder halten die Tiere ihren Lauf zurück und sichern aufs neue. Dem Jäger kommt das zu statten, denn er kann fast mit Sicherheit damit rechnen, daß der flüchtende Gams bald wieder verhält und ihn so zu Schuß kommen läßt.

In Gegenden freilich, wo die Gemsen den Touristenverkehr schon gewöhnt sind, da scheinen sie vielfach ihre Vorsicht ganz abzulegen; scheinbar ohne jede Scheu lassen sie den Wanderer oft auf ganz wenige Meter an sich heran. Freilich wenden sie dabei keinen Augenblick ihre Augen von ihm ab und es genügt, daß der Wanderer, der die Gemse vielleicht noch gar nicht gesehen hat, etwa um eine Blume zu pflücken ein, zwei Schritte vom gebahnten Wege abweicht und schon sehen sich die Tiere zu schleunigster Flucht veranlaßt.

Den ganzen Winter über, ja, selbst wenn die Kitzlein bereits ein volles Jahr glücklich hinter sich gebracht haben, gehen sie immer noch zur Mutter, um sich dort Milch zu holen. Leicht kann man das im Frühjahr beobachten, wenn es einem gelingt, ohne die Gemsen aufmerksam zu machen, in ihr Hoamatl einzudringen und sie zu belauschen, wie sie im Schatten oder kühlenden Wind, ja sogar mitten auf ein Schneebett hingelagert, sich dem Wiederkäuen hingeben und ruhen. Selbst die Kitzlein haben dann oft auf ein Viertelstündchen genug von ihren Spielen und stärken sich am Gesäuge. Bevorzugt werden für die Mittagsrast Plätze, da wenigstens überrieselte Felsen zur Verfügung stehen, denn die Gemsen trinken oft recht gern und wissen das Wasser wohl zu schätzen.

Ja, so sonderbar es auch klingt, wenn die Gemse dazu genötigt wird, kann sie sogar schnell und ausdauernd schwimmen. In den Jagdzeitschriften wird alle paar Jahre von Fällen berichtet, daß man Gemsen in irgendeinem der Salzkammergutseen oder im Bodensee weitab vom Ufer schwimmend angetroffen hat.

Den Sommer über halten sich die Geißen und die noch nicht „großjährigen" Kitze in Herden, den sogenannten Rudeln beisammen. Meist sind da 10 bis 12 Tiere, in guten Gemsrevieren auch 30 und 40, ja noch mehr vereint. Die Böcke stehen lieber für sich und halten an dem einmal gewählten Standort fest und lassen es nicht zu, daß ein anderer Gams ebenfalls hier sein Lager aufzuschlagen versucht. Da setzt es oft harte Kämpfe, besonders im Herbst, wenn es zur Brunftzeit geht. Von Mitte November bis höchstens gegen Mitte des Dezember währt die hohe Zeit der Gemsen. Da treiben sich die Böcke gegenseitig von den Geißen weg und verfolgen diese, daß es ein eigenartiges Bild von Kraft und Wildheit ist, wenn sie wie schwarze Teufel über den Novemberschnee fegen. Dabei hört man oft noch einen fast meckernden Laut, den die Jäger treffend als „blädern" bezeichnen. Auch die Kitze lassen gern ein Meckern hören.

26 Wochen lang behüten nun die Geißen das keimende Leben in ihrem Körper vor den schweren

Winterstürmen und all den Gefahren, die diese kalte Zeit mit sich bringt. Harte Tage sind es, an denen es oft nichts zu beißen gibt, als höchstens ein paar vertrocknete Flechten. Besonders die frostkalten Tage nach starken Schneefällen, wenn alle Nahrung zugeweht ist und die in ihrer Bahn so unberechenbaren Staublahnen mit Verderben drohen, werden vielen Gemsen zum Verhängnis. In dieser strengen Zeit erwuchs dem Gams in den letzten Jahren eine neue Gefahr: der Skisport. Wären nur alle, die im Winter mit ihren Bretteln in den Hochberg ziehen, richtige Sportsmänner, Leute von einer Gesinnung, wie man sie früher für Sportler als wesentlich ansah! Aber leider sind es nur zu oft keine Bergsteiger, sondern Rohlinge, die sich einen „Sport" daraus machen, die armen Tiere zu jagen und zu hetzen, um die Schnelligkeit der Gemse zu bestaunen oder zu zeigen, daß sie auf ihren glatten Brettern noch schneller sind als das flüchtige Wild. So werden viele Gemsen in Gegenden versprengt, wo sie keine Sonne und kein Futter haben, wo sie stets von Lawinen bedroht sind und wo infolgedessen auch die kleinen Wesen, die schon in ihrem Leibe Gestalt gewinnen, verkümmern oder gar zugrunde gehen müssen.

2. Der Schneehase.
(Lepus timidus.)

Es ist noch nicht lange her, daß ein angesehener Zoologe erklärte, die Tierwelt weiter Landstriche in Afrika sei uns weit besser und genauer bekannt, als jene mancher Gegenden Europas. Zu diesen mangelhaft durchforschten Gebieten unseres Heimaterdteiles gehören ohne Zweifel die Alpen, so widersinnig das auch scheinen mag, wenn man bedenkt, daß seit mehr als 100 Jahren gerade die Alpen das Ziel zahloser

Reisen von Naturforschern aller Richtungen waren. Mag dieser Ausspruch also auch manchem unglaubwürdig und manchem beschämend erscheinen; ein gewisser Gehalt an Wahrheit kann ihm nicht abgesprochen werden.

Ein ganz treffliches Beispiel dafür ist der Schneehase. Schon die Geschichte seines wissenschaftlichen Namens ist eine rechte Komödie der Irrungen. Der überall und allenthalben gewöhnliche Feldhase wurde bisher in allen Büchern mit dem vom großen Linné geschaffenen Namen Lepus timidus, das ist „der Furchtsame" bezeichnet, während man den Schneehasen variabilis, „den Veränderlichen" nannte. Da belehrte ein Natur-Geschichtsforscher die erstaunten Gelehrten, daß Linné selbst zu seiner Beschreibung des Lepus timidus (in der 10. Auflage der Historia naturalis) die Bemerkung gefügt hat: in kalten Wintern wird er mit Ausnahme der schwarzen Ohren ganz schneeweiß. Linné hat in dieser Auflage seines Buches den Feldhasen überhaupt gar nicht erwähnt! In seiner Heimat kommt er übrigens auch nicht vor. Nun mußten die beiden Häslein ihre Namen miteinander tauschen. Doch ergaben sich dabei — wie bei den beiden Felsenkrähen — die unangenehmsten Verwechslungen. So entschloß man sich für den Feldhasen auf den ältesten Namen, bzw. jene älteste Beschreibung zurückzugreifen, in der er zweifelsfrei gekennzeichnet ist. Als solche ergab sich die des deutschen Sibirienfahrers Peter Simon Pallas aus dem Jahre 1778: darnach heißt unser Feldhase jetzt Lepus europaeus, während dem Schneehasen nunmehr der Name timidus gebührt.

Nun wissen wir wenigstens wie der Schneehase heißt. Wir wissen auch, daß er in drei Rassen den Norden von Europa und Asien bewohnt und außerhalb dieses geschlossenen Gebietes noch wie Inseln die Hochgebirge Europas besiedeln. Die nördlichste Rasse der Polargegenden ist durch den im Sommer und Winter weißen Pelz gekennzeichnet; die südlichste der drei Rassen des zusammenhängenden Wohngebietes, die Form von Island und Südschweden, verfärbt ihren im Sommer braunen Pelz im Winter nur wenig ins Graue. Die dritte Form besiedelt das Gebiet zwischen der erst- und zweitgenannten, also das mittlere Skandinavien, Finnland und Rußland. Diese Form ist es, die sich auch in den Alpen erhalten hat. Schon aus diesen Verbreitungsangaben kann man ersehen, daß es namentlich die klimatischen Verhältnisse sind, die einen wesentlichen Einfluß auf die Ausbildung der Decke haben. Unser Schneehase hat in Anpassung an die Umgebung ein winterweißes Kleid erhalten, das viel dichter und wolliger ist als das des Feldhasen. Und da im allgemeinen die Haut- (Fell-) Dicke im umgekehrten Verhältnis zur Dichte der Behaarung steht, besitzt der Schneehase im Winterkleid gegenüber dem eigenen Sommerkleid und gegenüber dem Feldhasen eine viel dünnere Haut. Sie ist so dünn, daß sein weißer Balg überhaupt nicht zu Pelzwerk verarbeitet werden kann. Selbstverständlich macht eine derart zarte Haut auch dem Ausstopfer ungewöhnliche Mühe und daher kommt es, daß man so selten gute Stopfpräparate weißer Hasen findet.

Im Winterkleid ist unser Schneehase also durch sein völlig weißes Fell, in dem bloß die äußersten Spitzen der Ohren schwarz sind, genügend gekennzeichnet. Im Sommerkleid aber ist er bedeutend weniger leicht zu erkennen. Der Gesamteindruck seiner Farbe ist grau. Dabei ist — es ist das ein recht brauchbares Merkmal, da man die Hasen ja doch meist nur von hinten sieht — der Schwanz auch im Sommer einfarbig weiß. In der Übergangszeit ist seine Farbe oft recht gescheckt. Man war sich bis in die jüngste Zeit noch völlig im unklaren, ob es sich dabei um eine echte Verfärbung, bei der die Haare erhalten bleiben, oder um ein Mausern han-

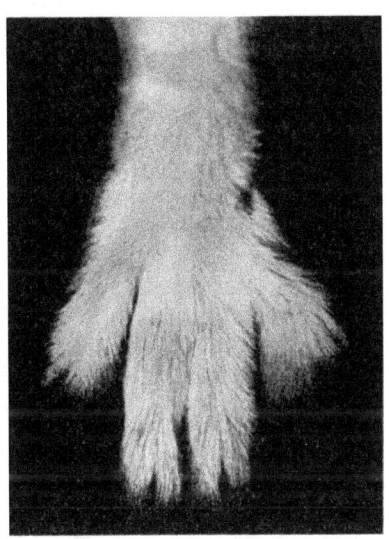

Abb. 32. Schneehasenpfote im Winter. (Aus: S. Schumacher, Erinnerungen eines Tiroler Jägers.)

delt, wobei die Haare durch neue, anders gefärbte ersetzt werden. Man kann jetzt aber ruhig annehmen, daß unser Hase beide Male, im April und im September richtig mausert. Zur selben Zeit also, da die Gemsen schwarz werden, beginnen sich Schneehuhn, Hermelin und Schneehase weiß zu kleiden.

Ganz im Dunkeln tappen wir noch bei der Frage der Fortpflanzung. Die einen, darunter der kenntnisreiche Altmeister der Alpentierkunde, **Tschudi**, und nach ihm **Brehm**, nehmen an, daß der Schneehase jährlich zweimal wirft; anfang Mai und im August wirft er je 2 bis 3, manchmal auch 4 und 5 Junge, die schon am zweiten Tag selbständig laufen können und nur zirka 20 Tage lang saugen. Zahlreiche Jäger aber bezweifeln das und wollen nur an einen Frühlingssatz glauben. Selbst diese Grundfrage aus der Biologie eines Tieres ist hier also noch ungeklärt.

Wenn der Schneehase auch ein echter und rechter Hase ist, so ist er doch unzweifelhaft völlig artverschieden von unserem Feldhasen. Er ist auch merklich kleiner als dieser; seine Länge wird meist mit 6 dm angegeben, der Schwanz mißt 6 bis 7 cm, die Ohren 10 bis 11 cm. Besonders auffällig sind seine Füße, deren lange Zehen durch steife Haare verbreitert und zu richtigen Schneetellern ausgebildet sind. Der Skibergsteiger wird bald den Unterschied in der Fährte der beiden Tiere heraußen haben. Tritte mit auffällig großem Durchmesser besonders der Hinterpfoten deuten verläßlich auf Schneehasen. Auch zeigen seine Fährten nie die unregelmäßigen und oft recht bedeutenden Sprunglängen des Feldhasen. Sonst aber trifft man seine Fährte im Winter leicht auch unter 1000 m an, wohin er des Morgens früh gern zur Äsung herabsteigt, um aber schon nach wenigen Stunden wieder in die gewohnten Höhen zu wandern.

3. Die Schneemaus.
(Microtus nivalis.)

Es sind mehrere Mäuse, die in unseren Alpen noch hoch über 2000 m angetroffen werden können. So wurde — lange schon vor Eröffnung von Bahn- und Hotelbetrieben — auf dem Gipfel der Zugspitze die schlanke, spitzschnäuzige Waldmaus öfters gefangen. Auf dem Gipfel der Sonntagskarspitze im Karwendel (2550 m) fing ich einmal die stumpfschnäuzige Rötelmaus. Auch die seltene Erdmaus und die gemeine Feldmaus ist in oft ganz erstaunlichen Höhen vorübergehend anzutreffen. Aber so richtig daheim ist im baumlosen Hochgebirge nur die Schneemaus. Diese Maus ist selten unter 1700 m, nahezu überhaupt nicht unter 1300 m zu finden. Sie steigt dagegen regelmäßig bis 2700 m und 3000 m auf, ja selbst in Höhen von 4700 m (Montblanc) wurde sie beobachtet. Sie steigt von allen erdgebundenen Wirbeltieren in den Alpen weitaus am höchsten hinauf. Außerhalb der Alpen scheint sie nur in den hohen Gebirgen um das Mittelländische und das Schwarze Meer vorzukommen, von den Pyrenäen bis zum Kaukasus.

Daß die Schneemaus insbesondere im Winter gerne das schützende Obdach menschlicher Bauten aufsucht ist begreiflich. Nur wird ihr das meist zum Verhängnis, denn, fast möchte man sagen sorglos und unvorsichtig geht sie leicht in Fallen. Manche hochgelegene Hütten wie z. B. die prächtig gelegene und gemütliche Hildesheimerhütte in den Stubaier Alpen (2900 m) sollen nach den Behauptungen mancher Touristen Ratten beherbergen. Diese „Ratten" haben mit den unbeliebten Allesfressern der Städte natürlich nichts gemein als den Namen; es sind die Schneemäuse, die Brehm geradezu Alpenratten nennt. Bei ihrer Größe, die samt dem Schwanz mehr als 2 dm beträgt, ist das auch nicht überraschend. Sonst aber stimmt nichts mehr überein. Vor allem fällt die Haltung der Schneemaus auf, wenigstens solange sie sich unbeobachtet glaubt. Hochbeinig läuft sie umher und trägt den leicht gebogenen Schwanz völlig frei; dabei wittern die Tiere mit einer eigentümlichen Bewegung der langen Schnurrhaare. Übrigens können die Schneemäuse ausgezeichnet schwimmen, klettern und springen.

Sie sind ausschließliche Pflanzenfresser und bevorzugen dabei die Wurzeln; ferner scheinen sie sich manchmal am Honig von Blüten zu vergnügen und auch ganze Blüten zu verzehren. So berichtet der Inspektor an der Münchener zoologischen Staatssammlung, G. Küsthardt, daß er im Allgäu und Wetterstein Schneemäuse beobachten konnte, wie sie die Blüten einer kleinen Kleeart in Mengen auf einer Steinplatte zum Trocknen ausgebreitet hatten und mit ihrem stumpfen Näschen die Blütenköpfe umwendeten und die ganz trockenen in ihre Löcher trugen. Beim Fressen setzen sich die Tierchen meist aufrecht und halten den Bissen zwischen den Pfoten. Offenbar werden stark duftende Pflanzen besonders geschätzt und auch — für den Menschen — giftige, wie mancherlei Hahnenfuß- und Eisenhutarten nicht gescheut. Bei dieser Gelegenheit sei noch kurz darauf hingewiesen, daß die Schneemäuse entsprechend ihrer ausschließlichen Pflanzennahrung ungemein große Blinddärme haben.

Der Pelz des Tieres ist oben hellbräunlich-grau; nach den Seiten zu mehr ins Gelbliche getönt und unterseits grauweiß. Besonders bei jüngeren Stücken ist das Fell oberseits einfarbig grau, so daß sich mancherorts das Tier vom verwitterten Kalkgestein seiner Umgebung kaum abhebt. Der Schwanz ist weiß oder doch, bei älteren Mäusen, ausgesprochen heller als die Oberseite des Rumpfes. Die Länge wird meist mit 12 bis 14 cm angegeben, wozu noch 7 bis 8 cm für den Schwanz kommen.

Im Juli wirft das Weibchen 4 bis 6 Junge; Ende August laufen alt und jung nach Nahrung suchend umher. In dieser Jahreszeit halten sich die Tiere mit Vorliebe in größeren Geröllhalden, möglichst in der

Nähe von fließendem Wasser auf; jedoch nie in der Nähe von geschlossenem Wald. Dabei sind sie ganz auffällig an die Nähe der Alpenrosen gebunden. Im Winter, den diese Tiere eigenartigerweise nicht verschlafen ziehen sie sich meist ins Legföhrengestrüpp zurück oder in Almhütten. Übrigens hat es fast den Anschein, als ob Schneemäuse im Kalkgebiet etwas häufiger wären als in der zentralen Zone der Alpen, jedoch braucht die Maus zum Wühlen, zum Wohnen und zum Überwintern eine gewisse Menge Humuserde.

Daß die Schneemaus, obwohl sie von der Wissenschaft erst 1841 entdeckt wurde, ein alteingesessener Alpenbewohner ist, zeigen zahlreiche Fossilfunde. In den pleistozänen Ablagerungen von Schweizersbild z. B., die also unmittelbar vor der Eiszeit sich gebildet haben, fand man Reste unserer Art in Gemeinschaft mit solchen vom Vielfraß, Eisfuchs, Hirschluchs, Ren, Bison und Lemming. Während alle diese seither aus dem Alpengebiet verschwunden sind, hat sich die Schneemaus bei uns gehalten.

4. Das Murmeltier.
(Marmota marmota.)

Von allen Alpentieren bot wohl seit jeher — und bietet auch heute noch — das Murmeltier die meisten Rätsel. Zwar wurde es schon frühzeitig weit über die Grenzen seines Verbreitungsgebietes hinaus bekannt, da es sich leicht zähmen und zu allerlei kleinen Kunststücken abrichten läßt. Es ist noch nicht so lange her, daß arme Jungen aus Savoyen mit ihren Murmeltieren durch deutsche Lande zogen, um sich damit etwas zu verdienen. Dennoch ist über die Lebensweise dieser Tiere noch heute wenig bekannt, und früher wurden — vielleicht um die dressierten Tierchen interessanter zu machen — die unglaublichsten Fabeln verbreitet. So erzählt schon Plinius, jener Römer, der seinen Forscherdrang beim Untergang von Pompeji mit dem Leben bezahlte, von diesen Alpenmäusen eine noch heute manchmal geglaubte Geschichte: vor dem Beziehen der Winterbaue sammeln sie Heu; dann legt sich eins der Tiere auf den Rücken, läßt sich mit dem

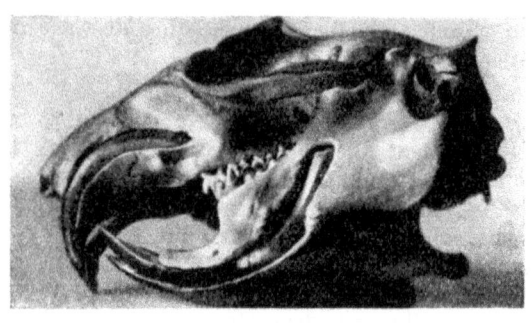

Abb. 33. Murmeltierschädel, zum Teil aufgemeißelt, um die langen, wurzellosen Nagezähne zu zeigen. (Aus: S. Schumacher, Erinnerungen eines Tiroler Jägers.)

Heu beladen und von den übrigen an seinem Schwanz wie ein lebender Schlitten in die Höhle ziehen. Noch der gelehrte Athanasius Kircher, der Erfinder der Laterna magica († 1680), hielt die Murmeltiere für Bastarde aus Dachs und Eichhörnchen. Dagegen stammt von Sebastian Münster aus dem Jahre 1588 eine recht gute Beschreibung dieser Tiere, die ich im folgenden gekürzt wiedergebe.

„Es sicht gleich wie ein groß Küngelin (Königshase), hat aber abgeschnitten Ohren und ein Schwanz, der eine spannen lang ist, lang vorder Zähn, beißt übel, so es erzürnt wird, hat kurtz Schenkl, die seind under dem Bauch gantz dick von Haar, gleich als hett es Schlotterhosen angezogen, hat Beerentappen und lange Klauwen daran, mit denen es gar unbillich tief in das Erdreich grebt. Kann auch auf den zweyen hindern Füßen gehn wie ein Beer. So man ihm etwas zu essen gibt, nimpt es dasselbig in sein vorder Fuß, wie ein Eichhörnlin und sitzt auffgericht wie ein Aff."

Unser Murmeltier kommt außerhalb der Alpen nur noch in den Karpathen vor, wo es heute bereits selbst in der Hohen Tatra recht selten geworden zu sein scheint. Die alten Meldungen aus den Pyrenäen sind so zweifelhaft, daß man ruhig über sie hinweggehen kann. Wenn also auf diese Weise das Alpenmurmeltier ein echter Europäer ist, so darf doch nicht übersehen werden, daß elf weitere Arten dieser Gattung in den Gebirgen Asiens zu Hause sind; das Alpenmurmeltier tut also der Ansicht vom zentralasiatischen Charakter unserer Alpenfauna keinen besonderen Abbruch. Es ist allerdings, wie manch andere hergehörige Art auch, schon vor der großen Eiszeit hier gewesen, wie zahlreiche allerorts nachgewiesene Fossilreste dartun.

Wer jemals im Freien ein Murmeltier hat dahinhuschen gesehen, wird überrascht sein, wie plump dieses Tier in der Nähe aussieht. Ausgewachsen mißt es 50 bis 60 cm, wovon 12 bis 15 cm auf das buschig behaarte Schwänzchen entfallen. Der Bauchumfang mißt im Herbst 60 bis 70 cm. Die Oberseite des Pelzes ist meist fahlgrau, in der Farbe fast wie ein Büschel verdorrten Grases. Dabei ist die Farbe der Weibchen mehr ins Gelbliche, die der Männchen mehr ins Rötliche spielend. Die Mittellinie des Rückens und besonders der Kopf ist gewöhnlich etwas dunkler braun. An den rostfarbigen Seiten zeigt sich ein allmählicher Übergang gegen die rötlichgelbe Unterseite. Es gibt allerdings auch Stücke — das Tiroler Landesmuseum in Innsbruck besitzt ein solches aus dem Fimbertal, Paznaun, 2200 m —, die zur Gänze fast schwarzbraun gefärbt sind und dann einen völlig fremdartigen Eindruck machen. Während sonst bei den Nagern weißliche Fehlfärbungen (Albino) recht häufig auftreten — man denke nur an die allbekannten weißen Mäuse — wurden solche Stücke unter den Murmeltieren bisher nur äußerst selten beobachtet.

Da das Murmeltier ausschließlicher Pflanzenfresser ist und seine Baue nur in Höhen und Gebieten angelegt werden, wo sie dem Menschen kaum lästig fallen, so ist es in keiner Weise als „schädlich" zu bezeichnen. Wieviel menschlicher Hochmut liegt eigentlich in einer solchen Bezeichnung! Und trotzdem wurde das Murmeltier verfolgt, wo immer es sich zeigte, so daß es in manchen Teilen seines Wohngebietes schon ausgerottet wurde. Von seinem natürlichen Feind, dem Steinadler, hat es ja, da dieser auch schon recht spärlich geworden, nicht mehr allzuviel zu fürchten. Der Mensch jagt es nicht so sehr wegen des Fleisches, das dem Durchschnittsgaumen nicht behagt, als vielmehr wegen seines Fettes. Ein erwachsenes und gut genährtes Tier kann etwa drei Viertel bis einen ganzen Liter dieses stark und unangenehm riechenden, aber nach weitverbreitetem Glauben fast wundertätigen Stoffes ergeben. Doch setzen die Tiere ihr Schmalz erst ab Ende September an, in größeren Höhen entsprechend früher. Wegen dieses Allheilmittels für Mensch und Vieh wird es allerdings auch mancherorts gehegt und vielfach neu eingesetzt. Aus jagdsportlichen Gründen ist eine solche Wieder- oder Neueinbürgerung wohl kaum erfolgt; die Jagd wird meist als recht langweilig geschildert. Heute (um

1930) schätzt man den Gesamtbestand in den österreichischen Alpen auf ungefähr 2000 Stück.

Besondere Rechtsverhältnisse haben sich im Saastal im Wallis um unser Tier herausgebildet. Dort ist der ziemlich reiche Murmeltierbestand nach einem altüberlieferten Schlüssel auf die Bewohnerschaft genau aufgeteilt. Es werden nur alte Tiere gefangen, während die jungen unbedingten Schutz genießen. Dort ist der reiche Bestand sicherlich ursprünglich. Von gar mancher gut bevölkerten Kolonie läßt sich dieses aber heute nicht mehr mit Sicherheit sagen. Da und dort hat ein Jäger ein Pärchen ausgesetzt, das, nachdem es meist eine gute Strecke abgewandert ist, sich seßhaft machte und im Laufe der Zeit eine reiche Nachkommenschaft entwickelte. Wann dieser Einsatz erfolgte und woher die verwendeten Tiere stammen, läßt sich wohl nur mehr in seltenen Fällen ermitteln. Dazu kommt noch, daß Murmeltiere manchmal aus eigenem Antriebe recht weite Wanderungen unternehmen.

In der Regel halten sich die Murmeltiere stets oberhalb der Waldgrenze, ja meist sogar noch über dem Kleinstrauchgürtel auf. Es werden aber ganz vereinzelt auch Ausnahmen gemeldet, so von der Gegend von Pontresina im Engadin, wo befahrene Baue sich mitten im Hochwald finden sollen. Nach oben steigen sie wohl selten bis zur 3000-m-Linie. Am meisten bevorzugen sie offenbar geröllreiche, aber üppig bewachsene, gut durchsonnte Hänge und Kare, in denen ein, wenn auch manchmal spärlich fließendes Wässerlein rauscht. Demzufolge ist ihnen auch eine Bevorzugung der Zentralalpen gegenüber den Kalkzonen nicht abzusprechen. An solchen Plätzen also errichten sie ihre Baue.

Der Hauptbau ist der sogenannte Winterbau, der jedoch besser Familienbau genannt wird. In diesen wird im Herbst eifrig Heu eingetragen, das jedenfalls nur als Polsterung und Kälteschutz für das Lager und nicht als Futter dienen soll. Das Gras wird von den Tieren mit den Zähnen gerupft und, wenn es ordentlich getrocknet ist, büschelweise mit den Zähnen zu Bau gebracht. In diesen Bau verschließt sich die ganze Familie samt der halbwüchsigen Jugend, die schon mehr als einmal die klaren Herbsttage genossen hat. So versammeln sich oft 10 und 15 Tiere in einem Bau. Es scheint übrigens auf Wahrheit zu beruhen, daß unmittelbar vor dem Einfahren zum Winterschlaf kranke und greisenhafte Familienangehörige gewaltsam getötet werden. Ähnliche Beobachtungen wurden ja schon mehrmals auch bei anderen in engster Gesellschaft lebenden Tieren gemacht. Der Eingang zum Bau wird dann mit Steinen, Heu und Erde sorgsam verrammelt. Den ganzen Winter, oft 6 bis 8 Monate, verbringen die Tiere darin eng zusammengerollt in jenem eigenartigen Zustand, den wir unter dem Namen Winterschlaf kennen. Das heißt, vom wahren „Kennen" sind wir noch weit entfernt; zu viel Rätsel bietet dieser Zustand noch unseren Physiologen.

Ist endlich der Frühling wieder eingezogen im Land und hat er im Murmeltiergebiet in die geschlossene Schneedecke schon weite Breschen geschmolzen, so kommen die Tiere wieder ans Sonnenlicht und nicht lange dauert es, so ist eifrigstes Liebestreiben im Gange. Ende April, Anfang Mai erfolgt meist die Paarung und 6 Wochen später werden drei bis vier, oft auch mehr oder weniger Junge geworfen. Diese bleiben im Familienverbande, bis sie geschlechtsreif sind. Wann das ist, läßt sich noch nicht genau sagen; bei Bewohnern ungünstiger Lagen, die mehr Tage im Jahr schlafen als sie wach sind, ist das vielleicht erst im fünften Jahre der Fall.

Während nun die Murmentlmutter samt ihren Jungen in dem Bau bleibt, in dem sich Winterlager und Wochenbett befand, wandert der Vater weiter bergwärts und bezieht hier seinen Sommersitz, den man zweckmäßig Wachtbau benennt. Auch alte Weibchen, die ihren Familienpflichten längst genügt haben, besiedeln meist einen eigenen Sommerbau. Hier freuen sie sich des Daseins, sind aber auch stets auf der Hut, und bei der geringsten Störung lassen sie ihren schrillen Pfiff hören und verschwinden in der sicheren Höhle. Ältere Tiere pfeifen tiefer als junge, und ganz alte flüchten oft vollkommen lautlos in ihren Bau.

Systematisches Verzeichnis der im Gebiete der Alpen vorkommenden Wirbeltiere.
(Etwa 275 Arten.)

(Die Ziffern beziehen sich auf die Seitenzahlen.)

I. 34. Fische.

Neunaugen (1).

Bachneunauge, Querder, Petromyzon Planeri 72.

Weißfische (24).

Karausche, Carassius vulgaris 77.
Ellritze, Pfrille, Phoxinus laevis 78.
Nase, Chondrostoma nasus 78.
Plötze, Leuciscus rutilus 78.
Triotto, L. aula 78.
Pigo, L. pigus 78.
Nerfling, L. virgo 78.
Perlfisch, L. Meidingeri 78.
Strömer, Telestes Agassizii 79.
Döbel, Squalius cephalus 79.
Hasel, Squ. leuciscus 79.
Rotfeder, Scardinius erythrophthalmus 79.
Brachse, Abramis brama 79.
Güster, Blicca björkna 80.
Mairenke, Alburnus mento 80.
Alborelle, Alb. alborella 80.
Laube, Alb. lucidus 80.
Schleie, Tinca vulgaris 80.
Gründling, Gobio fluviatilis 80.
Karpfen, Cyprinus carpio 77.
Barbe, Barbus fluviatilis 81.
Etschbarbe, B. plebejus 81.
Steinbeißer, Cobitis taenia 81.
Schmerle, Cob. barbatula 81.

Lachsfische (5).

Aesche, Thymallus thymallus 76.
Felchen, Coregonus[1] 76, 77.
Huchen, Salmo hucho 75.
Saibling, S. salvelinus 71, 73, 74 (Abb. 6).
Forelle, Trutta fario 75.

Hechte (1).

Hecht, Esox lucius 72.

Barsche (1).

Flußbarsch, Perca fluviatilis 72.

---

[1] Je nach dem, wie viel Kleinarten dieser formenreichsten Gruppe man anerkennen will, vermehrt sich natürlich auch die eingangs angegebene Zahl der Wirbeltierarten.

Systematisches Verzeichnis der Wirbeltiere.

Groppen (1).
Groppe, Cottus gobio 73.

Schellfische (1).
Rutte, Lota vulgaris 73.

II. 14 Lurche.

Schwanzlurche (5).
Feuersalamander, Salamandra atra 82.
Alpensalamander, S. atra 82, 83.
Kammolch, Molge cristata 83.
Alpenmolch, M. alpestris 83, 84 (Abb. 7).
Teichmolch, M. vulgaris 84, 85 (Abb. 8).

Froschlurche (9).
Laubfrosch, Hyla arborea 84.

Wechselkröte, Bufo viridis 85.
Erdkröte, B. vulgaris 85, 86.
Kreuzkröte, B. calamita 86.
Feßlerkröte, Alytes obstetricans 86.
Bergunke, Bombinator pachypus 86.
Wasserfrosch, Rana esculenta 87.
Springfrosch, R. agilis 87.
Taufrosch, R. temporaria 87.

III. 14 Kriechtiere.

Eidechsen (5).
Mauereidechse, Lacerta muralis 88, 89 (Abb. 9).
Bergeidechse, L. vivipara 88, 89, 90 (Abb. 12).
Zauneidechse, L. agilis 89, 90 (Abb. 11).
Smaragdeidechse, L. viridis 88, 89 (Abb. 10), 90.
Blindschleiche, Anguis fragilis 88.

Schlangen (9).
Ringelnatter, Tropidonotus natrix 92.

Würfelnatter, Trop. tesselatus 92.
Vipernatter, Trop. viperinus 93.
Zornnatter, Zamenis gemonensis 92.
Äskulapnatter, Coluber longissimus 91.
Glattnatter, Coronella austriaca und girondica 93.
Kreuzotter, Vipera berus 95 (Abb. 15), 96.
Schildviper, Vip. aspis 93 (Abb. 13), 94.
Sandviper, Vip. ammodytes 93 (Abb. 14), 94.

IV. 149 Vögel.

(Es werden nur regelmäßige Brutvögel berücksichtigt.)

Taucher (2).
Haubentaucher, Podiceps cristatus 107.
Zwergtaucher, Pod. ruficollis 107.

Reiher und Störche (4).
Fischreiher, Ardea cinerea 107.
Zwergrohrdommel, Ixobrychus minutus 107.

Große Rohrdommel, Botaurus stellaris 108.
Storch, Ciconia ciconia 107.

Enten (2).

Stockente, Anas platyrhyncha 108.
Gänsesäger, Mergus merganser 108.

Raubvögel (9).

Steinadler, Aquila chrysaëtos 110, 149—154.
Mäusebussard, Buteo buteo 109 (Abb. 16c), 110.
Habicht, Accipiter gentilis 111.
Sperber, Acc. nisus 109 (Abb. 16b), 111.
Wespenbussard, Pernis apivorus 109 (Abb. 16d), 110.
Wanderfalk, Falco peregrinus 112.
Baumfalk, F. subbuteo 112.
Zwergfalk, F. columbarius 113.
Turmfalk, F. tinnunculus 109 (Abb. 16a), 111, 112.

Hühner (7).

Schneehuhn, Lagopus mutus 113, 154—160.
Spielhuhn, Lyrurus tetrix 105, 113.
Auerhuhn, Tetrao urogallus 113, 114.
Haselhuhn, Tetrastes bonasia 114.
Steinhuhn, Alectoris graeca 113, 154—160 (Abb. 26).
Rebhuhn, Perdix perdix 115.
Wachtel, Coturnix coturnix 115.

Wasserhühner (2).

Wachtelkönig, Crex crex 115.

Grünfüßiges Teichhuhn, Gallinula chloropus 115.

Regenpfeifer und Möven (6).

Mornellregenpfeifer, Charadrius morinellus 116.
Flußuferläufer, Tringa hypoleucos 116.
Schnepfe, Scolopax rusticola 116.
Trauerseeschwalbe, Chlidonias nigra 116.
Fluß-Seeschwalbe, Sterna hirundo 116.
Lachmöwe, Larus ridibundus 116.

Tauben (3).

Hohltaube, Columba oenas 117.
Ringeltaube, Col. palumbus 117.
Turteltaube, Streptopelia turtur 117.

Kuckuck, Raken und ähnliche (6).

Kuckuck, Cuculus canorus 118.
Eisvogel, Alcedo atthis 118 (Abb. 18).
Wiedehopf, Upupa epops 118.
Ziegenmelker, Caprimulgus europaeus 119.
Alpensegler, Apus melba 118, 160—164.
Mauersegler, Apus apus 119.

Eulen (9).

Uhu, Bubo bubo 119, 120.
Zwergohreule, Otus scops 120.
Waldohreule, Asio otus 121.
Rahnfußkauz, Aegolius tengmalmi 122, 123.

Steinkauz, Athene noctua 122.
Sperlingskauz, Glaucidium passerinum 119, 120, 121.
Uralkauz, Strix uralensis 121, 122.
Waldkauz, Strix aluco 121.
Schleiereule, Tyto alba 122.

Spechte (9).
Grünspecht, Picus viridis 125.
Grauspecht, Picus canus 125.
Großer Buntspecht, Dryobates major 125.
Weißrückenspecht, Dr. leucotos 125.
Kleiner Buntspecht, Dr. minor 125.
Mittlerer Buntspecht, Dr. medius 125.
Dreizehenspecht, Picoides tridactylus 125.
Schwarzspecht, Dryocopus martius 125.
Wendehals, Jynx torquilla 125, 126.

Singvögel (89).
4 Schwalben.
Rauchschwalbe, Hirundo rustica 126.
Mehlschwalbe, Delichon urbica 126.
Uferschwalbe, Riparia riparia 126.
Felsenschwalbe, Riparia rupestris 127.

2 Zaunkönige.
Zaunkönig, Troglodytes troglodytes 127.
Wasseramsel, Cinclus cinclus 127 (Abb. 19).

2 Braunellen.
Flüevogel, Prunella collaris 128, 164—165.
Heckenbraunelle, Pr. modularis 128.

28 Sänger und Drosseln.
Grauer Fliegenschnäpper, Muscicapa striata 128.
Trauerfliegenschnäpper, M. hypoleuca 128.
Zwergfliegenschnäpper, M. parva 128.
Weidenlaubsänger, Phylloscopus collybita 129.
Fitislaubsänger, Ph. trochilus 129.
Berglaubsänger, Ph. Bonellii 129.
Waldlaubsänger, Ph. sibilator 129.
Drosselrohrsänger, Acrocephalus arundinaceus 130.
Teichrohrsänger, Acr. scirpaceus 130.
Sumpfrohrsänger, Acr. palustris 130.
Schilfrohrsänger, Acr. schoenobaenus 130.
Gartenspötter, Hippolais icterina 130, 131.
Gartengrasmücke, Sylvia borin 132.
Schwarzplättchen, S. atricapilla 131.
Dorngrasmücke, S. communis 131.
Zaungrasmücke, S. curruca 131, 132.
Wachholderdrossel, Turdus pilaris 133.
Misteldrossel, T. viscivorus 133.
Singdrossel, T. philomelos 133.

Ringdrossel, T. torquatus 132.
Schwarzdrossel, T. merula 132.
Steinrötel, Monticola saxatilis 133.
Steinschmätzer, Oenanthe oenanthe 133.
Braunkehlchen, Saxicola rubetra 134.
Gartenrotschwanz, Phoenicurus phoenicurus 134.
Hausrotschwanz, Ph. ochruros 134.
Nachtigall, Luscinia megarhynchos 134.
Rotkehlchen, Erithacus rubecula 134.

2 Würger.

Raubwürger, Lanius excubitor 135.
Dorndreher, L. collurio 135.

9 Meisen.

Kohlmeise, Parus major 135.
Blaumeise, P. caeruleus 135.
Tannenmeise, P. ater 136 (Abb. 20).
Haubenmeise, P. cristatus 136.
Sumpfmeise, P. palustris 136.
Weidenmeise, P. atricapillus 136, 137.
Schwanzmeise, Aegithalos caudatus 137.
Wintergoldhähnchen, Regulus regulus 137 (Abb. 21).
Sommergoldhähnchen, R. ignicapillus 137 (Abb. 21).

4 Kleiber und Baumläufer.

Kleiber, Sitta europaea 139 (Abb. 23).
Waldbaumläufer, Certhia familiaris 138 (Abb. 22), 139.
Gartenbaumläufer, C. brachydactyla 138 (Abb. 22), 139.
Mauerläufer, Tichodroma muraria 139, 165—169.

6 Stelzen.

Baumpieper, Anthus trivialis 140.
Wiesenpieper, A. pratensis 140.
Wasser- oder Bergpieper, A. spinoletta 140, 169—173.
Gelbe Bachstelze, Motacilla flava 141.
Graue Bachstelze, M. cinerea 141.
Weiße Bachstelze, M. alba 140.

3 Lerchen.

Haubenlerche, Galerida cristata 141.
Heidelerche, Lullula arborea 141.
Feldlerche, Alauda arvensis 141.

20 Finkenartige.

Kernbeißer, Coccothraustes coccothraustes 142.
Grünling, Chloris chloris 142.
Stieglitz, Carduelis carduelis 143.
Zeisig, C. spinus 143.
Bluthänfling, C. cannabina 143.
Leinzeisig, C. linaria 144.
Zitronzeisig, C. citrinella 144.
Girlitz, Serinus canaria 142.
Gimpel, Pyrrhula pyrrhula 145.

Fichtenkreuzschnabel, Loxia curvirostra 144 (Abb. 24), 145.
Kiefernkreuzschnabel, L. pityopsittacus 144 (Abb. 24), 145.
Buchfink, Fringilla coelebs 145.
Schneefink, Montifringilla nivalis 145, 173—174.
Steinsperling, Petronia petronia 146.
Haussperling, Passer domesticus 146 (Abb. 25).
Rotkopfsperling, P. italiae 146.
Feldsperling, P. montanus 146 (Abb. 25).
Goldammer, Emberiza citrinella 147.
Rohrammer, Emb. schoeniclus 147.
Zippammer, Emb. cia 147.

1 Star.
Star, Sturnus vulgaris 147.

9 Raben.
Kolkrabe, Corvus corax 147, 174—177.
Nebelkrähe, Corv. cornix 149.
Rabenkrähe, Corv. corone 149.
Dohle, Coloeus monedula 148.
Elster, Pica pica 148.
Tannenhäher, Nucifraga caryocatactes 148.
Eichelhäher, Garrulus glandarius 148.
Alpendohle, Pyrrhocorax graculus 147, 177—181 (Abb. 27).
Alpenkrähe, Pyrrh. pyrrhocorax 147, 177—181 (Abb. 27).

V. 64 Säugetiere.

Insektenfresser (9).
Igel, Erinaceus europaeus 190 (Abb. 28, 12), 193.
Maulwurf, Talpa europaea 193.
Feldspitzmaus, Crocidura leucodon 195.
Hausspitzmaus, Croc. russula 194, 195.
Wasserspitzmaus, Neomys fodiens 195.
— N. Milleri 195.
Alpenspitzmaus, Sorex alpinus 196.
Zwergspitzmaus, S. minutus 196.
Waldspitzmaus, S. araneus 196.

Fledermäuse (17).
Große Hufeisennase, Rhinolophus ferrum-equinum 196.
Kleine Hufeisennase, Rhin. hipposideros 196.
Mopsfledermaus, Barbastella barbastellus 198.
Ohrenfledermaus, Plecotus auritus 201, 202.
Alpenfledermaus, Pipistrellus Savii 200.
Weißrandfledermaus, Pip. Kuhlii 199.
Rauhhäutige Fl., Pip. Nathusii 199, 200.
Zwergfledermaus, Pip. pipistrellus 199.

Rauharmige Fl., Nyctalus Leisleri 199.
Speckmaus, Nyct. noctula 198.
Nordische Fl., Eptesicus Nilsoni 200.
Spätfliegende Fl., Ept. serotinus 200, 201.
Zweifarbige Fl., Vespertilio murinus 201.
Mäuseohr, Myotis myotis 202.
Gefranste Fl., M. Nattereri 202.
Bartfledermaus, M. mystacinus 202, 203.
Wasserfledermaus, M. Daubentoni 203.

Raubtiere (10).

Bär, Ursus arctos 187, 203.
Fischotter, Lutra lutra 190 (Abb. 28, 7), 204.
Dachs, Meles meles 190 (Abb. 28, 6), 203.
Edelmarder, Martes martes 190 (Abb. 28, 8), 204, 205.
Steinmarder, M. foina 190 (Abb. 28, 9), 204.
Hermelin, Mustela erminea 190 (Abb. 28, 11), 205.
Kleines Wiesel, M. nivalis 205, 206.
Iltis, Putorius putorius 190 (Abb. 28, 10), 205.
Fuchs, Vulpes vulpes 190 (Abb. 28, 3, 4), 203.
Wildkatze, Felis silvestris 186, 203.

Nagetiere (23).

Eichhörnchen, Sciurus vulgaris 190 (Abb. 28, 1), 206.
Murmeltier, Marmota marmota 206, 233.

Gartenschläfer, Eliomys quercinus 206.
Haselmaus, Muscardinus avellanarius 206.
Tiroler Baumschläfer, Dyromys nitedula 207.
Siebenschläfer, Glis glis 207.
Wanderratte, Epimys norvegicus 208.
Hausratte, Ep. rattus 208.
Hausmaus, Mus musculus 208.
Waldmaus, Apodemus sylvaticus 208, 209.
Bisamratte, Fiber zibethicus 212.
Rötelmaus, Evotomys glareolus 210.
Schneemaus, Microtus nivalis 210, 230—233.
Erdmaus, Micr. agrestis 211.
Feldmaus, Micr. arvalis 210, 211.
Schermaus, Arvicola scherman 194, 211.

5 Kurzohrerdmäuse:
Pitymys subterraneus 212.
Pitymys Kupelwieseri 212.
Pitymys incertoides 212.
Pitymys Fatioi 212.
Pitymys druentius 212.
Schneehase, Lepus timidus 213, 226—230.
Feldhase, L. europaeus 213.

Huftiere (5).

Wildschwein, Sus scrofa 184.
Steinbock, Capra ibex 187.
Gemse, Rupicapra rupicapra 214—226.
Hirsch, Cervus elaphus 214.
Reh, Capreolus capreolus 214.

Sachverzeichnis.

Allensche Proportionsregel 43.
alpine Stufe 9.
alpine Tierwelt 9.
Atlantikum 183.
Ausstrahlung 24.
Ausstrahlungsschutz 42.

benthonisch 70.
Bergmannsche Größenregel 43.
Blut 30.
Bodentemperatur 19.
Boreal 182.

Chionobionten 11.

Diluvium 57.
Drachenhöhle 64.
Drachenloch 65.

Eiszeit 57.
Entwicklungsverzögerung 41.
Erwachungstemperatur 42.
eualpin 11.
eurytherm 12.
euryzon 11.
Ewigschneegebiet 10.
Exkremente 189—193 (Abb. 29).
Exkretion 31.
Exposition 7, 19.

Fährten 190 (Abb. 28).
Farbstoffhaushalt 33, 36.
Felsenvögel 97, 104.
Feuchtigkeit 35.
Flügelverkürzung 50.
Flußregionen 69.
Föhn 25.
Frost 36.

Gebirgsbildung 51.
Geschichte 51—69, 182 bis 188.
Gewölle 192, 193.
Glazialrelikt 68.
Glogersche Färbungsregel 38.

Haarkleid 42, 43.
Helligkeitsstrahlung 22.
Herkunft alpiner Tiere 55.
Hessesche Regel 44.
Himmelslage 7, 19.
Hochgebirgsverdunkelung 33, 39.
Höhenstufen 1.
Höttinger Breccie 62.
Hyperizismus 32.
Hypochionen 46.

Interglazial 58, 61.

Kälteseen 18.
Klima 12.

Kümmerformen der Fische 71.

Lebendgebären 42.
Licht 21, 39.
Lichterkrankungen 32.
Losung 189—193 (Abb. 29).
Luftdruck 15.

Massenerhebung 7.
Melanismus 33, 39.
Mensch, erstes Auftreten 65.
Milch 31.

Nacheiszeit 182, 183.
nektonisch 70.
Niederschlag 26.
Nivalstufe s. Ewigschneegebiet 10.
Nunataq 60.

Ökologie 29.
Oeningen 52.

Pelz 42, 43.
Pfahlbauzeit 184.
Pianico-Sellere 62.
Pigmentierung 33, 36.
Pliozän 56.

Regenmenge 27.

Sauerstoff 29.
Schneegrenze 10.
Schneetemperatur 45.

Schrifttum 12, 29, 51, 68, 81, 88, 96, 193.
Sonnenscheindauer 23.
Sonnenstrahlung 21.
Stenotherm 12.
Stenozon 11.
Strahlung 21.
Stromgebiete 69.
Subatlantikum 183.
Sub-Boreal 183.

Talphänomen 8.
Temperatur 16, 33, 40.
Temperaturperioden 19.
Temperaturumkehrung 18.
Tertiär 51.
Tischoferhöhle 63.
Tundra 67.
tychoalpin 11.

Ultrastrahlung 25.
ultraviolette Höhenstrahlung 23.

van t'Hoffsche Regel 40.
Viviparie 42.

Wärme 16, 33, 40.
Waldgrenze 7.
Wandern 45.
Wetterwarten 13.
Wildkirchli 64.
Wind 25, 49.
Winterschlaf 46.

xenoalpin 11.

Namenverzeichnis der Tiere.

(Alphabetisch geordnet.)

Aalet 79.
Abendsegler 198, 199.
Äsche 69, 76.
Äskulapschlange 91, 92.
Aitel 79.
Alborella 80.
Alpenammer 67.
Alpenbraunelle 128, 164 bis 165.
Alpendohle 56, 65, 147, 177 bis 181 (Abb. 27).
Alpenfledermaus 200.
Alpenkrähe 147, 177—181 (Abb. 27).
Alpenlerche 67.
Alpenmeise 136.
Alpenmolch 83, 84 (Abb. 7).
Alpensalamander 11, 41, 82.
Alpensegler 118, 160—164.
Alpenspitzmaus 196.
Alpensteinbock 11, 64, 65, 68, 184, 187—189, 214.
Ammern 147.
Amsel 132.
Andrias Schenchzeri 52.
Apollo 11.
Araschnia 35.
Auerhuhn 67, 113, 114.
Auerochse 184, 185.

Bachneunauge 71, 72.
Bachsaibling 73.
Bachstelze 140.
Bär 184.
Barbe 77, 81.
Barbia 81.
Barsch 72.
Bartfledermaus 202, 203.
Bartgeier 11, 103, 104.
Baumfalk 112
Baumläufer 138 (Abb. 22), 139.
Baumpieper 140.
Baumschläfer 207.
Bekassine 117.
Belchen 76, 77.
Bembidion (Laufkäfer) 33, 34, 35.
Bergeidechse 11, 34, 42, 67, 88, 90 (Abb. 12).
Bergflatterer 200.
Berglaubvogel 129.
Bergmolch 83, 84 (Abb. 7).
Bergpieper 56, 140, 169 bis 173.
Beutelratten 53.
Biber 184, 186, 206.
Bilche 206, 207.
Birkenzeisig 144.
Bisamratte 212, 213.
Bison bonasus 184, 185.
Blaumeise 135, 136.
Blei 69, 79.
Blicke 80.
Blindschleiche 88.
Bluthänfling 143.

Bos primigenius 184, 185.
Brachse 69, 79.
Braunelle 128.
Braunkehlchen 134.
Buchfink 145.
Buntspechte 124, 125.

Chionea 51.
Chrysochraon 50.
Chrysophanus 35.
Coregonus 68, 70, 76, 77.

Dachs 65, 184, 190 (Abb. 28, 6), 191, 203.
Decticus 50.
Döbel 79.
Dohle 148.
Dorndreher 44, 135.
Dorngrasmücke 131.
Dreizehenspecht 105, 124, 125.
Drosseln 128, 132.
Drosselrohrsänger 129.

Edelhirsch 65, 184, 191, 192, 214.
Edelmarder 65, 190 (Abb. 28, 8), 191, 204, 205.
Eichelhäher 148.
Eichenspinner 41.
Eichhörnchen 45, 190 (Abb. 28, 1), 206.
Eidechsen 88—90 (Abb. 9 bis 12).
Eisbär 38.
Eisvogel 118 (Abb. 18).
Elch 64, 184, 185.
Elefant 54, 59.
Elritze 69, 73, 78.
Elster 148.
Enten 108.
Erdkröte 85, 86.
Erdmaus 211.
Erdmäuse, kurzohrige 212.
Erdspechte 124.

Erlenzeisig 143.
Eulen 119, 193.

Felchen 68, 70, 76, 77.
Feldhase 213.
Feldlerche 141.
Feldmaus 210, 211.
Feldsperling 146 (Abb. 25).
Feldspitzmaus 195.
Felsenkrähen 147, 177 bis 181 (Abb. 27).
Felsenschwalbe 126.
Feßler 86.
Feuerfalter 35.
Feuerkröte 86.
Feuersalamander 82.
Fichtenkreuzschnabel 144, (Abb. 24), 145.
Finken 142—147.
Fische 69—81.
Fischotter 184, 190 (Abb. 28, 7), 204.
Fischreiher 107.
Fitis 129.
Fledermäuse 196—203.
Fliegenschnäpper 128.
Flüevogel 56, 65, 164—165.
Flußbarbe 81.
Flußbarsch 72.
Flußneunauge 72.
Flußseeschwalbe 116.
Flußuferläufer 116.
Forelle 67, 69, 70, 73, 75.
Frösche 87—88.
Fuchs (Säugetier) 38, 64, 65, 67, 184, 190 (Abb. 28, 3, 4), 192, 193, 203.
Fuchs (Schmetterling) 11, 36.

Gänsesäger 108.
Gangfisch 77.
Gartenbaumläufer 138 (Abb. 22), 139.
Gartengrasmücke 132.

Namenverzeichnis der Tiere.

Gartenrotschwanz 134.
Gartenschläfer 206.
Gartenspötter 130, 131.
Gebirgsbachstelze 141.
Geburtshelferkröte 86.
Gefranste Fledermaus 202.
Geier 102—104.
Gelbhalsmaus 209.
Gemse 11, 45, 56, 64, 65, 68, 184, 192 (Abb. 29), 213 (Abb. 31), 214—226.
Geronticus eremita 99 bis 102.
Gimpel 145.
Girlitz 142.
Glattnatter 93.
Gletschermohrenfalter 11, 33.
Goldammer 147.
Goldfisch 77.
Goldhähnchen 127, 137 (Abb. 21).
Gomphocerus 50.
Grasfrosch 11, 86, 87.
Grasmücken 131, 132.
Grauspecht 124, 125.
Groppe 69, 70 (Abb. 5), 71, 73.
Großohr 201, 202.
Gründling 80.
Grünspecht 124, 125.
Grünling 142.
Grundel 81.
Güster 80.
Gypaetus barbatus 103, 104.
Gyps fulvus 103.

Habicht 111.
Habichteule 121, 122.
Hänfling 143.
Hainschnirkelschnecke 11.
Hamster 207.
Hasel 79.
Haselhuhn 114.
Haselmaus 206.

Hasen 45, 192 (Abb. 29), 213.
Haubenlerche 37, 141.
Haubenmeise 136.
Haubensteißfuß 107.
Haubentaucher 107.
Hausmaus 11, 208.
Hausratte 208.
Hausrotschwanz 134.
Hausschwalbe 126.
Haussperling 146 (Abb. 25).
Hausspitzmaus 194.
Hecht 53, 70, 72.
Heckenbraunelle 128.
Heidelerche 141.
Hermelin 38, 65, 190 (Abb. 28, 11), 205.
Heuschrecken 50.
Hirsch 65, 184, 191, 192, 214.
Höhlenbär 63, 65, 66, 67.
Höllenotter 95.
Hohltaube 117.
Huchen 69, 75.
Hühner 113.
Hühnerhabicht 111.
Hufeisennase 196.
Huftiere 213—214.
Hummeln 42, 43.
Hylobates 53.

Igel 190 (Abb. 28, 12), 193.
Iltis 190 (Abb. 28, 10), 192, 205.

Juraviper 93, 94.

Kamm-Molch 83.
Karausche 77.
Karpfen 71, 77.
Kernbeißer 142.
Keulenhorn 50.
Kiefernkreuzschnabel 144 (Abb. 24), 145.
Kilch 77.
Kleiber 139 (Abb. 23).

Kohlmeise 135.
Kohlweißling 40.
Kolkrabe 12, 37, 98, 147, 174—177.
Kreuzkröte 86.
Kreuzotter 34, 42, 67, 92, 94, 95 (Abb. 15), 96.
Kreuzschnabel 105, 144 (Abb. 24), 145.
Kriechtiere 88—96.
Kröten 84, 85, 86.
Kuckuck 117, 118.
Kupelwieserische Erdmaus 212.
Kupferotter 95.
Kurzohr-Erdmaus 212.
Kuttengeier 102, 103.

Lachmöwe 116.
Lachs 75.
Lämmergeier 11, 103, 104.
Lagopsis 53.
Landkärtchen 35.
Langflügelfledermaus 203.
Laube 80.
Laubfrosch 84.
Laubsänger 129.
Laugen 79.
Leinfink 105.
Leinzeisig 144.
Lerche 141.
Luchs 186.
Lurche 81—88.

Machairodon 57.
Märzente 108.
Mäuse 207—212.
Mäusebussard 109 (Abb. 16c), 110.
Mäuseohr 202.
Mairenke 80.
Mammut 67.
Maräne 77.
Marder 204.
Mauereidechse 89 (Abb. 9).

Mauerläufer 11, 56, 139, 165 bis 169.
Maulwurf 193.
Mehlschwalbe 126.
Meisen 135, 136, 137.
Mensch 65.
Merlin 113.
Misteldrossel 133.
Mönchsgrasmücke 131.
Möwen 116.
Mohrenfalter 11, 33.
Molche 82, 83.
Mopsfledermaus 198.
Mornellregenpfeifer 116.
Murmeltier 11, 31, 45, 48, 64, 68, 184, 206, 233 bis 239 (Abb. 33).

Nachtigall 134.
Nachtschwalbe 119.
Nagetiere 206—213.
Nase 69, 78.
Nashorn 53, 63, 67.
Nebelkrähe 149.
Nerfling 78.
Neunauge 71, 72.
Neuntöter 44, 135.
nordische Fledermaus 200.

Ohrenfledermaus 201, 202.

Perlfisch 78.
Petronia petronia 102, 146.
Pfeifhase 53.
Pfrille 69, 73, 78.
Pieper 140, 169.
Pieris callidice 40.
Pigo 78.
Plötze 78, 79.
Podisma 50.
Polarfuchs 38, 68.

Rabenkrähe 149.
Rakenvögel 118, 149.
Ratten 208.

Namenverzeichnis der Tiere.

Raubtiere 203—206.
Raubvögel 109—113.
Raubwürger 44, 135.
rauharmige Fledermaus 199.
Rauhfußkauz 122, 123.
rauhhäutige Fledermaus 199.
Rebhuhn 115.
Regenbogenforelle 74.
Regenpfeifer 116.
Reh 184, 191, 192 (Abb. 29), 213 (Abb. 31), 214.
Renken 77.
Rentier 63, 64, 67, 68.
Riesenhirsch 67.
Rind 31, 32.
Ringdrossel 56, 105, 132.
Ringelamsel 56, 105, 132.
Ringelnatter 92, 96.
Ringeltaube 117.
Rötelmaus 210.
Rohrammer 147.
Rohrdommel 107, 108.
Rohrsänger 129.
Rotauge 78, 79.
Rotfeder 78, 79.
Rotkehlchen 134.
Rotkopfsperling 146.
Rotschwänzchen 11, 41.
Rutte 73.

Saatkrähe 149.
Säbeltiger 57.
Sänger 128.
Säugetiere 181—239.
Saibling 70, 71, 73.
Salamander 82.
Sandviper 93 (Abb. 14), 94.
Savetta 78.
Schaf 213 (Abb. 31).
Schafstelze 140, 141.
Schermaus 194, 211.
Schildviper 93 (Abb. 13).
Schilfrohrsänger 130.
Schill 73.
Schläfer 206, 207.

Schlangen 90—96 (Abb. 13 bis 15).
Schleie 80.
Schleiereule 122.
Schmerle 81.
Schnee-Eule 38, 67.
Schneefink 11, 12, 38, 56, 145, 173—174.
Schneefliege 51.
Schneehase 38, 65, 67, 68, 184, 192, 213, 226—230 (Abb. 32).
Schneehuhn 38, 67, 68, 113, 154—160.
Schneemaus 47, 65, 68, 184, 210, 230—232.
Schnepfe 116.
Schwalben 126.
Schwalbenschwanz 36, 40.
Schwanzmeise 137.
Schwarzplattl 131.
Schwarzreuter 71.
Schwarzspecht 124, 125.
Schwarzstorch 108.
Seesaibling 73, 74 (Abb. 6).
Siebenschläfer 207.
Silberfuchs 38.
Singdrossel 132, 133.
Singvögel 126—149.
Smaragdeidechse 88, 89 (Abb. 10), 90.
Sommergoldhähnchen 137 (Abb. 21).
spätfliegende Fledermaus 200, 201.
Spechte 123—125.
Spechtmeise 139 (Abb. 23).
Speckmaus 198, 199.
Sperber 109 (Abb. 16b), 111.
Sperling 145, 146 (Abb. 25).
Sperlingskauz 45, 119, 120, 121.
Spielhahn 67, 105, 113.
Spitzmäuse 191, 194—196.
Springfrosch 87.

Star 147.
Steinadler 98, 110, 149 bis 154.
Steinbeißer 81.
Steinbock 11, 64, 65, 68, 184, 187—189, 214.
Steinhuhn 97, 98, 113, 154 bis 160 (Abb. 26).
Steinkauz 122.
Steinmarder 190 (Abb. 28, 9), 191, 204.
Steinrötel 133.
Steinschmätzer 41, 133, 134.
Steinsperling 102, 146.
Stieglitz 143.
Stockente 108.
Storch 107.
Strömer 79.
Sumpfmeise 37, 136.
Sumpfrohrsänger 130.

Tagpfauenauge 36.
Tannenhäher 105, 148.
Tannenmeise 136 (Abb. 20).
Tauben 112 (Abb. 17, 4), 117.
Taucher 107.
Taufrosch 67, 86, 87.
Teichfrosch 87.
Teichhuhn, grünfüßiges 115.
Teichmolch 84, 85 (Abb. 8).
Teichrohrsänger 130.
Tigerfisch 75.
Trauerfliegenschnäpper 128.
Trauerseeschwalbe 116.
Triotto 78.
Turmfalk 109 (Abb. 16a), 111.
Turmsegler 119.
Turteltaube 117.

Uferschwalbe 126, 127.
Uhu 105, 119, 120.
Unken 86.
Uralkauz 121, 122.
Ursus speläus 63, 65, 66, 67.

Vairone 79.
Viper 93.
Vipernatter 93.

Wachholderdrossel 133.
Wachtel 115.
Wachtelkönig 115.
Waldbaumläufer 138 (Abb. 22), 139.
Waldkauz 121.
Waldlaubvogel 129.
Waldmaus 11, 208, 209.
Waldohreule 121.
Waldrapp 99—102, 108.
Waldstorch 108.
Waldspitzmaus 196.
Waldwühlmaus 210.
Wanderfalk 112.
Wanderratte 208.
Warzenbeißer 50.
Wasseramsel 127 (Abb. 19).
Wasserfledermaus 203.
Wasserfrosch 87.
Wasserhühner 115.
Wasserpieper 56, 140, 169 bis 173.
Wasserratte 211.
Wasserspitzmaus 195.
Wechselkröte 85.
Weidenlaubvogel 129.
Weidenmeise 136, 137.
Weißfische 77.
Weißkopfgeier 102, 103.
Weißrandfledermaus 199.
Weißrückenspecht 124, 125.
Wendehals 125, 126.
Wespenbussard 109 (Abb. 16d), 110.
Wettsteinische Erdmaus 212.
Wiedehopf 118.
Wiesel 190 (Abb. 28, 11), 205, 206.
Wiesenpieper 140.
Wiesenralle 115.
Wiesenschmätzer 134.

Namenverzeichnis der Tiere.

Wildkatze 184, 186.
Wildschwein 184, 185, 213.
Wintergoldhähnchen 137 (Abb. 21).
Wisent 184, 185.
Wolf 64, 65, 67, 184, 187.
Wühlmäuse 208, 209—212.
Würfelnatter 92.
Würger, rotrückiger 135.

Zahnspinner 40.
Zander 72, 73.
Zauneidechse 89, 90 (Abb. 11).
Zaungrasmücke 131.
Zaunkönig 37, 45, 127.

Zeisig 143.
Ziege 213 (Abb. 31).
Ziegenmelker 119.
Ziesel 67.
Zippammer 147.
Zitronenzeisig 144.
Zornnatter 92.
zweifarbige Fledermaus 201.
Zwergfalk 113.
Zwergfledermaus 199.
Zwergfliegenschnäpper 128.
Zwergohreule 120.
Zwergreiher 107.
Zwergrohrdommel 107.
Zwergspitzmaus 196.
Zwergtaucher 107.

Verlag von Julius Springer / Berlin

Exkursionsbuch zum Bestimmen der Vögel in freier Natur.
Nach ihrem Lebensraum geordnet. Für Laien und Fachleute. Von **Heinrich Frieling**, Göttingen. Mit 16 Abbildungen. XI, 276 Seiten. 1933.
RM 4.80; gebunden RM 5.40

...Das Frielingsche Exkursionsbuch ist die überaus fleißige Arbeit eines vielseitigen und kenntnisreichen Feldornithologen, der in gleicher Weise einen feinen Blick für das Charakteristische an Form und Farbe eines Vogels hat, wie auch dessen typische Rufe und Gesänge trefflich wiederzugeben versteht. Mit wenigen sicheren Strichen zeichnet er äußerst instruktive Umrißbilder stehender und fliegender Vögel, skizziert die Merkmale schwer unterscheidbarer Arten so, wie sie dem Freilandbeobachter auf Bruchteile von Sekunden deutlich werden, und stellt, was besonders zu begrüßen ist, die verschiedenen Kleider einer Art einander gegenüber. Ein gutes Viertel des Buches nimmt die Darstellung der Strand- und Wasservögel im Binnenlande und am Meer ein, die bisher immer viel zu sehr vernachlässigt wurde. Deshalb wird dieser Abschnitt, der in seiner Klarheit vorbildlich, in bezug auf die restlose Erfassung aller Erscheinungen sicher unerreicht ist, auch denen Neues bringen, die draußen schon ganz gut Bescheid zu wissen glauben. In diesem Sinne seien auch die Besprechung der Fels- und Alpenvögel, die Charakterisierung besonderer Landschaftstypen, wie der Kurischen Nehrung, die ausgezeichnete Sammelbestimmungstabelle der Raubvögel und der Anhang: Vogelstimmen bei Nacht, erwähnt. Eine systematische Übersicht nach E. Hartert rundet den reichen Inhalt des handlichen Buches ab.... *„Die Naturwissenschaften"*

Zugvögel und Vogelzug.
Von **Friedrich von Lucanus**. (Verständliche Wissenschaft, Band VII.) Mit 17 Zeichnungen von Hans Schmidt. VIII, 127 Seiten. 1929.
Gebunden RM 4.32

Die homerische Tierwelt.
Von Dr. med., Dr. phil. h. c. **Otto Körner**, Professor in Rostock. Zweite, für Zoologen und Philologen neubearbeitete und ergänzte Auflage. IV, 100 Seiten. 1930.
RM 5.94

Lehrbuch der Zoologie.
Begründet von **C. Claus**. Neubearbeitet von Prof. Dr. **Karl Grobben**, Wien, und Prof. Dr. **Alfred Kühn**, Göttingen. Zehnte, neubearbeitete Auflage des Lehrbuches von C. Claus. Mit 1164 Abbildungen. XII, 1123 Seiten. 1932. RM 48.—; gebunden RM 49.80

Zu beziehen durch jede Buchhandlung

Verlag von Julius Springer / Berlin und Wien

Streifzüge durch die Umwelten von Tieren und Menschen. Ein Bilderbuch unsichtbarer Welten. Von Professor **J. Baron Uexküll** und **G. Kriszat.** („Verständliche Wissenschaft", Band XXI.) Mit 59 zum Teil farbigen Abbildungen. X, 102 Seiten. 1934. Gebunden RM 4.80

Aus dem Leben der Bienen. Von Professor Doktor **K. v. Frisch**, München. Zweite Auflage. („Verständliche Wissenschaft", Band I.) Mit 96 Abbildungen. X, 160 Seiten. 1931. Gebunden RM 4.32

Das Leben des Weltmeeres. Von Professor Doktor **E. Hentschel**, Hamburg. („Verständliche Wissenschaft", Band VI.) Mit 54 Abbildungen. VIII, 153 Seiten. 1929.
Gebunden RM 4.32

Gaben des Meeres. Von Min.-Rat Dr. **E. Neresheimer**, Wien. Mit 16 Abbildungen. IX, 190 Seiten. 1931.
Gebunden RM 4.80

Botanisch-geologische Spaziergänge in der Umgegend von Berlin. Zweite Auflage von Professor Dr. **W. Gothan**, Landesgeologe, Berlin. Mit 15 Abbildungen. VI, 109 Seiten. 1934. Steif geheftet RM 3.60

Einführung in die deutsche Bodenkunde. Von **Johannes Walther**, Professor em. der Geologie und Palaeontologie an der Universität Halle. („Verständliche Wissenschaft", Band XXVI.) Mit 30 Original-Zeichnungen und -Karten. VIII, 172 Seiten. 1935. Gebunden RM 4.80

[W]**Im Lande der aufgehenden Sonne.** Von Professor Dr. **Hans Molisch**, Wien. Mit 193 Abbildungen im Text. XI, 421 Seiten. 1927. Gebunden RM 24.—

Geologie der Landschaft um Wien. Von Dr. **Leopold Kober**, a. o. Professor der Geologie an der Universität Wien. Mit 60 Abbildungen im Text, 2 farbigen Sammelprofilen und einer geologisch-tektonischen Übersichtskarte. VI, 150 Seiten. 1926. RM 9.60

[W] = *Verlag von Julius Springer/Wien.*

Zu beziehen durch jede Buchhandlung

GPSR Compliance
The European Union's (EU) General Product Safety Regulation (GPSR) is a set of rules that requires consumer products to be safe and our obligations to ensure this.

If you have any concerns about our products, you can contact us on

ProductSafety@springernature.com

In case Publisher is established outside the EU, the EU authorized representative is:

Springer Nature Customer Service Center GmbH
Europaplatz 3
69115 Heidelberg, Germany

www.ingramcontent.com/pod-product-compliance
Ingram Content Group UK Ltd.
Pitfield, Milton Keynes, MK11 3LW, UK
UKHW021257180426
11947UKWH00015B/882